GENERAL
EDUCATION 通识

大学生 教育

Thought Origninality
& Development Greativity

思维创新与创造力开发

■ 周耀烈 主编

ZHEJIANG UNIVERSITY PRESS
浙江大学出版社

序

爱因斯坦说:"想象力比知识更重要,因为知识是有限的,而想象力概括世界上的一切,推动着进步,并且是知识化的源泉"。创造性思维与创造活动在人类文明史进程上发挥着巨大乃至核心作用,从四大发明到宇航飞船,从马列主义到一国两制,都凝结与折射出创造智慧与创造实践的光芒,可以说人类几千年的文明史,本质上就是一部发明创造的历史。20世纪初,随着科学技术、社会生产的发展,创造学作为一门崭新的学科蓬勃兴起,并获得了迅猛的发展,形成了涵括创造动机、创造人格、创造环境、创造过程、创造技法以及创造教育等领域的、相对系统的知识结构与学科体系。学科知识发展的同时也带来学科实践的繁荣,两者相辅相成、相得益彰,进一步奠定与促进了创造知识与创造实践在社会发展与经济生活中的重要作用与核心地位。

中华民族是富于创新精神与创造传统的民族,但受传统文化与教育体系的影响,创新精神与创造能力没能得到充分的发挥。今日的中国正处于一个波澜壮阔的大变革与大发展时代,在面临民族巨大机遇的同时也伴随知识经济兴起、经济全球化、技术壁垒化等环境变化的重大挑战,只有大力推进教育体系改革、加强国民创新和创造素质的教育,加速创新与创造性人才的培养,才能实现我国社会与经济持续、稳定、快速的发展,才能最终实现中华民族的伟大复兴。

笔者从事高校教育工作逾30年,深刻体会传统教育体系相对的弊端与不足以及发展素质教育的必要性、紧迫性。21世纪是崭新的创造世纪,个人的创新、创造素质与能力已经成为新世纪人才的基本特征与必然要求。因此,推行全民创新与科学创造,实施创造教育,培养学生的创新精神、创造意识、创造性思维与创造技巧,不仅是素质教育的重要任务,而且是推进素质教育的切入点和突破口,这也是高等教育工作者责无旁贷的职责所在。

本书的编写以笔者多年创造教学经验与资料积累为基础,充分参考、吸收了国内外同行先进的创造理念与知识。在构思本书框架时,以培养个人和团队的创造力为目的,根据教学实践需求来编写章节内容,并提供了课堂讨论与游戏以及课外思考题,力求使本书成为一本结构合理、内容科学、操作性强的创造教育教材。在内容编辑上,本书一方面着重创造知识的运用与实践,另一方面,突出对个人创造性思维与实践素质的培养,通过重点讨论个体实践中创造思维训练、创造人格以及自我塑造等方面的内容,力求为读者在理论与实践、知识运用修炼等方面提供实质性的指导。这些正是本书追求的创新点与特色,笔者希望通过本书为创造教育提供相关教学资源,也为我国创造教育发展尽绵薄之力。

　　本书由周耀烈担任主编,负责结构设计与撰写统筹;陈剑平担任副主编,负责具体撰写任务布置与过程协调等工作。第一、二篇由陈剑平负责编写;第三、五篇由疏礼兵负责编写;第四篇由黄嫣负责编写。由于编写时间紧迫、作者水平有限,不足与错误之处在所难免,恳请读者提出指正与批评。

　　浙江树人大学汤建民、浙江工业大学朱欢乔、浙江大学城市学院杨海锋等诸位老师对本书的出版给予了认真的指导和大力支持,汤建民教授百忙中审阅了全稿,并提出了中恳的建议,特此深表谢意。

　　本书的出版还得到了浙江省科协"育才工程"的资金资助,在此表示衷心的感谢。

周耀烈

2008 年 1 月 11 日于宁波

目　录

第一篇　创造学概论

第二篇　创造性思维

第三篇　创造技法

第四篇　创造性问题的求解

第五篇　创造型人才的自我塑造

第一篇

创造学概论

创造学是一门研究人类创造发明活动规律的科学。因为创造发明是人类劳动中最高级、最活跃、最复杂、也是最有意义的一种实践活动。当前时代是知识经济的时代，国家之间、企业之间乃至个人间的竞争越来越激烈。这些竞争从本质上说就是智力竞争、是创新能力的竞争，归根到底是创造力的竞争。因此，在知识爆炸的今天，强化创造理论研究、创造教育与创造力开发，具有极大的社会价值与现实意义，也是国家战略发展的必然选择。

第一章　创造与创造学

本章重点

本章着重论述了创造、创造学、创新与创造关系以及创造力开发等主要内容。通过对本章的学习,掌握与了解创造、创造学的基本定义、结构与特征;并在知识经济的宏观背景下,深入了解创新与创造的特征区别与辩证关系以及现代创造力与创造力开发的基本理论与社会实践。

第一节　创　造

一、创造的定义

对创造的定义是创造理论研究的一个核心而棘手的问题。由于创造现象的复杂性,日常生活中人们对"什么是创造"存在不同的认识;而且对于这个问题学术界至今也没有形成一个比较统一的认识。鉴于教学与实践的需要,我们可以认为:在一定意义上,创造是一种人类社会活动,是其他动物所不具有的一种特有的社会活动,它的特征就是具有明显的新颖性、价值性和先进性。简言之,"创造就是首创前所未有的事物",创造的对象——"事物",既包括有形事物,如各种物质产品,也包括无形事物,如科学理论,新观念、社会文化等;或者说,既包括物质形态的事物,也包括非物质形态的事物;而"前所未有"指的是所创造的事物是"前所未有"的,但这个"前所未有",可以是世界上"前所未有"的,也可以是国内前所未有、省内前所未有、县内前所未有,直至对个人来说是前所未有的。

二、创造的分类

从创造主体角度看,创造有广义与狭义之分。广义的创造是对本人而言,即以新的方式解决了自己过去所没有解决的问题,如学生用新的方法解决了一道数学题,这种方法虽然别人早已用过,但对他本人来说却是第一次使用。狭义的创造是对社会而言,即提供了前所未有的具有社会价值的新成果,如科学上的发现,技术上的发明,文学艺术上的创作,体育中的创纪录等。而狭义的创造,按其成果的创造性程度和社会作用的大小,可有不同层次。有些创造,如:牛顿提出的力学三大定律和万有引力学说,爱因斯坦的狭义相对论和广义相对论,美国的沃森和英国的克里克发现 DNA 的双螺旋结构等等,这些是人类历史中具有划时代意义的创造。有些创造则只涉及某个学科领域或某些产业领域的突破性进展,有人将这类创造称为高级创造;有些是属于填补国内、省内空白的创造,而更多的则是小发明,小革新,如劳动工具的改进、工作方法的创新、合理化建议等,有人也把这一类创造叫做初级创造,初级创造是构成创造金字塔的塔基,是群众创造力的具体表现,发挥重大的奠基与推动作用。从创造成果的"首创程度"角度看,我们也可以将创造分为首创创造与非首创创造。首创创造是指在世界范围内来说是前所未有的创造,如我国古代四大发明、"一国两制"国家统一理念等;非首创创造是指在外领域或外系统已有,但对本地域、本系统来说确是完全依靠自己的智慧和力量,独立地获得的创造。如我国的洲际弹道导弹、卫星发射回收等技术等,都是在这些技术的先期研制者严格保密的情况下,完全依靠自己的力量独立研制成功的。

三、创造的特征

创造的特征可以总结为新颖性、价值性与先进性三个方面:

1. 新颖性

也就是首创性,这是创造的最重要的特征。换句话说,有新颖性的创造活动对于创造者而言必须具有"第一次"的性质,它是一种"非重复性"的活动。比如,一个小学员因个子太矮而擦不到黑板上方的字,于是想到把黑板擦绑在木棍上擦黑板的活动,就是一种创造性的活动(指在此以前没有任何人教过他,而且他也未看见和未听说别人使用过这种方法)。可以说,科学上的发现、技术上的发明、管理上的创新、文学艺术上的创作等等一切具有"第一次"性质且非重复性的活动,均可称为创造活动。仅仅是重复了自己过去的或明知道别人所做而重复别人行为的活动,不能称为创造活动。

2. 价值性

创造的目的是要使创造的成果有用,具有社会价值。不论是物质成果还是精神成果,都应具有价值性,或为经济价值,或为学术价值。这些都是能促进人类进步的。

3. 先进性

先进性是与旧事物相比较而言的。创造的成果如果光具有新颖性、价值性,而无先进性,就不能战胜旧事物。创新本身就是一个破"旧"立"新"、推"陈"出"新"的过程。

第二节　创造学

一、创造学概念

创造学是一门研究人类创造发明活动规律的科学。也就是说，创造学所要研究的不是创造成果本身，也不是要对创造成果的水平及其应用价值作出评价；而是要研究人们怎样才能通过创造活动取得创造成果，要寻求隐藏在人们各种创造活动中的规律。而这种规律，首先是思维活动的规律，而不是自然科学规律或者技术发展规律。具体地说，创造学就是探索、寻求、总结创造者之所以能取得创造成果的具体思维过程和方法，以便找出创造性思维的规律和从事创造的技巧、方法的一门学科。

二、创造学研究内容

创造学的根本任务是要开发人们的创造力。共研究内容包括：创造主体、创造过程、创造环境、创造性思维、创造技法、创造教育与创造力开发等多方面。其中：创造主体、创造过程与机制、创造环境构成创造研究主体对象，且三者相互联系、相互制约。

1. 创造主体

创造的主体是人，对创造主体的研究就是对从事创造活动所须具备必要的个体或群体素质的研究。创造者需要什么样的人格和心理品质才更有利于创造，一个创造者应该如何培养自己的创造性人格以及如何克服创造过程中会出现的种种心理和认知障碍等，都是创造学研究的重要内容。有些问题是心理学、创造学的专家们正在研究的，如创造力结构，创造性人格特征，等等。而有一些问题是我们在平时的创造活动中就会遇到并需要解决的，例如：如何克服种种心理障碍、思维定势，如何树立创新意识、发扬创造精神，等等。

2. 创造过程

创造过程本质上就是一个创造性解决问题的过程。解决一般问题的思维程序，通常要经历发现问题、分析问题、提出假设、检验假设的过程。但是，创造性地解决问题与一般性地解决问题，是有质的区别的。人们在解决一般问题时，可以用已有知识，用常规的方法，最后得出已有的结论并没有产生新的东西，即并不具有新颖性。而创造性地解决问题则不同，它不是运用已有的经验、模仿已有的方法，重复已有的结论，而是在原有的结论和方法上有了新的独创，或者在思路的选择上、或思考的技巧上、或思维的结论上，具有新颖性，有新的见解或突破。所谓创造性地解决问题,是指人们通过创造活动,寻求到新关系,带来了新事物,产生了新概念,从而有创见地解决了问题。正因为如此,所以创造性地解决问题的过程有它自身的特点。

关于创造过程,心理学家和创造学家们提出了多种假设,英国心理学家沃勒斯提出的创造过程的四个阶段说,就是其中较有代表性的一种。他认为创造的全过程要经历准备期、酝酿期、顿悟(豁朗)期和验证期四个阶段。这四个阶段的具体内容将在后面的章节中予以详细说明。

3. 创造性思维

创造性思维是指有创见的思维,是创造学所要研究的一个核心的内容,也是创造能力与创造活动的核心。它不仅能揭示客观事物的本质及内在联系,而且能指引人们去获得新知识或以前未曾有过的对问题的新解释,从而产生新颖、前所未有的思维成果。创造学对创造性思维的研究集中在什么是创造性思维(创造性思维的特点)、怎样进行创造性思维(各种创造性思维形式的运用)、创造性思维训练以及创造性思维能力的测试、评价等方面。

4. 创造技法

创造技法是创造学工作者通过分析、解剖自身或他人的创造发明活动和创造成果,所总结出来的可操作的创造发明的一些原理、技巧和方法。对创造技法的研究与推广来说,能大幅度地提高创造者的创造能力和创造效率。至今,世界上已开发出 300 多种创造技法,在使用它时必须从实际出发、灵活运用,正所谓"创造有法,但无定法"。

5. 创造环境

什么样的环境适合于创造活动的开展?什么样的环境不利于人们的创造活动?一个人创造性的发挥,既有赖于这个人的主观因素(内在因素即创造者自身的条件),还与其所处的环境条件(外在因素)有着密切的关系。如同庄稼的生长需要有合适的生态环境一样,对人们从事创造活动来说,所需要的创造环境也是多方面的,这些也是创造学的重要研究内容。

6. 创造教育与创造力开发

开发人的创造能力是学习与研究创造学的根本目的。对于一个正常人来说,首先,人人都有创造潜能,都有创造力;其次,人的创造力是可以开发的,是可以通过教育、培训而得到提高的。但是,人人都有创造潜能、都有创造力,但不见得人人都有创造;同样,创造力可以开发,也并非人人的创造力都已得到开发。创造学通过对创造力的结构、创造力的属性,创造力的开发原理、机制和方法等内容的研究构建了具有通用性、实践性的创造力开发体系,并与教育学相结合形成独特、新颖的创造教育,这无论对促进经济和社会的发展、创造实践、学历教育、职业教育、继续教育等诸方面均具有重要意义和推广价值。

三、创造学特征

从实践对象与过程看，人们的社会实践分为常规性实践和非常规性实践两类。所谓常规性社会实践，是指在已有理论、知识、经验、规范、操作规程和方法的指导下的实践活动，重复地解决自己、前人或他人已解决过的问题，得出人们已得出过的结论。因而，所用的思维方法也往往是再造性的（不是创造性的），即可以通过学习、记忆、模仿、迁移等方式来实现。如工业、农业、商业、服务行业中的基本生产实践，都是以重复劳动为特征的社会实践。这种劳动的要求是遵守规则，照章办事，只要不出差错，就算完成任务。非常规性实践，是指针对新情况解决新问题，或以新方法解决老问题，从而产生前所未有的思想、方法、观念、作品、策略或其他新事物的社会实践。所用的思维方式往往是创造性的（不是再造性的），即在原有知识、经验的基础上，以独特、新颖的办法来解决问题。如科学探索和发现、技术发明和创新、文艺创作、创造性决策等活动，这些都属非常规性实践，所从事的是以创造性为特征的创造性劳动。无论对社会或者对个体来说，常规性社会实践即重复性劳动是必要的，没有它，生产、工作、生活就无法正常运转，社会就难以稳定，个人绩效很难保障。但如果只有常规性社会实践而无创造性社会实践，社会就是死水一潭不会进步，而个体也只能是故步自封、缺乏生气。

因此，作为致力于研究与提升人类开拓与解决非常规实践能力的创造学是一门具有极强应用性的学科，具有以下三个明显的特征：

1. 普遍性

创造学是一门"与人人有关，对人人有用"的学问。创造、创新存在于人类活动的一切领域，不论是群体的社会、经济、军事，还是个体的工作、生活、情感等各个领域都将面临改革与改进的压力、非常规问题解决的实践要求，这些均对如何创新、如何创造性解决问题提出要求。

2. 实践性

创造学的理论、原理和方法，只有通过实践应用于实际，才能发挥它的作用，对创造理论的研究也是源于实践而终于对实践的指导与应用。

3. 增效性

开展创造学的教育和培训，是一种智力投资，具有巨大的投入产出。国内外创造实践产生的巨大社会价值与经济效益证明创造研究与创造教育是社会进步、个人成长必要的、核心的组成要素。

第三节　创造、创新与创造力开发

　　1995年，江泽民同志在全国科技大会上提出"创新是一个民族进步的灵魂，是国家兴旺发达的不竭动力"，确定了建设"创新国家"的国家战略。2006年，胡锦涛同志在全国科技会议上也发表了题为《坚持走中国特色自主创新道路 为建设创新型国家而努力奋斗》的重要讲话，而"十一五"规划更明确提出"把增强自主创新能力作为科学技术发展的战略基点和调整产业结构、转变增长方式的中心环节"的基本国策。从此，在全国范围内掀起了一股强烈的、势不可挡的创新热潮。

一、创新与创造

　　那么创新与创造有什么关系呢？为什么在大力提倡创新的同时要加强创造力的教育与推广？在一般情况下，创造与创新是通用、对等的，创造也就是创新，两者通常并不作严格的区分。但是，当创新是指技术创新时，这时所指的"创新"则是具有其特定的涵义的，是不可以与"创造"混用的。关于这一点，希望读者特别注意。

　　"技术创新"一词源于经济学领域，它最早是作为一个经济概念，由美藉奥地利人、经济学家约瑟夫·熊彼特于1912年首次提出的。熊彼特提出的创新理论认为，在市场经济条件下，技术创新是一种商业行为而不是单纯的技术行为。他认为："当一项发明具有市场价值时，就成了一项创新。"之后，有人更明确地提出："创新是科学研究成果的第一次商业化应用"（伊凡），"创新是一种新思想变为商品，并在市场上销售得以实现其价值，从而获得经济效益的过程和行为"（伊诺斯）。现在，创新经济学已发展成制度创新和技术创新两个基本分支。

　　技术创新是将科技潜力转化为经济优势的创新活动。技术创新有特定的涵义，它是指在生产要素中引入"新的组合"，包括：开发新产品、采用新工艺、开辟新市场、控制原料来源和实现工业新组织等。具体地说，创新有以下五种基本类型：

　　（1）创造一种新的产品，即消费者还不熟悉的产品，或者已有产品的一种新的特性；

　　（2）采用一种新的生产方法，也就是在有关的制造部门尚未通过检验的方法；

　　（3）开辟一个新的市场，也就是有关国家的某一制造部门以前不曾进入的市场，不管这个市场以前是否存在过；

　　（4）取得或控制原材料或半制成品的一种新的供给来源，不论这种来源是已经存在的还是第一次创造出来的；

　　（5）实现任何一种新的产业组织方式或企业重组，比如造成一种垄断地位或打破一种垄断地位。

有些人把技术创新与发明创造、技术革新、设备更新等同起来，这是认识上的误区。平时人们所说的科学发现、技术发明，都应属于科技创造的成果。对原有的事物或规律，经过探索而知道的，称为"发现"。利用自然法则创制的事物或首创的制作方法称为"发明"。发现、发明从本质上而言都是创造，都只是一种学术行为或技术行为。技术革新也是一样，因为它本身也是一种技术行为。但创新（指的是技术创新）则不同，它不是单纯的技术行为，也不是单纯的科技活动，而是科技、经济一体化的过程，是一种商业行为、经济行为。

技术创新的最终目的是追求科技成果的商业应用和新产品的市场价值。这一概念可以扩展到制度创新、机制创新、经营创新、管理创新等诸多方面。技术创新是在市场拉动和技术推动的综合作用下进行的，是一项技术与经济有机结合的系统工程。

创新与发明、发现，创新与创造，常常交织在一起，但当我们在研究技术创新时，却不可把创新与发明、发现，或者创新与创造，混为一谈。总而言之，创新与创造两者关系密切，既有相同点也有区别点。

在某些情况下，创新与创造互相包容，可以互相替用，但是，二者也有实质性的区别，具体地说，二者的区别如下：

（1）创造更强调首创性、独创性，即排他性，是前所未有的，在这一点上，它类似于发明；而创新则不强调这些特性，它也强调"创"，但不一定是"首创"，可以是对既有事件进行"创"，使之更新、完善等；

（2）创造与创新都强调"新"，但创造所强调的"新"，在水平、层次上更高，要求是"开创性"的"新"；而创新所强调的"新"，在水平、层次上则具有比较性、相对性，即相比较有"新意"、有"新的进展"等等；

（3）创造强调事物的"质变"，即事物由一种事物变为另一种事物，二者有本质的变化，而创新则强调事物的"转型"，即事物由一种形态转为另一种形态，由一种类型转变为另一种类型，但本质上并不发生改变。

就技术、教育等大部分领域而言，创新比创造使用的范围更宽广一些。

二、创造力

长期以来，人们一直以为只有天才才具有"神秘"的创造力，古代甚至以为是神灵赐予的，所以毕达哥拉斯在证明他的定理后把 100 头牛献给了神。19 世纪中后叶，英国心理学家 F. 高尔顿（1822－1921）提出了创造力的"天才遗传"理论。他选择了 9 个方面的公认的天才人物：法官、政治家、指挥官、文学家、科学家、诗人、音乐家、画家及神学家，通过"个案研究"可以看到，这些人物的高智慧或创造才能确是来源于他们的先辈。高尔顿认为，达尔文学说中关于"生物的偶发变异围绕种群变异的平均值或标准值而得到保留和趋于继续保留的生物学原理"对于解释人的天赋的遗传和进化来说,也是同样适用的。但后来人们对这种所谓理论进行了批判。进入 20 世纪后,通过对人类智商领域的研究,人们才认识到:事实上,每个正常的普通人都具有创造的潜能,只是创造的能力有大有小,或者是发挥程度不同,表现不一而已。

1. 创造力概念

什么是创造力呢?这个问题迄今为止没有一个标准答案。对创造力的定义归纳起来有以下几种说法:

(1)创造力是使创意具体化并发展出来的一种(精神)能力([美]亚力斯·奥斯本);

(2)创造力是指最能代表创造性人物的特征的各种能力([美]J. P. 吉尔福特);

(3)创造力是指个人能够产生对本身具有价值的新构想和新领悟的能力([美]罗伯特·奥尔森);

(4)创造力是产生出符合某种目标或新的情境的解决问题的观念,或是创造出新的社会(或个人)价值的能力以及以此为基础的人格特征([日]恩田彰);

(5)创造力是指人能够主动地实现新颖的社会价值或个人价值的能力,它是由多种因素构成的(刘志光《创造学》);

(6)创造力就是独创性地解决问题的能力(刘倩如,李艳蓉《创造能力培养》)。

综上所述可以得知:创造力是人类的自身固有的一种高级能力;创造力在解决问题时具有创新的特色;创造力的大小受主体人格等多种因素的综合影响和制约。因此,我们可以做如下的定义:创造力(Creativity)是运用已知信息,创造出新、独特、有社会或个人价值的成果的能力。成果可以是一种新思想、新观念、新设想、新理论或新方法,也可以是一项新技术、新工艺、新形式的物质产品等。

小创意大作用

世界上最大的航空公司之一——英国航空公司 1993 年实行的"优先和迅速"装卸程序赢得了世人注目。该项创意是由该公司在伦敦希思罗机场（该公司的国际机场）四号终端工作的搬运工伊思·哈特提出的。

哈特所在行李带传送区，经常有旅客问他某些相似的问题。因为带有黄黑相间标签的行李总是先到达行李传送带，旅客想知道如何弄到这种标签，以便挂到他们的行李上。而问问题的总是第一批下飞机的人——英国航空公司头等舱的旅客。哈特决定对此展开调查。后来，他了解到两个原因。其一，黄黑相间的标签是用在买退票的旅客的行李上的，包括免费航行的英国航空公司机组乘务员，或以乘客身份去上下班的乘务员的行李。这些人，尤其是雇员乘坐飞机必须等退票，直到飞机起飞前一分钟才知道能否在这架飞机上得到一个座位。其二，乘客的行李在放进货舱之前要先放入集装箱里。哈特发现因为头等舱集装箱一般是最先放好的，最后才放免费乘机旅客的行李，所以头等舱集装箱常常是最后卸下的。这就造成头等舱乘客常常必须等待很长时间才领到行李的情况。显然现有的制度在无意之中优先处理了免费乘机旅客的行李，同时造成了英国航空公司给头等舱乘客留下了服务很糟的印象。于是哈特建议不要把头等舱行李放入集装箱，而应在飞机起飞之前最后松散地装入飞机货舱的前排。飞机一到达，就派英国航空公司工作人员去卸头等舱行李，并迅速把它们放在传送带上。公司采纳了他的建议。

新的装卸程序使各英国航空公司的头等舱服务大为改观。头等舱行李到达传送带的平均时间立即从 20 分钟减少到 12 分钟，1994 年底下降到 9 分 48 秒，有些航线通常只要 7 分钟。哈特为此荣获了该公司 1994 年度"消费者服务奖"，领到了 11000 英磅（约合 18000 美元）的奖金，以及两张往返美国的协和式客机机票。

哈特的故事说明，即使是在高标准化、程序化的工作环境下也能积极地迸发创造力璀璨的光芒，作为普通人的哈特在解决问题过程中将创意付诸于实践，使得创意成真，体现其实在的创造力。历史上诸多的发明家、艺术家，这样的例子更是屡见不鲜。被喻为超级天才的爱迪生纵横于发明界，雕塑泰斗罗丹洋溢着人性、充满创意的艺术作品都源于他们源源不断的创造力。应该说，创造力即创造能力或创新能力，是人类所特有的能力，也是人的各种能力中最宝贵的能力，最高层次的能力，是智力的核心。

2. 创造力的分类

对创造力的分类与阐述可以通过"创造主体"、"创造过程"、"创造产品"三个不同视角加以展开,形成对创造力较科学、全面的系统分类:

(1)按照创造主体分类,可将创造主体所从事的职业作出分类依据,将创造力分为科学发现方面的创造力,技术发明方面的创造力,艺术创造方面的创造力,社会变革方面的创造力等。

(2)从创造过程的角度进行分类,可把创造力分为潜在的创造力和现实的创造力。潜在的创造力是指还没有完全显现的创造力,现实创造力则是已在创造过程中表达(表现)出来的创造力。

(3)从创造产品的新颖度进行分类。所谓"新颖度",有两层含义,其一是指有无"新颖度";其二是指"新颖度"的高低。有无新颖度,是区分"创造"与"非创造"的关键,而所谓"新颖度"的高低,则是对产品的创造水平的层次高低的评价。按此,可以把创造划分为四类:第一类是世界性创造,如我国古代历史上的火药、指南针、造纸术、活字印刷等"四大发明";第二类是地域性创造;第三类是部门性创造;第四类是个体性创造。

人的创造力,爱因斯坦认为有大创造力与小创造力的区别。他所谓的大、小创造力的含义,是指创造力在人群分布中的两端情况:"一端是那些对社会作出了显著的创造性贡献的人们"的创造力,即"大创造力";"另一端是那些代表一般人创造力"的创造力,即"小创造力"。大创造力是完成世界性的伟大创造的创造力,小创造力是完成一般创造(即"个体性创造")的创造力。在大、小创造力的中间必然还会有不同层次水平的创造力。

(4)自我实现的创造性与特殊才能的创造性。美国著名心理学家马斯洛曾对创造力问题作过专门研究,认为创造力有两种类型,一种是特殊才能的创造力(创造性),如科学家、发明家、艺术家与杰出人物的创造力;另一种是自我实现的创造力,它是人人都具有的,是普通人在改变旧事物中表现出来的。前一种创造力所产生的创造性成果对社会来说是崭新的,前所未有的。后一种创造力所产生的成果只是对其本人来说是前所未有的,对他人来说却并不是什么新东西。

通过创造力的相关分类与认识,应该认识到创造力是每个正常的人都具有的,而不是个别天才人物所独有的"神秘能力"。明确这一点是非常重要的,这对提高创造理念、创造教育、创造行为的普及化有重大地推动作用。

三、创造力开发

心理学家马斯洛认为创造性(创造力)是人的本性所使然,人人都具有创造性,而且这种创造性在人的任何一种行为中都可能表现出来,并不一定局限于某些特定的(如科学的或艺术的)活动中。但是,实践中人的创造性不一定都能显示出来,究其原因,马斯洛认为那是因为出于安全需要而不得不适应现存社会文化环境的阻力和压力的结果。

因此,每个正常的人都有创造力,但不等于每个人的创造力都会自然而然地发展起来和显现出来。人的创造力往往以潜在的方式,或在日常生活、工作、学习中以不明显的方式表现出来而不为人们注意。这种潜在的创造力如能得到及时的开发,就可以转化为现实的创造力。有许多对社会作出杰出贡献的科学家、发明家,原本也是普普通通的人,这种事例在世界科技史上不胜枚举。如只念了几年小学的爱迪生,一生中完成了上千项发明。图书装订学徒工出身的法拉弟,在电学、磁学、化学等多方面都作出了重大贡献。发明蒸汽机的瓦特原来只是个仪器修理工……

知识链接

爱迪生的创造之路

托马斯·阿尔瓦·爱迪生(Thomas Alva Edison)于 1847 年 2 月 11 日出生美国中西部的俄亥俄州的米兰小市镇。父亲是荷兰人的后裔,母亲曾当过小学教师,是苏格兰人的后裔。爱迪生 8 岁上学,但仅仅读了三个月的书,就被老师斥为"低能儿"而被撵出校门。从此以后,他的母亲就成为他的"家庭教师"。12 岁的时候,他获得在列车上售报的工作,辗转于休伦港和密歇根州的底特律之间,但有一次,当他正力图登上一列货运列车时,由于一个列车员抓住他的两只耳朵助他上车,这一行动导致了爱迪生成为终身聋子。1862 年 8 月,爱迪生以大无畏的英雄气魄救出了一个在火车轨道上即将遇难的男孩。孩子的父亲对此感恩戴德,但由于无钱可以酬报,愿意教他电报技术。从此,爱迪生便和这个神秘的电的新世界发生了关系,踏上了科学的征途。

1868 年,爱迪生发明生平第一项专利"投票计数器",自此爱迪生发明不断,一生共有约 2000 项创造发明,为人类的文明和进步作出了巨大的贡献。他除了如留声机、电灯、电话、电报、电影等方面的伟大发明和贡献以外,在矿业、建筑业、化工等领域也有不少著名的创造和真知灼见,是名副其实的发明大王。1929 年 10 月 21 日,在电灯发明 50 周年的时候,人们为爱迪生举行了盛大的庆祝会,就在这次庆祝大会上,当爱迪生致答辞的时候,由于过分激动,他突然昏厥过去。从此,他的身体每况愈下。1931 年 10 月 18 日,这位为人类作出过伟大贡献的科学家因病逝世,终年 84 岁。

爱迪生的文化程度极低,对人类的贡献却这么巨大,这里的"秘诀"是什么呢?他除了有一颗好奇、勇于创造的心,一种亲自试验的本能之外,就是他具有超乎常人的艰苦工作的无穷精力和果敢精神。当有人称爱迪生是个"天才"时,他却解释说:"天才就是百分之一的灵感加上百分之九十九的汗水。"日本有家钢铁厂还做过这样一个对比试验:他们以同时进厂的12个高中生和12个大学生作为对照组,对高中生每周一天作创造学的培训,对大学生则不作培训。结果,半年后,高中生开始大搞发明创造,到实习期满时已申报了70项专利,而大学生们却没有什么创造。

上述两个例子都说明了人人都有创造的潜能,而且创造力是可以开发的。正因为有了这两条,才谈得上对人的创造力的开发。面对新时代、新环境的挑战,我们应认识到开发创造力是国家兴旺发达的关键,开发创造力是企事业兴旺发达的根本保证,更是提高个体自我创新能力、实现自我价值的有效措施。创造力的要素、结构及创造力开发等相关内容,将在后面的章节予以具体讨论。

游戏与活动

(1)游戏名称:创造力测试

(2)游戏概述:根据标准权威创造力测试量表测试自我创造力水平,为参与者自我创造力提供依据与参考。

(3)游戏准备:无

(4)游戏过程

通过书面或PPT播放等形式向学生提供尤金创造力自测量表

知识链接

创造力测试——尤金创造力自测量表

本表由美国心理学家、普林斯顿创造才能研究公司总经理尤金·罗德塞设计,适用于成人。请你实事求是地回答下列50道题,测试时间10分钟左右。(10秒/题),如果认为同意就打√,不同意就打×,吃不准或不知道的就圈○。

1.我不做盲目的事,我总是有的放矢,用正确的步骤来解决每一个具体的问题。

2.我认为,只提出问题而不想获得答案,无疑是在浪费时间。

3.无论什么事情,要我发生兴趣,总比别人困难。

4.我认为,合乎逻辑的、循序渐进的方法,是解决问题的最好方法。

5.有时我在小组里发表的意见,似乎使某些人感到厌烦。

6.我常常花费大量时间来考虑别人是怎样看待我的。

7.我认为,做自认为是正确的事情,比力求博得别人的赞同要重要得多。

8. 我不尊重那些做事似乎没有把握的人。

9. 我需要的刺激比别人多。

10. 我知道如何在考验面前，保持自己的内心镇静。

11. 我能坚持很长一段时间来解决难题。

12. 有时我对事情过分热心。

13. 在无事可做时，我倒常常想出些好主意来。

14. 在解决问题时，我常常单凭直觉来判断"正确"或"错误"。

15. 在解决问题时，我较擅长于分析，而不太擅长于综合。

16. 有时我会打破常规去做我原来并未想要做的事。

17. 我喜欢收藏各种东西。

18. 幻想促进我提出许多重要计划。

19. 我喜欢客观而又理性的人。

20. 如果要我兼职，我宁可干一些实际工作，而不愿干一些探索性的工作。

21. 我能与同事们很好地相处。

22. 我有较高的审美感。

23. 在我一生中，我一直在追求名利、地位。

24. 我喜欢坚信自己结论的人。

25. 我认为，灵感与获得成功无关。

26. 争论时，使我感到高兴的是原来与我观点不一的人变成了我的朋友。

27. 我更大的兴趣在于提出新建议，而不在于设法说服别人接受这些建议。

28. 我乐意独自一人整天"深思熟虑"。

29. 我往往避免干那种使我感到低下的工作。

30. 在评价资料时，我认为资料的来源比其内容更重要。

31. 我不满意那些不确定和不可预言的事。

32. 我喜欢一门心思苦干的人。

33. 我认为，一个人的自尊比得到他人敬慕更重要。

34. 我觉得那些力求完美的人是不明智的。

35. 我宁愿与大家在一起努力工作，而不愿意一个人单独工作。

36. 我喜欢那种对别人产生影响的工作。

37. 在生活中，我经常碰到一些不能用"正确"或"错误"来进行判断的问题。

38. 对我来说，"不在其位，不谋其政"是正确的。

39. 我认为，那些使用古怪和罕见的词语的作家纯粹是为了炫耀自己。

40. 我认为，许多人之所以苦恼，是因为他们把事情看得太认真了。

41.即使遭到挫折、反对和不幸,我仍然能对自己的工作保持原来的精神状态和热情。

42.我认为,想入非非的人是不切实际的。

43.我对"我不知道的事"比"我知道的事"印象更深刻。

44.我对"这可能是什么"比"这是什么"更感兴趣。

45.我经常为自己在无意中说话伤人而闷闷不乐。

46.即使没有报答,我也乐意为新颖的想法而花费大量时间。

47.我认为,"出主意没什么了不起"的说法是中肯的。

48.我不喜欢提出那些显得无知的问题。

49.一旦任务在肩,即使受到挫折我也要坚决完成任务。

50.从下面描述性格的形容词中,请挑选出十个你认为最能说明你性格的词:

①精神饱满的;　②有说服力的;　③实事求是的;

④虚心的;　⑤观察敏锐的;　⑥谨慎的;

⑦束手束脚的;　⑧足智多谋的;　⑨自高自大的;

⑩有主见的;　⑪有献身精神的;　⑫有独创性的;

⑬性急的;　⑭高效的;　⑮乐意助人的;

⑯坚强的;　⑰老练的;　⑱有克制力的;

⑲热情的;　⑳时髦的;　㉑自信的;

㉒不屈不挠的;　㉓有远见的;　㉔机灵的;

㉕好奇的;　㉖有组织能力的;　㉗精干的;

㉘铁石心肠的;　㉙思路清晰的;　㉚脾气温顺的;

㉛可预言的;　㉜拘泥形式的;　㉝不拘礼节的;

㉞有理解力的;　㉟有朝气的;　㊱严于律己的;

㊲讲实惠的;　㊳感觉灵敏的;　㊴无畏的;

㊵严格的;　㊶一丝不苟的;　㊷谦恭的;

㊸复杂的;　㊹漫不经心的;　㊺柔顺的;

㊻创新的;　㊼实干的;　㊽泰然自若的;

㊾渴求知识的;　㊿好交际的;　51善良的;

52孤独的;　53不满足的;　54易动感情的

附：提供参考自评标准

尤金创造力自测量表参考自评标准

	√	×	O		√	×	O		√	×	O		√	×	O
1	0	1	2	14	4	0	-2	27	2	1	0	40	2	1	0
2	0	1	2	15	-1	0	2	28	2	0	-1	41	3	1	0
3	4	1	0	16	2	1	0	29	0	1	2	42	-1	0	2
4	-2	0	3	17	0	1	2	30	-2	0	3	43	2	1	0
5	2	1	0	18	3	0	-1	31	0	1	2	44	2	1	0
6	-1	0	3	19	0	1	2	32	0	1	2	45	-1	0	2
7	3	0	-1	20	0	1	2	33	3	0	-1	46	3	2	0
8	0	1	2	21	0	1	2	34	-1	0	2	47	0	1	2
9	3	0	-1	22	3	0	-1	35	0	1	2	48	0	1	3
10	1	0	3	23	0	1	2	36	1	2	3	49	3	1	0
11	4	1	0	24	-1	0	2	37	2	1	0	50	另计算		
12	3	0	-1	25	0	1	3	38	0	1	2				
13	1	0	2	26	-1	0	2	39	-1	0	2				

第50题评分标准：

①精神饱满的；⑤观察敏锐的；⑧足智多谋的；⑩有主见的；⑪有献身精神的；⑫有独创性的；⑲热情的；㉒不屈不挠的；㉕好奇的；㉟有朝气的；㊱严于律己的；㊳感觉灵敏的；㊴无畏的；㊺柔顺的；㊻创新的	每个形容词为2分
④虚心的；⑯坚强的；㉑自信的；㉓有远见的；㉔机灵的；㉝不拘礼节的；㊶一丝不苟的；㊾不满足的	每个形容词为1分
其他	均为0分

根据评分标准,汇总50题为最终得分,满分为140分,最低为−21分。

110分以上	创造力非凡
85～109分	创造力很强
56～84分	创造力较强
30～55分	创造力一般
15～29分	创造力较弱
14分以下	创造力很弱

课外思考题

(1)请从国家、企业或你本人的处境,谈谈对创新与创造的重要性和开发创造力的迫切性的认识?

(2)论述科技创造和技术创新的不同概念?

(3)为什么说创造学是创新的有力武器?

(4)什么是创造? 你以前怎样理解创造? 学习后有什么新的看法?

(5)创造力是可以开发的吗? 你能举出哪些例证?

(6)请你介绍一下你曾经有过的创造事例或创新思想以及由此得到的成功喜悦或失败的痛苦,并总结一下你的经验教训。

(7)你能用下列 4 种原料烧出 100 种菜来吗(猪肉、鲢鱼、青菜、豆腐)?

第二章　创造理论发展与创造教育

> 　　本章着重阐述了创造理论的发展沿袭以及国内外创造教育发展的历史与现状。通过对本章的学习,掌握与了解创造学发展的历程与主体理论框架;并通过对国内外创造教育发展沿袭的阐述与对比,了解我国创造教育的现状与差距。另外,通过了解与认识新知识经济背景下,国家、组织与个体间竞争中创新与创造的核心要素地位,进一步阐述现阶段发展我国创造教育与自我创造力开发的客观需求与重大意义。

第一节　国外创造理论与创造教育的发展

　　创造学是一门主体研究创造活动的规律和方法的科学。在国外,有的称为创造力研究(美国),有的叫创造工程、创造工学(日本),也有的叫创造力技术(俄国),称谓不一。实际上它包括创造学的理论研究和创造力的开发研究两个方面的内容,是一门新兴的发展中的综合科学。20 世纪三四十年代新兴学科创造学在美国诞生。它以研究人类创造发明、创新活动的规律、条件和方法,激发人的创新意识,开发人的创造力,培养创造型人才为内容。一场创造学理论研究和对国民进行创造力开发教育的实践活动热潮很快由美国掀起,迅即传向日本、苏联、欧洲等国家和地区,为现代社会与科技的进步发挥了积极的、巨大的推动作用。

一、美国创造理论研究与创造教育发展

　　美国是近代创造学的发源地,也是创造理论研究与教育推广最广泛与普及的国家,这在某种程度上为美国在 20 世纪 90 年代信息社会的转型与国家竞争力的提升,提供了坚实的要素支持。美国通用电气公司,它的前身是由大发明家爱迪生创建的爱迪生实验室。爱迪生(1847－1931)在世时,实验室里大学毕业的科技人员并不多,但发明成果累累,举世闻名。爱迪生去世后,通用公司陆续吸收了大批大学毕业生,然而新的发明发现、新产品的开发、新专利的申请,却大大少于爱迪生

实验室朝代。对这一直接关系着公司兴衰存亡的现象，引起了公司领导的高度重视。经过调查，他们发现，致使创造成果下降的主要原因是：在大学里只向学生传授知识，而不传授创造的方法，这些大学生在校时都没有学过怎样进行创新思考，对怎样提出创见，怎样从事发明创造的知识和方法，都了解很少，更缺乏这方面的实践和切身体会，因而造成这些人的创新意识薄弱，创新能力不强，他们只习惯于按部就班地干一些机械性、模仿性的技术工作。为了改变这一状况，公司组织人员总结了爱迪生生前从事创造发明的方法和经验，编成教材，开办了"创造工程培训班"，对所有科技人员进行了半年的轮训。职工经过培训，显著地加强了创新意识和热情，提高了创新能力和水平。次年，申请发明专利的数量就比培训前增加了3倍。这是世界上最早通过培训开发创造力的尝试。这一首创，后来被学术界公认为创造学正式诞生的标志。

其后，美国学者奥斯本提出了迄今仍为最常用的创造技法——"智力激励法"（头脑风暴法，简称 BS 方法）和有"创造技法之母"之称的检核表法。以后，美、日、英、德等国的许多创造学家又相继提出了许多创造技法，从而充实和发展了创造学。

知识链接

亚历克斯·奥斯本

亚历克斯·奥斯本是创造学和创造工程之父、头脑风暴法的发明人，美国 BBDO 广告公司（Batten, Bcroton, Durstine and Osborn）创始人，前 BBDO 公司副经理。他是美国著名的创意思维大师，创设了美国创造教育基金会，开创了每年一度的创造性解决问题讲习会，并任第一任主席，他的许多创意思维模式已成为家喻户晓的常有方式。所著《创造性想象》的销量曾一度超过《圣经》的销量。20 世纪 40 年代，亚历克斯·奥斯本在其公司发起创新研讨。1953 年和帕内斯教授在纽约州立大学布法罗学院创办了世界上第一个创造学系，开始招收创造学专业的本科生和硕士研究生。1954 年，奥斯本作为布法罗州立大学的董事会成员，促成该校建立创新教育基金会。亚历克斯·F·奥斯本提出的最负盛名的促进创造力技法——头脑风暴法，所以大家都称他为"头脑风暴法之父"。这种方法的目的是通过找到新的和异想天开的解决问题的方法来解决问题。

创造学自诞生以来，首先在一些经济发达国家得到广泛的传播，以美国为例，从 20 世纪 30 年代起一些教授、工程师和热心于创造学的专家为传播创造学开办了训练班，被公认为创造学奠基人的奥斯本就是其中的一个代表，他没有受过高等教育,但非常热爱创造,30年代以来就全力投入了对创造学的研究与推广工作。他身体力行地从自己做起,创导"日行一创"(即每天提出一项创造性设想)。1941年他出版了《思考的方法》一书,引起了轰动,该书的发行量高达1.2亿册。其后,奥斯本创办"创造力咨询公司"与"创造性思考夜校",在1949年又在布法罗大学开设了"创造性思考"课程,并在该大学设立了创造研究中心。1953年奥斯本出版《创造性想象》一书,进一步引起了人们对创造学的关注。1954年他建立了"创造教育基金会",每年召开一次世界性大会,促进创造学理论与学术交流。

创造学学术研究和学术会议对创造学的传播起了有力的促进作用。在美国科学基金会等机构的支持下,学术界召开了一系列关于创造力研究和创造力开发的讨论会,创造学成为学者们公认的学术研究领域。美国有50多所大学设有创造学研究机构,许多大学开设了相关课程。一些学校还对如何将创造的原则和方法运用到各种课程中去,进行了探索,如哈佛大学就有如下一些学科接受了创造性教育的结构:航空学、农学、企业管理学、化学、教育研究、新闻学、建筑设计学、体育学、物理学、关系学、地理学、演讲艺术、教育学,等等。

在美国,除了已在大学普遍开设创造性思维、创造力开发、创造工程一类课程外,许多企业为了提高企业素质和开发企业创造力,也纷纷开设各种创造力开发训练课程,如通用电气公司、通用汽车公司、道氏化学公司、IBM公司、福特公司、克莱斯特公司等许多大企业,都设有创造力训练部门,常年开展各级各类人员的训练、培训。

在美国,创造学不仅受到学校、企业的重视,一向稳重的军界也感受到创造学对夺取胜利有独特的作用。早在"二战"期间,陆军在推广应用创造学的同时还创造了"5W2H"创造技法。"二战"后期,美国将军们要受"创造性解决问题"强化训练。自1956年起,陆军院校常年实施创造力训练。美国海军在1960年把创造力训练列入预备役军官的训练大纲,成为他们的必修课。美国空军还在全国设立了200多个培训点。

整体而言,美国创造学的发展成就与特点集中体现在创造研究中心、创造教育以及创造力咨询三个方面。

1. 创造学研究中心的形成和绩效

经过20世纪50年代美国创造学研究的热潮,逐渐形成一批卓越的研究集体,到60年代进一步在全国形成了十几个研究中心。其中奥斯本和帕内斯领导的布法罗纽约州立大学跨学科创造力研究中心的研究成果更引入注目。1958—1959年,帕内斯等人开展了长达14个月的创造力训练方法的实验研究,在350名大学生中进行了教学实验,结果表明,一学期内学习过"创造性解题课"的学生(实验组)与未学过这门课的学生(对照组)相比,在提出设想的数量和质量上都明显地优于后者;个性测量也表明实验组在领导能力、自主性、坚韧性和独创性方面有实质性进步。同时,研究表明:年纪大的学生(23~51岁)和年龄小的学生(17~22岁),男性和女性的训练效果一样好;而且课程结束后一年半再次测量研究,创造力提高效果仍存在,说明创造力开发有持续性效果。美国国内官方与民间创造学研究中心、研究机构的建立与发展直接促进了美国国内创造理论的研究与创造教育的蓬勃发展,维持与提升了美国国家整体创造、创新竞争力。

2. 创造力开发的教育及训练普及化

20世纪60年代后期,在上述研究成果的鼓舞下,以研究中心为主体,开始在全美各大学普及创造性思维训练课,同时,许多一流的企业纷纷开设各种创造力开发训练课程。人们熟知的美国通用电气公司、3M公司、道氏化学公司、通用汽车公司、美国无线电公司等均设有自己的创造力训练部门,常年开展这种训练,对国民进行创造力开发教育和训练,是美国实施开发国民创造力,并将它转化为生产力的发展战略的基础性工程。

3. 创造力咨询公司的兴起

一种新型的公司——创造力咨询公司,1978年已有33家,20世纪80年代有增无减。这类公司虽然名称各异,有的甚至并以公司命名,但都以有偿经营的方式提供各种创造性智力服务。公司聘请创造学专家,从事传播、咨询、培训、开发、评估、解题、决策、人才选拔、设计等方面的创造性咨询业务。

从美国创造学研究的上述动向,可以给我们这样的启示:创造力研究是起点和基础,只有经过深入地研究,取得有说服力的成果来证明,创造力人皆有之,创造力可以开发,再让政府职能部门、企业、学校乃至整个社会看到创造力开发的必要性、紧迫性及价值。这样,后续的创造力开发教育和训练的普及,就会变成社会的自觉行动,用不着强行推行了。当上述两个方面的发展有了一定基础,发展到一定程度时,商业性的创造力咨询公司自然就会应运而生,以满足社会对创造和创造成果的需要。如果我国创造学家们借鉴美国同行的经验,从最基本的实践性研究开始,拿出实实在在的研究成果来证明创造学自身的价值,创造学发展的道路就会越来越宽。

二、日本创造理论研究与创造教育发展

除了美国,创造理论与实践发展的典型代表还包括日本。"二战"以后,日本在创造学研究和全民族创造力开发上取得了很大的成功,创造力开发和创造教育使日本在世界性的竞争中进行综合创新,获得了后发优势,形成了世界一流的技术,以先进的技术和高品位的商品争夺国际市场,仅仅30年,一跃成为仅次于美国的世界第二经济大国,在技术研究方面成为美国的竞争对手,并在一些领域已超过美

国。正如日本企业家经常说的一句话:我们不担心资源缺乏,只怕缺乏智慧和创造力。从某种意义上可以说,是创造与发明铸就今日日本的经济、科技大国地位。

日本创造学研究主体经历了三个阶段:引进和消化西方研究成果(1930—1950);研究领域和方法的扩展(1951—1965)以及创造学研究的独立发展(1965—1979)。在消化、吸收、改进国外特别是美国的创造知识体系的基础上,自 1980 年起日本的创造学研究得到更深更广阔的发展:创造学体系的研究与形成,独创性、新颖性、原创性课题的研究越来越成为研究的方向与核心,日本科学技术厅还专门制定"创造科学技术推进制度",在年龄 20~50 岁的科研人员中寻找、推选有创造能力的项目负责人,重点研究日本人的创造特征以及创造力的定量统计;确定了长远的研究课题,如女性的创造力、意识形态的变化、生活史分析方法、创造性与天赋和智能的关系等。丰硕的研究成果取得了巨大的社会与经济效益,反过来,也促进了日本国内创造学理论与实践的进一步发展。

日本的创造研究与创造力开发的成功实践与战后日本政治格局、经济特征、文化背景乃至日本民族的民族性格是息息相关的,整理起来其主要表现与特征主要涵盖以下几点:

1. 政府对创造研究与创造力开发高度重视

日本四面环海、地狭人稠、自然灾害频繁、资源极度缺乏,促使日本在战后奉行外向出口、贸易立国、创造兴国的基本国策。1982 年,日本首相福田纠夫亲自主持会议,提出"立足国内,开发创造力,创造新技术,发展新产业,确保竞争优势"的治国方针,在决议中确认"创造力开发是日本通向 21 世纪的支柱",表明政府将创造力开发放到了重要位置。在基本国策的指引下,日本政府把国民创造力作为第一资源来开发,把 4 月 18 日定为"全国发明节",这似乎是世界上独一无二的节日。近几年来,日本的科技白皮书和政府文件中,开发创造力和自主技术已成为必不可少的组成部分。因此,日本创造与创新实践的成功与日本政府高度重视与积极引导是密不可分的。

2. 企业热心开发创造力绩效,硕果累累

20 世纪 80 年代以前,日本企业普遍开展的是全员质量管理运动,80 年代后已变为"全员创造发明运动"。一些大企业,如松下、日立、索尼等公司都把开发职工的创造力作为一项常年轮训的内容之一,因而有力地推动了企业的技术革新和合理化建议活动,使日本的专利申请量每年高达 55 万件,占全世界的 1/3,从 1976 年起就雄居世界第一。在员工参与与合理化建议环节中,日本企业还注重员工创造性、主动性、参与性的发挥,形成了提倡"一日一案"等的创造性建议活动。丰田在1978 年前的合理化过程中,职工提出了 46.3 万件合理化建议,当时的 4 万名职工,人均十几件;进入 90 年代,平均每年收到的建议约达 200 万件,平均每年每人提出

35.6件。创造教育与思维运用给日本企业带来了巨大的管理进步与经济绩效;另一方面,极大地提高了日本企业的内部士气氛围与整体凝聚力。

3. 全社会普及创造学,倡导发明活动

受自然条件等因素的影响,日本从国家层面致力于全民创造能力的培养、国民创造素质竞争力的构建。日本有号称占全国人口5%的发明大军(达600万人),在各城市开设星期日发明学校,连妇女发明协会都有几十年历史了。日本特别注重对青少年创造能力的培养,自1974年创办第一个青少年发明俱乐部以来,已经发展到90所,计划建立180所,以加强青少年创造力的开发和训练。日本开发创造力的特点是举国上下重视,相互配合支持,形成了广泛、深入、持久的全民性创造力开发运动,各种全国性的发明、创造竞赛历史悠久、影响巨大。

三、其他国家创造理论研究与创造教育发展

至今,世界上已约有包括我国在内的70多个国家和地区在研究、推广和应用创造学。在发展中国家中,以委内瑞拉的创造教育最有成就,到1981年已有4万多名受过训练的教师对占全国一半的小学生共120万人进行创造思维训练,取得了创造力开发的成功,政府还用法律的形式规定每所大学必须开设"创造思维技术课"。埃及、印度等国也在创业教育、跨文化创造力比较研究以及创造力训练等方面具有较突出的成就。这些成果都说明创造学并非发达国家的"专利",发展中国家更应充分认识创造学价值,深入研究与推广创造理论与实践,打造"后发优势",实现国家、民族、社会及经济的腾飞。

第二节　我国创造学与创造教育的发展

一、我国传统创造文化与实践

我国是历史悠久的文明古国,在它漫长的历史进程中,曾为世界的文明进程作出过巨大的贡献。中国古代的四大发明,曾在世界的创造史上留下了光辉的一页。而我国的创造学研究可以追溯到春秋战国时期,在孔子、孟子和庄子的论著中,都有一些创造学研究方面的论述,如智力开发、人格特质、教育的个别差异、心理测量的可行性,等等。但总体而言,都是从治学、为政、治身之道出发的,有着很浓的伦理、道德色彩,与古希腊时期西方学者的科学视角存在较大差异。

先秦以后,中国进入几千年漫长的封建社会,儒家思想占据了民族文化与伦理道德的核心地位。受其影响,在民族行为与文化习俗上,中华民族总体上表现为具有崇尚传统、尊师守礼、注重权威、压抑个体等特征。封建传统教育很少重视创造

教育,更不注重培育创造型人才;相反,封建统治阶级更多地将创造、创新行为或成果描绘成"奇技淫巧"、"雕虫小技",甚至残酷地镇压、扼杀所谓"离经叛道"的创造活动和革命精神。因此,尽管中国古代涌现出包括北魏贾思勰《齐民要术》、北宋沈括《梦溪笔谈》、南宋杨辉《详解九章算法》等科技创新与创造实践巨著,但也更多的是对相应领域创造实践的记录与总结,还算不上是创造学著作。古代中国社会文化与西方社会文化在创造认识与地位的巨大差异,成为影响近代中国社会与科技发展滞后的重要原因。当然,在我国灿烂的古籍文化与古典思想中,虽然没有对创造规律、创造技法等创造理论的系统著述,但它们之中蕴藏着丰富的创造思想,对此我们应该对其进行深入地研究与总结。

二、我国近代创造理论研究与创造教育

近代中国创造学研究是从陶行知创造教育思想与实践开始。人民教育家陶行知先生(1891—1946)是我国现代创造教育的先驱,在半个世纪以前就已对创造教育进行过潜心的研究并形成了较完整的体系。陶行知创造学理论体系也是我国现代创造学研究基础与着眼点。

1918年,陶行知在《试验主义教育方法》等论文中,提出了改革教育的创造教育思想。在30年代创立了他的创造教育理论.并对青少年和儿童进行了创造教育试验。1933年在《创造教育》演讲中,进一步提出了创造教育的目的、内容、方法和意义,这些思想在后来的《创造宣言》等论著中及教育实践中不断充实,完善,不仅形成了较为完整的创造教育思想体系,也使陶行知成为世界创造教育的最早探索者之一。在创造教育思想的内容方面,陶行知先生还率先提出陶行知创造教育思想,包括:创造教育的目的任务、基本原则、途径和方法;对受教育者实行"六大解放"(脑、口、手、眼、时间和空间)的教育路径;创造的社会教育;创造的教育方法的完整创造教育体系。

知识链接

创造教育先驱陶行知

陶行知(1891—1946),原名文濬,后改名知行、行知。祖籍绍兴会稽,生于安徽歙县。家贫,幼入私塾,15岁入歙县崇一学堂。光绪三十四年(1908)考入杭州教会办广济医学堂。当得悉要入教会之学生方可去医院免费实习时,愤而退学。1910年,考入南京金陵大学文学系。民国3年(1914)毕业后考取公费留学,先后获美国伊利诺斯大学和哥伦比亚大学科学和文学硕士学位,成为美国著名实用主义教育家杜威之学生。民国6年(1917)回国,任南京高师(后改东南大

学)教授、教务长兼教育专修科主任。

在"五四"运动影响下,陶行知先生于民国 8 年(1919)7 月提出教育要"自新、常新、全新"和"自主、自立、自动"之主张,并参加《新教育》杂志编辑工作,后任该杂志主编。民国 12 年(1923)发起组织"中华平民教育促进会",编写《平民千字课本》,推广平民教育。民国 15 年(1926)发表《中华教育改进社改造全国乡村教育宣言书》,倡导乡村教育运动。次年 3 月在南京创办"晓庄试验乡村师范学校",提出"生活即是教育、社会即是学校"等理论;10 月在萧山湘湖创办"浙江省立乡村师范学校"。民国 20 年(1931)发起"科学下嫁"运动,从事科学普及工作。次年组织生活教育社,创办山海工学团,倡导"教学做合一"教育活动。"一二·九"运动后,积极投入抗日救亡运动,提倡国难教育、战时教育,在重庆先后创办育才学校和社会大学。民国 34 年(1945)加入中国民主同盟,当选为中央委员兼民主教育委员会主任委员,主办《民主》周刊。民国 35 年(1946)7 月病逝于上海。毛泽东同志题词"伟大的人民教育家"。著有《中国教育改造》、《中国大众教育问题》、《古庙敲钟录》等。现已出版《陶行知教育文选》、《陶行知全集》等。《中国近现代人名大辞典》等有录。

陶行知先生作为我国,乃至国际近代创造教育的先驱,其创造教育思想的先进性:

(1)揭示了创造教育的根本目的是"造福全人类";

(2)创立了"实践(行动)—认识(思想)—新价值的产生(创造)"的创造过程理论;

(3)发现和论证了儿童都有不同程度的创造力,发展了创造力人皆有之的理论;

(4)他主张培养学生自动、自立学习精神;

(5)明确提出了"六大解放的思想";

(6)提出了"手脑双全是创造教育的目的"的思想;

(7)特别重视被称为"高级思维"的创造思维。

现在,对陶行知创造教育思想体系的研究,有助于我国创造教育的开展,有助于建设有中国特色的创造教育学,有助于全民族创造力的开发,有助于我国创造学的研究。从而,有助于逐步建设适合我国国情的创造教育学。

三、我国现代创造理论研究与创造教育发展

经过战争的洗礼与文革的沉寂后,我国创造学研究在改革开放后进入了一个

崭新的、井喷状的、蓬勃的发展阶段。对改革开放后的当代创造学发展,可将其从整体上分为引进传播、消化推广和学科发展三个阶段。

1. 引进传播阶段(1980—1985)

20 世纪 80 年代初期,我国开始逐步引进并传播创造学知识,其重点是创造工程、创造技法资料的引进。1980 年,上海一些报刊发表了一系列介绍创造发明方法的文章,其中许立言在《科学画报》上发表的十多篇介绍创造学及创造技法的文章,产生了广泛的影响,在这些技法的启发下,50 多项创造发明成果诞生了,并很快在教育界、科技界和企业中引起重视和反响,一批中国最早的创造学研究者开始了当代创造学的引进和传播。

1983 年 6 月 28—7 月 4 日,在广西南宁召开了我国第一届创造学学术研讨会,标志着我国创造学作为一门独立新学科的诞生。在那次会议上成立了中国创造学研究会筹备委员会和中国创造教育研究会筹备委员会。

在引进传播创造学中,还邀请日本创造学家村上幸雄于 1983 年来华讲学。全国各地的创造学研究者通过举办全国性的创造力开发函授班、创造学培训班、普及班等形式传播创造学,其中较有影响的是 1984 年中国创造学会(筹)在上海钢铁三厂举办的创造力开发培训班。仅半个月的学习和训练,55 名学员共提出 3560 条设想,其中不少设想付诸了实施,并产生了巨大的经济效益与社会影响。

2. 消化推广阶段(1986—1990)

1986 年以后,我国创造学研究基本进入消化与推广阶段,一大批由我国创造学研究者编著的创造学著作问世。这批著作是在消化吸收国外创造学理论、方法的基础上,结合我国的国情,并以适合我国读者接受习惯的写作方法编著的。这从不同的角度和侧面,把创造学的推广推向一个新的高度。

在消化推广阶段的著作以总论性为多,说明众多研究者的从"引进"到"推广"的思路是希望从总体上把握创造学,但创造心理学等创造学学科分支著作的诞生势头,预示着创造学分支学科研究的时期即将到来。而大规模和大面积地普及创造学也成为消化推广阶段的重要标志,各种类型的创造学培训以创造力开发、创造发明、创造效法、新技术新产品开发、技术革新和合理化建议等为题,在社会各行各业举办起来,并收到良好效果。如湖北省宜昌县经委与工会连续三年开办创造学培训班共 45 期,培训 4500 多人,全县职工合理化建议由原先的人均 0.33 件增加到 0.8 件。诸如宜昌市、第二汽车制造厂等先进典型都是创造社会经济绩效与我国创造教育发展的良好证明。

在这一阶段中,创造学在学校的教育与推广也呈现蓬勃发展的态势。一批高校率先开设创造学选修课,出现了"创造学热"。一些创造学研究者还开始在中小学为创造教育开辟了一条路。在创造学推广的过程中,一批学术造诣深、讲授水平高、教学作风好、有较高声望的创造学专家、教授在全国各地传授创造学并受到热烈欢迎。

3. 学科发展阶段(1991 至今)

在引进和消化推广的基础上,从 20 世纪 90 年代起,创造学以学科创造学研究推广和创造学与市场经济紧密联系为特征向前发展,显示了创造学的生命力和活力。创造力开发、创造方法、技术创新及新产品开发、创造学应用等方面的著作逐渐成为创造学著作的主流,为学科发展、社会经济做出了巨大的贡献。

20 世纪 90 年代中期开始,创造的教育与普及开始由分散、号召性的培训转变为集中、规定性学习,一些地方已开始由政府主管部门将普及创造学列为干部、科技人员和管理人员的必修课程,纳入年度计划,以提高各级领导干部和科技、管理人员的创造性素质。广东省人事厅和深圳市人事局分别在 1996 年与 1997 年发布文件,对专业技术人员开展《创造性思维与方法》培训下达了通知,要求具有高级、中级、和初级专业技术职称的人员,凡是不参加培训或参加培训但考核不及格者一律不得申报高一级的职称。1998 年上海市经委发文,要求对各企业的科技人员、管理干部、职校师资等进行创造学知识的培训,通过考核发证,作为晋级、评职的重要依据。

20 世纪 90 年代中后期以来,我国创造学研究的国际交流大幅度增加,促进了我国自身创业学的完善与发展。我国创造学院(校)和研究中心得到长足的发展,创造教育继续深入发展并喜见成效,1997 年普通高等学校国家级教学成果奖中,创造教育成果获 1 项一等奖、4 项二等奖。创造学学术团体不断发展和学术研究活动以前所未有的规模开展,都使创造学研究进入了一个新阶段。除高校学科教育外,新闻媒体、社会各界也广泛地参与到创造学研究与推广活动中,如中央电视台的《科技之光》栏目"发明与创造节目"以及地方媒体举办的创造类讲座与评选类活动等都使创造学得到更大的认同与普及。

知识链接

中国创造学会

中国创造学会成立于 1994 年 6 月 9 日,现有团体会员 42 家、个人会员 455 名。除设办事机构外,还设创造教育专业委员会。现任会长万钢。

我国的创造学研究在创造学会的指导、组织和协调下,我国创造学在理论上有所突破;逐步建立了创造力开发研究系统;在工厂企业中通过创造技法的应用已取得了较好的经济效益;创造学研究与应用已进入了高速发展阶段;创造学开始进入贫困地区和学校;创造性活动已在经济发展及城市建设中产生效果;建立了一批创造学院校、研究所、培训基地；我国创造学活动已引起了国际学术界的重视，国际交流日益频繁。学会已组织召开了十届全国创造学学术讨论会，代表了我国目前创造学研究的水平，对我国创造学研究的发展起到了重要的作用。学会会刊是《创造天地》（双月刊）。

四、我国现代创造理论与创造教育的不足

虽然改革开放以来，现代创造学在我国从无到有、从小到大，取得了长足的进步与丰硕的成果，但必须认识我国创造学发展与国外先进国家，特别是美、日两国，仍存在较大的差距与不足。整体而言，差距与不足可以汇总为认识、心理与行为三个方面。

1. 认知差距

国人对创新、创造的重要性认识整体表现不足，创新、创造意识淡薄，习惯于生搬硬套、模仿抄袭，虽然在国家层面将创新、创造推动至"国家战略"的高度，但在实践层面，不少企业、单位、地方政府后知后觉、置若罔闻，对创新、创造概念及其重要性、紧迫性缺乏正确认识与实际行动。

2. 心理差距

提到创造、创新、发明、发现，不少国人就会自觉不自觉地把它与爱迪生、爱因斯坦、牛顿、伽利略等大科学家、大发明家联系起来，感到"高不可攀"，或者认为创造创新是科技人员、科技领域的事，"与己无关"，而我国传统文化与现代应试教育又进一步成为了抑制与约束国人创新、创造的心理因素；另一方面由于近现代中外科技与文化的差距，部分国人、企业面对国外科技与创新创造叹为观止、趋之若鹜，但在自主创新或引进改造等方面缺乏足够的勇气与自信，热衷于技术简单的引进、复制与抄袭等急功近利的短期行为。

3. 行为差距

在认识到了创新、创造的重要性后，更重要的是付诸行动。卓有成效的创新、创造活动一方面需要积极地尝试与实践；另一方面，工欲善其事必先利其器，在创新创造过程中，不仅要用于实践还需要加强对创新、创造知识与技能的系统学习与全面培养。整体而言，受我国对创新创造的认识、心理以及教育方式的影响，我国创新、创造活动的实践者在行为与方法上仍存在较大的差距与空间。

第三节 创造型人才——新时代的选择

一、新知识经济的崛起

江泽民同志在 1995 年全国科技大会上的讲话中指出:"创新是一个民族进步的灵魂,是国家兴旺发达的不竭动力。如果自主创新能力上不去,一味靠技术引进,就永远难以摆脱技术落后的局面。一个没有创新能力的民族,难以屹立于世界先进民族之林。"2006 年,胡锦涛同志在全国科学技术大会上发表题为《坚持走中国特色自主创新道路,为建设创新型国家而努力奋斗》的讲话明确指出:"自主创新能力是国家竞争力的核心,是我国应对未来挑战的重大选择,是统领我国未来科技发展的战略主线,是实现建设创新型国家目标的根本途径。"当今世界经济已经进入一个以知识为基础的、新的发展时代,我国将创新、创造置于国家发展、民族生存的国家基本战略高度是具有重大社会价值与实践意义的英明决策。

知识经济的特征可以归纳如下:

1. 知识爆炸现象加剧

20 世纪 40 年代以来,由于原子能、生物技术、微电子技术和空间技术的飞跃发展,把人类带进一个全新的时代。科学技术的新成果、新理论和新应用,令人眼花缭乱,应接不暇。据粗略统计,20 世纪前 50 年的研究成果已远远超过 19 世纪;而 20 世纪 60 年代科学技术的研究成果,则比过去两千年的总和还多。当前科学门类已达 2000 多种,基础学科有 500 个以上主要专业,技术科学有 412 种专攻领域,科学文献按指数增长,每隔 10～15 年翻一番,科学知识年增长率在 1980 年已达 12.5%。

2. 知识老化速度加快

所谓知识老化速度,是指知识过时或者说陈旧所需要的时间。据调查,18 世纪知识陈旧的速度为 80～90 年,而近 50 年缩短为 15 年,甚至有的学科已缩短至 5～10 年。专业知识的陈旧速度比专业知识汲取的速度快得多,统计结果表明,一个人从大学只能获得 10% 有用的知识。这就是通常所说的知识老化现象。

3. 科学综合化、一体化的趋势加强

当代科学发展的趋势是综合。科学体系是个有机的整体。各种新型科学、边缘科学,无不综合了传统的各类专业知识。从事于这些领域的研究人员,单凭过去那种单向深入的研究方法很难奏效,必须以多学科的方法,进行横向的立体研究。科技领域中的一些新发明,新发现、新突破,往往是"外行"把他的专业理论知识引到另一个领域所创造的成果,这种现象在科学上称为"知识横移"。科学发展的综合趋势的一个突出表现,就是"知识横移"加剧。

4. 知识创新压力急剧扩大

虽然知识是唯一在使用中不被消耗的资源,但要形成竞争力,就必须不断创新,而不是不断复制。由于知识经济下知识与学科发展的新特征,知识创新也就成为了知识更新与知识竞争的核心途径;另一方面,激烈的知识创新也将各层次的竞争从一般竞争发展成为残酷的集团竞争与国际竞争。

知识链接

21世纪六大技术革新领域

- 生物技术,其标志技术为基因工程与蛋白质工程;
- 信息技术,其标志技术为智能计算机与智能机器人技术;
- 新材料技术,其标志技术为纳米技术与超导材料;
- 新能源技术,其标志技术为核聚变与太阳能技术;
- 空间技术,其标志技术为航天飞机与永久太空站;
- 海洋技术,其标志技术为深海挖掘与海水淡化。

二、创造力与创造素质——21世纪人才的必然要求

经过改革开放近30年的高速发展,我国已经进入一个崭新的、特殊的发展阶段。在新的发展、竞争环境下,我国在面临着巨大发展机遇的同时,也面临着更巨大的竞争与挑战。一方面,随着科技发展水平的迅速提高,创新、创造的核心推动作用愈发彰显,科学技术成为第一生产力,而创新、创造成为科学技术的第一推进剂;另一方面,现阶段的我国无论是在科学技术水平还是劳动生产率方面,我国和美国等技术先进国家相比,差距很大。直至20世纪90年代中期,我国工业企业劳动生产率仅为英国的1/30,美国的1/35,日本的1/40、德国的1/45。以汽车工业为例,1997年我国汽车工业职工198万,生产汽车158万辆,而日本47万职工,生产汽车1098万辆,劳动生产率相差30多倍,企业、行业乃至国家竞争力差距显而易见!最后,科技、管理、资源等方面的落后,还导致我国在生产国际分工链上更多地承担着低层次、低附加的制造职能,处于价值链的最低层,如美国微软公司2003年推出"Office2003"软件产品,这种光盘以聚碳酸酯为原料,一张光盘所用原料的物质成本仅为2元人民币,而成品却曾卖到3000元,知识的附加值与回报丰厚显而易见。相反,我们出口产品基本以初级工业产品与农产品为主,出口价格低廉,如我国出口20吨花生,只能换回波音飞机上的一块窗玻璃,而出口一车皮列车的旅

游鞋,只能换回波音飞机上的一只轮胎,其附加值之低与中外差异触目惊心。在加入 WTO 后,我国出口产品更多地受到来自国际贸易壁垒、贸易歧视以及国内环保、人力成本提升等多方压力,形势更加呈现严峻与紧迫。因此,在科技发展加速、国际竞争加剧的今天,我国要缩小差距、提升自我竞争实力,就必须在技术、管理、体制上锐志创新、积极开拓、聚焦热点、集中突破,而别无他途。

创新的关键在人才,人才的成长靠教育。

解放以后,我国基本沿用了苏联的教育体系,采用了传统的教育方式,为国家培养了大批人才,功不可没。但是,我们也必须正视传统教育所存在的缺陷:传统教育只注重知识灌输,不注重技能的训练;只注重动脑能力的培养,不注重动手能力的锻炼;以考试为手段、以高分为目标,使学生偏重死记硬背、照本宣科,知其然不知其所以然,以致学生的质疑能力差、辨识能力差、冲击能力差。杨振宁教授有个评论:"中国的留学生,学识成绩都是很好的,但知识面不够宽;还有就是胆子太小,觉得书上的知识就是天经地义的,不能随便加以怀疑,跟美国的学生有很大的差别。"1997 年诺贝尔物理学奖得主朱棣文教授也认为:"中国的学生学习很刻苦,书本成绩很好,但是动手能力差,创新精神明显不足。"两位学者的评价一针见血地击中了我国传统教育的要害。新时代、新发展需要新人才、新素质,素质是一个综合概念,它包含了人格、能力、身心健康、文化素质等因素。作为 21 世纪知识经济下的青年人才,不仅要有高尚的情操、卓识的远见、合理的知识结构,还应具有良好的创新、创造的能力与意识也就是对新事物具有敏感性和适应性;对学过的知识具有综合应用能力;具有独立分析问题、解决问题的能力;具有自我开拓获取新知识的能力。"创新与创造能力"是高素质人才的本质特征,是新时代人才的价值所在。

未来竞争依靠的主要不是物质资源,而是掌握先进思想和技术、具备强烈创新意识与创造能力的高素质人才。积极开展创新与创造教育、开展创新与创造人才的培养对社会主义事业的发展、经济的腾飞、国家的强盛、民族的进步、和谐社会的建设都具有极端的、现实的重要性和迫切性,是新时代、新社会、新发展的最强音之一。

游戏与活动

(1)游戏名称:创业游戏

(2)游戏概述:参与者组建公司,进行公司间的贸易。通过实验,让参与者感受创业经营过程中创新、创造要素的重要作用以及经营策略、团队建设等相关知识与实践。

(3)游戏准备

①需要教室、空地或者会议室,空间可以让参与者交易时走动。

②关于产品的设计

设该游戏是进行禽畜贸易,每一禽畜都有对应的代码,见下表,共有6只产品。若参加游戏的人数少,可以选前面3只产品。

代码	1	2	3	4	5	6
产品	牛	猪	羊	鸡	兔	狗

③游戏开始前,给每个公司准备一份相等的资产。根据参加游戏人数的不同,可以分成不同的公司数,公司多,交易量就大,需要的产品和产品数就应该多些,准备的凭证数见下表。

公司数	产品(只)	件/产品	每公司期初拥有的资产(凭证数)
≥8	6	3	产品1~6各3张,共18张凭证
7	5	3	产品1~5各3张,共15张凭证
6	4	4	产品1~4各4张,共16张凭证
4	3	3	产品1~3各3张,共9张凭证

若有60个人参加游戏,设每组(公司)6人,能够组建10个公司,按上表的经验数据,可以设计成6只产品,每只产品有3件货,凭证设计成:3张1号票(3件1#产品),3张2号票(3件2#产品),3张3号票(3件3#产品),3张4号票(3件4#产品),3张5号票(3件5#产品),3张6号票(3件6#产品),共18张票(凭证)。

若只有20个人参加游戏,设每组(公司)5人,组建4个公司,按上表数据,可以设计成3只产品,每只产品有3件货。

(4)游戏内容

由5~8人自由组成一个公司,每个公司取一个公司名称。

若某个新公司的成员太少,根据游戏需要,该公司可能被解散,分配到其他公司;公司太大也可能一分为二,请听从指挥。

每个公司期初拥有相等的资产(从组织者处领取),通过市场的自由交易,活动结束后统计经营结果,资产多者为优。

交易方式不限,可以在任何公司之间交易,唯一原则就是交易买卖你情我愿。用一个产品换取多个产品也可以。

(5)游戏步骤或提示:

——制定经营计划阶段(15分钟)每个公司各自讨论并确定本公司的经营计划

● 确定一种主导产品(计10分);

● 确定一种辅助产品(计5分);

● 确定一种一般产品(计2分)。

● 其他产品由于不是自己的经营范围,不得分。

经营计划的制定是公司的内部秘密,选择一个不被撞车的主产品是非常重要的。

——提交经营计划书阶段

15分钟后,各公司把经营计划书交给主持人,当交易开始后,经营计划不允许改变。然后领取原始资产。经营计划书必须包括以下内容:

● 公司名称;

● 主、辅、一般产品的确定;

● 公司成员姓名。

——交易阶段(30分钟)

当各公司领取原始资产(凭证)后,主持人宣布交易开始,估计30分钟能够完成交易。

6. 结果评价或点评

30分钟后,第一轮交易结束,统计各公司业绩并公开排序。若时间允许,可以继续第二次创业。

第二次业绩发布后,由各公司派代表陈述他们的策略、运作方式及经验。

 课外思考题

(1) 结合美国以IT信息技术为代表的新经济发展成就,谈谈你对创造理论发展与教育作用的认识?

(2) 结合日本战后经济发展成就,谈谈你对创造理论发展与教育作用的认识?

(3) 结合自身日常实践,谈谈你对我国创造教育现状的认识?

(4) 结合现阶段我国国情,谈谈你对发展我国创造教育有何现实意义的见解?

(5) 结合自身经历谈谈对创新、创造在现代竞争的重要地位。

(6) 为什么说经济竞争说到底是人才的竞争,是创造力的竞争?

第二篇

创造性思维

思维是人类特有的一种精神活动。它是在表象、概念的基础上进行分析、综合、判断、推理等认识活动的过程。创造性思维是人们在创造中或在解决问题时产生独创性效果的认识活动过程。它既是非逻辑思维，又与逻辑思维、多维思维相通，是一个辩证的思维统一体。

我国传统教育偏重于知识的授受性。在当今讯息万变、知识爆炸的今天，传统教育面临巨大的挑战，处于从数量扩张型向质量效益型发展的历史性转变。「创造」、「创新」几乎作为各类教育机构的既定目标，创造能力以及创造性思维的培养已经成为学校教育科研的重要课题。因此，积极开展加强个体创造性思维的研究与实践具有重大的现实意义与社会经济价值。

第三章　思维概论

本章着重论述了思维基础、思维形式以及思维定式等三方面内容。通过对本章的学习,掌握与了解包括思维生理机制、左右脑思维特征、思维偏好研究以及思维一般过程等思维实现的基础理论;在思维的方式上,通过对比阐述的方式为读者提供了发散思维与收敛思维、逻辑思维与非逻辑思维等主要思维方式的内容与知识;在思维定式内容上,为读者重点阐述了思维定式的定义、成因与主要表象等方面的内容。

第一节　思维基础

思维和感觉、知觉一样,是人脑对客观现实的反映,但是,它们之间又有所不同。感觉和知觉是人脑对客观现实的直接的反映,这种反映是我们的感觉器官直接与外界事物相联系着的,是对事物个别属性、事物的整体和外部联系的反映。它是认识的感性阶段或叫认识的低级阶段。而思维则是对客观事物的间接的概括的反映,它所反映的是客观事物共同的本质的特征和内在联系。所谓间接的反映,就是通过其他事物的媒介来认识客观事物,即借助于已有的知识经验,间接地去理解和把握那些没有直接感知过的或根本不能感知到的事物。所谓概括的反映,就是依据对事物规律性的认识,把同一类事物的共同特征、本质特征抽引出来加以概括。概括有感性的概括,也有理性的概括。概括有不同的水平,概括的水平越高,也就越能深入地反映事物的本质特征和内在联系。所以,思维是认识的高级阶段或叫认识的理性阶段。

人的思维是在感性认识的基础上进行的,即在感知的基础上产生和发展起来的。因此,一方面思维与感知觉(感性认识)有着本质的不同,另一方面思维与感知觉又处于不可分割的联系之中。

一、思维的生理机制

1. 人脑构造

人脑的构造主要包括脑干、小脑与大脑三部分(见图 3.1)。

(1)脑干。脑干上承大脑半球,下连脊髓,呈不规则的柱状形。脑干的功能主要是维持人体生命,心跳、呼吸、消化、体温、睡眠等重要生理运作,均与脑干的功能有关。脑干部位包括以下四个主要构造。

延髓 延脑居于脑的最下部位,与脊髓相连,其主要功能为控制呼吸、心跳、消化等。

脑桥 脑桥居于中脑延脑之间,脑桥的白质神经纤维通到小脑皮质,可将神经冲动自小脑一半球传至另一半球,使之发挥协调身体两侧肌肉活动之功能。

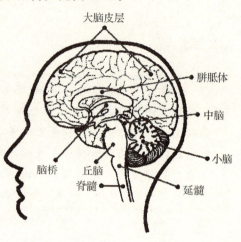

图 3.1　大脑剖视侧面图

中脑 中脑位于脑桥之上,恰好是整个脑的中点。中脑是视觉与听觉的反射中枢,凡瞳孔、眼球、肌肉、虹彩以及毛状肌等活动均受中脑的控制。

网状系统 网状系统居于脑干的中央,是由许多错综复杂的神经元集合而成的网状结构。网状系统的主要功能为控制觉醒、注意力、睡眠等不同层次的意识状态。

(2)小脑。小脑为脑的第二大部分,位于大脑及枕叶的下方,位在脑干之后。小脑由左右两半球所构成,且灰质在外,白质在内。在功能方面,小脑和大脑皮质运动区共同控制肌肉的运动,借以调节姿势与身体的平衡。

(3)大脑。大脑是人类思维的最高层次,也是人脑中最复杂最重要的神经中枢。人体的整个神经系统是指大脑的各部分和脊髓组成的中枢神经系统,以及遍布全身的外周围神经系统。人的大脑是人类一切创造活动的源泉。人类真正的思维是在组成大脑主要部分被称为皮质层的部分进行的。

人的大脑皮层约由 140 亿个神经元组成。神经元的主要构造包括细胞体、树状突与轴突三个部分(见图 3.2)。树状突是从细胞体周围发出的分支,多而短,呈树枝状。轴突是从细胞体发出的一根较长的分支。从细胞体发出的分支通常成为神经纤维。细胞体与轴突两者的主要功能是与其他神经元合作,接受并传到神经冲动。神经冲动是指由刺激引起而沿神经系统传导的电位活动;信息传到即经此活动而达成。轴突的周围包以髓鞘,具绝缘作用,以防止神经冲动向周围扩散。轴突的末梢有分枝状的小突起,为终纽。终纽的功能是将神经冲动传至另一神经元。

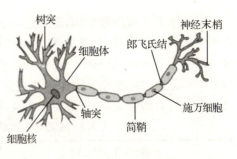

图 3.2　神经元构造图

神经元的细胞体与轴突在传导神经冲动时,只能将之转送至终纽,而终纽与另一神经元的传导则是靠突触部分所发生的极为复杂的生理化学作用。

突触是介于终纽与另一神经元细胞体之间的一个小空隙。终纽内的细胞质中含有极复杂的化学物质,当神经冲动传至终纽时,细胞质中的化学物质即产生变化,导致终纽的外膜移动,最后使其表面的小泡破裂,而将神经传导的化学物质注入突触的空隙中,相当一种发电作用,从而激励另一神经元的兴奋,立即连续传导神经冲动。平均每一神经元有数千个突触联结,人脑全部突触数目约达 1000 万亿数量级。

大脑皮层厚约 2 毫米,仅相当于一枚贰分硬币的厚度。表面为主要由细胞体组成的灰质,深部是由神经纤维构成的白质。人的大脑皮层布满了皱褶以增大其面积,如果将其全面展平,它的面积大约相当于 4 张打印纸。相对而言,黑猩猩大脑皮层约为一张打印纸的面积,猴子大脑皮层约为保明信片的面积,老鼠的仅有一张邮票的面积。显微镜下观察到的大脑皮层组构模型:一群皮层神经元捆在一起,像一束束芹菜。它们具有细长的"顶树突",从细胞体伸向皮层的表面。细胞体常呈三角形,因此称为"椎体神经元"。这些椎体神经元的顶树突似乎成束聚集的,相邻的束间隔为 30 微米。环绕一束顶树突组织起来的微型柱内有 100 个神经元,约 100 个微型柱组成一个大型栓。大脑上千亿神经元间有着错综复杂的神经联结,其结点称为"突触"。神经元之间的信息传递机制既有生物电的,也有化学的。一般是神经元内部以动作电位方式传递信息,而在神经元之间则是先由前一神经元释放出化学物质——神经传质,然后通过突触以激活后一神经元产生动作电位来传递信息。科学家发现。在任何一瞬间,大脑中有 10～100 万次化学反应在进行着。

2. 左右脑功能与创造性思维

大脑分为两个半球(左脑和右脑),大小不尽相同,它们之间由强大的神经纤维束,主要是由约两亿根神经纤维组成的胼胝体相连,结构也相当,但功能却各不相同。左脑主要负责语言、计算、逻辑思维,具有连续性、有序性、分析性、理论性和时间依赖性等特点,被人们称为理性脑。它主管人们的语言、阅读、书写、计算和逻辑推论等。

右脑主要负责图像识别、形象记忆、艺术与情感,具有不连续性、弥散性、操作性和空间依赖性等特点,被人们称为感性脑。它主管人们的视觉、知觉、想象、做梦、模仿、音乐欣赏、情感等。左右脑配合默契,正常情况下,左右脑通过胼胝体以每秒 400 亿次的频率相互传递脉冲信息。当你和朋友交谈时,左脑在细心领会对方语言和行为的含义,右脑却在注意说话的音调、表情、举止、姿势与情感等。

表 3.1 左右半脑优势临床及实验证据(1976)

左脑(右半边身体)	右脑(左半边身体)
语言/文字	空间/音乐
逻辑、数学	全面的
线性、细节	艺术、象征
循序渐进	一心多用
自制	敏感的
好理性的	直觉的、创造力强的
强势的	弱势的(安静)
俗世的	性灵的
积极的	感受力强的
好分析的	综合的、完形的
阅读、写作、述说	辨认面目
顺序整理	同时理解
善于感知重大秩序	感受抽象图形
复杂动作顺序	辨别复杂数字

那大部分的科学活动运用的是什么思维呢?是强调逻辑与推理的左脑思维吗?事实上,大部分科学家的思维活动,并不像人们所认为的那样纯属左脑思维。美国学者詹姆斯·沃森所著的《双螺旋线》一书中,认为遗传生物学家发现 DNA 结构的思维过程,就是一个典型的右脑思维过程,是依靠视觉和灵感的结果,并不是逻辑推导的结果,因为当时并没有充分的试验材料来供他们推理。在许多未知的科学领域,如航天领域,其中许多重大的科学决策也都是靠右脑思维的方式来解决的。因为宇宙空间对于整个人类是一个完全陌生的领域。科学家只能凭想象和直觉进行探索。这里经常显示出人类思维"不可思议的艺术性":像是否携带测试物理量的仪器,携带什么样的电视摄像镜头之类的问题,正是靠根据这种"艺术性"思维,才获得最终解决。

大脑左右两半球的和谐发展和协同活动,是创造性思维活动得以正常进行的前提。但应该说,右脑功能的非言语、形象化和直觉性特点,却更适合创造性思维。右脑越活跃,形象越丰富,形象之间通过联想机制也越容易产生新观念或新构想。

左脑功能的逻辑、言语、抽象的特点决定其很难成为创新、创造思维的源泉。科学实验证明,由于受大脑中竞争机制的作用,右脑意识越活跃,左脑功能则越受到抑制,因而这时右脑的活动便完全不为左脑所知,以致成了"无意识",反之亦然。因此,通过科学、有效、积极地训练,提高左右脑之间传递机制与传递效率,将右脑产生的新观念或新构想传递给左脑,即我们常说的直觉、灵感或顿悟通过语言、文字、图形符号等方式予以表示,实现左、右脑的分工配合、协同一致。

二、思维偏好

老子曰:"知人者智,自知者明"。作为知识时代的新型人才,最重要的莫过于寻找到自己喜欢、擅长的领域,方能扬其所长、大展宏图。但在现实生活中,却有相当部分的人在鹤发垂老之年方才醒悟:许久以来竭尽全力,从事自己不喜欢、不擅长的领域,仅仅发挥了自己潜能的一小部分,以一事无成的生涯而告终!因此,在创造性活动中,一个非常重要的环节是对自身思维有清晰的认识,寻找自我思维习惯,方能在工作与决策中有的放矢、扬长避短。

促使思维习惯活动最主要的要素是思维偏好,思维偏好在很大程度上决定了我们思维习惯,最终导致不同结果的行为习惯。因此,对自我思维偏好的了解可以解决什么是我与生俱来的天赋?我的思维"偏好"如何?这种"偏好"能被改变或重塑吗?等重要问题。另一方面,我们更可以积极探寻家人、上司、同事、下属、商业伙伴、投资人、客户等他人的思维偏好,这对积极拓展人际关系、实现有效互动均有重大的促进作用。

20 世纪 70 年代,担任美国通用电器管理发展中心主任的奈德·郝曼博士(Dr. Ned Herrmann),通过对自身潜在艺术才华和自动爆发创造力的探索与挖掘,进而投入对大脑思维偏好的研究,希望寻求创造力的本质和源头。1978 年,在 GE 的支持下,他发展出 HBDI(赫曼全脑优势测评工具),用以测评人的思维偏好,并于 1988 年出版了第一部专著《创造性大脑》,继而发展了沿用至今的全脑模型。1995 年郝曼推出了划时代作品《全脑优势》将思维偏好与全脑优势研究推向了顶峰。

赫曼全脑优势测评工具(HBDI)的测验共有 120 道题,用来勾勒思维形态偏好,得出来的结论用一个四象限(A、B、C、D)的棋格图来表现,如图 3.3 所示。

- A 象限的风格是理智偏好(Rational),偏好逻辑与数量化分析,通常还坚守底线,鲜有退让;
- B 象限的风格是组织偏好(Organized),偏好条理、务实、细节和组织与计划性,鲜有模棱两可、暧昧不清;
- C 象限的风格是感觉偏好(Feelings),喜欢与人分享,重视团体,且情绪化;

图 3.3　四大偏好模型

● D 象限的特点是注重实验偏好(Experimental),直觉力强,喜欢推理、想象、进取、敢于冒险。

测评、分析本身并无意义,只有将其结果善加利用才是效益。对个体而言,首先是认清自己,了解自己的思维偏向及其优势,如能置身到与之关联的职业便能事半功倍,出类拔萃。在评测偏好象限的基础上,HBDI 还提供了对"自我来劲工作"以及"全脑模型职业分布"等自我评测工具。

组织中往往有两种类型的经理人:一类是倾向雇用、激励某一类型的人,即喜好管理"同质化团队",天长日久,他们的团队便沦为"安于模仿症候群",这样的团队稳定、惰性、缺乏创新与活力;另一类则是经理人虽然重视员工的互补性,或异质性,却不知道怎样去管理这种多元的人群。不难想象,这样的团队充满碰撞与冲突,同事们往往无法互相理解,歧见与争议此起彼伏,这时,全脑技术能启发经理人在保持甚至推动团队生产力的前提下是鼓励创造性摩擦,还是抑制它。

全脑模型理论对于组织管理与创造、个人职业选择与创造力开发均具有一定的指导意义。处在不同象限的人群在本质上具有心智与思维差异,而这些差异从根本上决定了人们的思维习惯、行为习惯和执行能力。在群体创造力促进上,组织管理者首先是"找对人":从开始就试图把职位要求与候选人的偏好相匹配,然后才是优化任务的分派;管理者应考虑团队成员思维差异,将各种取向和偏好纳入到自己日常管理的事务中来,积极有效地推动团队内部互动沟通与团队创造力的发挥;而在个人创造力发挥上,通过对自身思维偏好与习惯的认识,发挥自身思维优势、

A: 理性的偏好　　　　　　　　　　　　　　　　D: 实验的偏好

单打独斗　愿意冒险
墨守成规　构想解决方法
完成工作　勾划远景
分析资料　多元变化
综合事物　触发改变
推动工作　实验机会
解决难题　推销想法
计算数字　开发新事物
迎接挑战　设计规划
分析与判断　拥有广大空间
解释事情　四处游走
厘清问题　由起点想见终点
逻辑推理　刺激

建立事物　集合众人进行工作
控制事物　说明想法
环境井然有序　建立关系
维持现状　教导/训练
文书作业　倾听与述说
建立次序　与人合作
规划事情　说服别人
稳住状态　隶属团体的一部分
准时做完事情　沟通方面
注意细节　协助他人
井井有条的工作　与出想法
提供支持　指导别人
管理事情　咨询服务

B: 组织的偏好　　　　　　　　　　　　　　　　C: 感觉的偏好

图 3.4　来劲工作测试

(注：使用方法为通篇浏览后，选择最"来劲"的八项要素，通过"来劲"要素分布判断自我偏好类型)

扬长避短、有的放矢地加强提升自我创造力。

三、思维一般过程

　　思维是以感觉、知觉、表象为基础的认识的高级阶段。这种认识的高级阶段的实现，是以感觉、知觉、表象提供的材料为基础，并通过分析、综合、比较、抽象、概括等过程要素予以完成的。

　　分析与综合是思维的基本过程。分析是在思想上把事物的整体分解为各个部分、个别特征和个别方面，而综合是在思想上把事物的各个部分或不同特征、不同方面综合起来。分析与综合是同一思维过程中不可分割的两个方面。分析为了综合，综合中又有分析，任何一个比较复杂的思维过程，既需要分析，又需要综合。

　　比较是在思想中确定被比较事物之间的共同点和区别点。为了确定几个对象的异同，总是要先分出所比较事物的各个特征，然后才谈得上比较。所以分析是比较的必要组成部分。同时，在比较时，必须把它们相应的特征联系起来加以考察，确定它们在哪些方面是相同的，在哪些方面是不相同的，这就是进行综合。因此，

具有代表性的职业类别

图 3.5　全脑模型的职业分布图

综合也是比较的必要组成部分。可见,比较离不开分析和综合。当然,被比较的事物应该是在性质上有联系的,在性质上毫无联系的事物是不能进行比较的。

抽象是在思想上抽引出各种对象和现象之间的本质特征、舍弃非本质特征的思维过程。概括是在思想上把同类事物的本质特征加以综合并推广到同类其他事物的思维过程。抽象和概括是相互联系的。抽象和概括,又都离不开分析和综合这个思维的基本过程。抽象是概括的基础,没有抽象就不可能进行概括。概括则是把分析、比较、抽象的结果加以综合,形成概念。概括的作用在于使人的认识由感性上升到理性,由特殊上升到一般。

分析、综合、比较、抽象、概括等一系列活动相辅相成、相互影响、承上启下,共同构成了人类思维的一般要素。

在社会实践活动中,必然会遇到这样那样的矛盾和问题,这就促使人们去研究、去解决,而人类思维活动过程也更多地体现在对各类问题解决的过程中。解决问题的一般思维过程,可分为发现问题、分析问题、提出假设、检验假设 4 个步骤,这也是辩证思维的一般过程。

1. 发现问题

思维都是从问题开始的,在人类社会生活的各个领域,如生产劳动、科学实验、技术革新、文艺创作、教育实践、军事活动、管理工作等领域中,都存在着这样那样的问题。不断地解决这些问题是人类社会生活发展的需要,凡此种种社会需要转化为个人的思维任务,这就是发现问题。发现问题是解决问题的起点,发现问题的过程也就是发现矛盾的过程。没有发现问题就不可能解决问题，所以发现问题比解决问题更为重要。

2. 分析问题

发现问题是从知道有问题到知道哪里有问题和有什么问题的过程，而分析问题是在详细占有资料的基础上，通过全面深入的分析研究，找出问题的核心即关键性问题的过程。抓住了问题的关键，就可以使思维活动更具指向性，便于更好地运用已有的知识、经验来解决面临的问题。分析问题时，能否找出关键性问题，是非常重要的，需要有充足的资料、丰富的经验和较强的概括能力。

3. 提出假设

发现、分析问题是为了解决问题，而解决问题的关键是找出解决问题的方案——解决问题的原则、方法和途径。但这些，常常不是简单地能够立刻找到和确定下来的，而总是先以假设的形式出现，即预先在自己的头脑中作出假定性的解释——假设。在解决问题的过程中，假设起着重要的作用，许多问题的解决都离不开假设的作用，离开了假设的作用，人的解决问题的活动就会成为一种盲目被动的活动。

正如恩格斯所指出的："只要自然科学在思维着，它的发展形式就是假设"。所谓假设，就是解决问题的人所假定的问题的结论，或者是解决问题的途径和方法。如工人在排除机器的故障时，必须对机器所以发生故障的各种可能原因，提出种种假设，直至把问题解决。提出假设并不是很容易的事。首先，这与过去已有的知识经验有关；其次，提出假设还与前段工作，即对问题是否明确与正确理解有关；再次，通常需要经过多次"尝试错误"，才能确立假设。

4. 检验假设

验证假设的方法有两种：一是直接通过有关的实践活动或实验，来判断某一假设的真伪；另一种是通过智力的活动来检查，即依据间接的实践结果来推论假设的真伪。前者是直接验证的方法，通过实践活动和实验，就可用物质手段的形式将假设的东西转化成物质的成果或产品，以这物质的成果或产品来验证假设。假设的东西如果与物质的成果或产品相符合、相一致，证明假设是正确的、可行的；反之，则证明假设是不正确或不够正确的，需要重作假设或修正假设。但是，也有一些假设是无法直接付诸实践加以验证的，这就需要通过人们的逻辑推理，凭借人们已有的知识、经验，对一种假设做出合乎规律的检验。例如下棋的人到了局势危急的关键时刻，一着不慎，全盘皆输，可是按下棋规矩，落子无悔。在这种情况下，下棋的人是不能直接通过实践来验证自己所提出的设想的。军事指挥人员制订作战计划时提出的各种设想，科研人员在制订科研计划时，都会面临这种情况。假设的验证要持客观的实事求是的态度，避免和克服主观主义，在寻找新的解决问题的方案时，要对以前方案失败情况做充分的了解，分析原假设失败的原因，这对于找出新的解决问题的方案是有益的。

应该看到,提出问题、分析问题、提出假设、验证假设这四个阶段并不是截然分割的,有时是交错地进行着的。

第二节 思维形式

根据思维活动的具体方法、内容与路径等因素的不同,可以将思维划分为发散思维与收敛思维、逻辑思维与非逻辑思维等对应的形式。而创造学的研究与实践表明,创造性思维既是发散思维也是收敛思维、即有逻辑成分又有非逻辑成分,是各类思维形式的有机结合体,是各类思维形式辩证统一的过程。

一、发散思维与收敛思维

1967年,美国著名心理学家吉尔福特首次提出了发散性加工和收敛性加工的概念,经后人发展,提出了发散性思维与收敛性思维的概念。发散思维就是在思维过程中,通过对我们所得到的若干概念的重新组合,发散出(如同辐射)两个或更多个可能的答案、设想或解决方案。收敛思维就是在思维过程中,将我们所得的若干观念加以重新组合,使之指向于唯一正确的答案、结论或最好的解决办法。

1. 发散思维

在思维过程中,发散思维要求充分发挥人的想象力,突破原有知识圈,打破种种习惯性思维的束缚,以思考问题为中心,从一点向四面八方想开去。通过知识、观念的重新组合,找出更多、更新的可能的答案。

发散思维是一种从不同的方向、不同的角度和不同的途径寻求设想的扩散型思维方法,是一种寻求多种答案的思维,它不满足于唯一的答案,而指向于多种可能的答案。这种思维是多方向、多角度、多层次、全方位展开的。这种思考既无一定的方向,也无一定的范围,允许思考者"海阔天空"、"异想天开"、"标新立异",以便从已知的领域去探求未知的境界。这是一种开放性的思维,是事物普遍联系的规律在人脑(思维)中的反映。

吉尔福特曾把发散思维定义为:从所给的信息中产生信息,其着重点是从同一来源中产生各式各样为数众多的输出。

发散思维能力的高低,取决于一个人的知识面、想象力,尤其是"转移能力"。发散思维作为一种思维方法,它要求敢于打破常规、摆脱习惯性思维的束缚。但是,要这样做并不是一件容易的事,一个人往往会在不知不觉中受到某些思维的束缚或种种思维定势的影响。对同一信息,有的人十分注意,有的人视而不见,各人由于职业不同,情感各异,往往会产生不同的感受,会得出不同的看法。比如说,同样是旭日东升,在诗人、物理学家、天文学家眼里却分别是"热情和无私"、"热核反应"与"太阳系的中心"三种截然不同的东西。不同的角色心理使人产生一种心理定势,从而以不同眼光从不同的角度去反映同一事物的不同侧面,无形之中影响着思维的扩散性。

知识链接

红砖的用途

红砖可以造房子,铺路,搭锅灶,砌鸡舍、狗窝,筑炮台,建牢房,筑城墙……所有这些回答都是对的,但回答者的思维实际受到"砖头是建筑材料"的束缚,因而他的回答未能跳出"建筑材料"这个圈子。

有人补充说,它除了作建筑材料用之外,还可以用来当武器——打人打狗,敲钉子,练气功,垫桌脚,压东西,当锤子,压船舱,吸水,做磨刀石,作乒乓网,当刑具,卖钱,发工资,抵债……这比第一个人的思维发散性已强多了,想到了砖头的多种用途。但这种思维方法,东一榔头,西一棒头,颇有些"零打碎敲"的味道,流畅性和变通性都会受到限制。

第三个人的思维方法就要高明多了,他首先把"红砖"的各种要素(或特性)列出来,如:① 红砖由一定的物质构成,② 有重量,③ 有体积,④ 有价值,⑤ 有形状,⑥ 有机械强度,⑦ 有颜色,⑧ 有功能,⑨ 有化学特性,⑩ 有时间性……然后,一个方面一个方面地来思考它的用途。举例说,它有形状,因而可以用砖头组合成各种文字,再由字组合成各种句子、成语、诗歌,还可组成文章;字,有中文、有英文、俄文、拉丁文、阿拉伯文、日文、韩文等等,并由此想开去……又如砖头有一定硬度,可以用它来雕刻各式各样的图案、字、花纹、人物肖像、山水图画,一万年后这些作品也可能成为贵重的文物,或者考古对象……

发散思维中还有一种思维方法叫做"多路思维",即在思考问题时,要求思考者要善于一路一路地想问题。多路思维是发散思维的重要体现,掌握多路思维的方法,不仅有利于开拓思路,还可以使自己的思维更加周密,更代条理性。

2. 收敛思维

收敛思维也称集中思维,就是从众多信息中引出一个正确的答案或大家认为最好的答案的思维过程。说得通俗一点,收敛思维是指:以某个思考对象为中心,从不同方向和不同角度,将思维指向这个中心点,以达到解决问题的目的,即利用已有的信息,得出某一正确的结论。

这种思维,由问题引起的思考是有方向性、收敛性、封闭性的。这是一种寻求唯一正确答案的思维。

举例来说,现有 A、B、C、D、E、F 六个人。他们之间存在着如下五种关系:A 比 B 高;C 比 D 矮;B 比 D 高;A 比 E 矮;F 比 E 高,那在这六个人中,谁最高? 谁又最矮?

这里的"谁最高"? 或"谁最矮",就是思考的中心点(集中点)。我们只要通过分析、比较,一步一步地加以推理,即可找出答案。收敛思维能力的高低,取决于一个人的分析、比较、综合、抽象、概括、判断和推理的能力。

根据以上分析,我们可以看到:发散思维与收敛思维,在以下三点上是截然不同的:

(1)发散思维可以有多个正确的答案,而收敛思维则只能有一个正确的答案。

(2)发散思维的思维方向是不受限制的,而收敛思维方向是有限制的,都必须指向同一个中心点。

(3)发散思维主要依靠想象力,而收敛思维则主要依靠分析和综合、理论思维、逻辑推理的能力。

虽然发散思维与收敛思维在思维形式上存在较大差异,甚至对立的差异性。但在具体思维与实践活动中,特别是创造性活动,思维者一般都需要思想实现从发散思维到收敛思维,再从收敛思维到发散思维,多次循环往复的过程,直到问题得到创造性解决。

知识链接

治胃癌——一个假想中的例子

某人得病,经医院确诊是胃癌,现被送进某医院治疗。医生们为了治他的病,首先通过发散思维,找出尽可能多的治疗方案。比如说,找出了以下四种方案:

(1)用服中药的办法进行治疗;

(2)吞食某种含放射性的晶体,吞服后使之停留在胃里,让射线杀死胃部癌变部位的癌细胞;

(3)把肚皮和胃破开,使患部暴露,再用射线对准患部直接照射,杀死癌细胞;

(4)用射线在体外对准患部照射。

经过对方案逐一的收敛思维,结果是:

(1)方案将遭到家属坚决反对,他们不相信中药能根治胃癌细胞;

(2)方案咽下去的晶体无法在胃中长期停留,医疗效果有限;

(3)方案中由于胃不能长时间暴露,久了将危及生命;

(4)方案,也许是个好办法。

经综合分析,认定(1)、(2)、(3)方案均不可取,唯有(4)方案或许行。

那么这种治疗方案又如何实施呢?,专家组又提出了三个具体方案:

（1）用极强射线对准患部进行体外照射；

（2）用微弱射线对准患部进行体外照射；

（3）用多束微弱射线从不同角度对准患部进行体外照射。

接着，医生们又对上述方案逐一作分析，结果如下：

（1）方案用极强射线固然可以杀死癌细胞，但它同时会将健康的细胞杀死，从而危害身体，不可取；

（2）方案用微弱射线对身体的健康细胞无大伤害，但对癌细胞也不起杀伤作用，也不足取；

（3）方案用多束较弱射线在体外，从不同角度对准患部照射使众多射线的聚汇点恰好在病变部位，这样，对癌变部位而言，提高了射线强度，增强了对癌细胞的杀伤力，而对健康组织来说，则因透射的射线强度不大，不致有多大伤害作用。因此（3）方案比较好，选用。

问题至此并没有结束，如何具体实施多束射线体外照射？用多少束？多大强度？怎样布局？等等，专家组又作了多次的讨论与分析，最终较好地完成了对该病人的治疗工作。

在案例中，医院专家组通过三次的发散思维与收敛思维结合使用，第一次集中在治疗方案上，通过发散思维获得四个潜在的治疗方案，在其基础上通过收敛思维达成具体方案。具体的过程又在射线强弱方案（第二次）、射线实施方案（第三次）等问题上循环使用，最终达到医疗目的。

发散思维与收敛思维的结合，可以使新设想脱颖而出。这种思维方法已被广泛运用于创造技法之中，如检查单法、列举法等。发散思维与收敛思维的巧妙结合，有时能发现两个仿佛毫无联系的事物之间的联系，从而产生新的思想或设想。

在创造过程中，发散思维与收敛思维是一种辩证关系，相辅相成。但是，只有发散了，才谈得上收敛，而且，往往是发散面越广，发散量越大，越有利于发现新问题，或越能提出多种解决问题的方案。由此可见，发散思维在创造性思维活动中处于主导地位，它是创造性思维的主导成分。因此可以说：创造性思维能力首先体现在思维的发散性上。

当然，并不能因此而否认收敛思维的重要性，甚至认为创造性思维就是指发散思想，而把收敛思维排除在外。我们可以通过以下简洁、明了的语言阐述发散思维与收敛（集中）思维之间的辩证关系：只有集中了，才能发散；只有发散了，才能集中；发散度高（包括发散质量好），集中性好，创造水平才会高。

二、逻辑思维与非逻辑思维

逻辑思维与非逻辑思维也是人类思维行为的常见分类与表现形式,而创造性思维是逻辑思维与非逻辑思维的结合与互补。

逻辑思维是一种依靠概念、通过判断和推理来反映事物的本质特征和内部联系的思维类型。它以各种概念、判断和各种推理作为思维形式,以分析、综合、比较、抽象、概括和具体化等为思维的基本过程。此外,逻辑思维还包括归纳推理、即由特殊到一般的推理和演绎推理、即由一般到特殊的推理等思维形式。

逻辑思维是严密的推理思维,在数学论证中、福尔摩斯侦探小说、专业文献撰写等各领域的思维都是通过逻辑思维得以体现的。

整体而言,逻辑思维具有以下特点:

(1)思考的根据(前提)和思考的结果(结论)之间具有必然的联系;

(2)有确定的思考程序和步骤;

(3)有必须遵守的规则;

(4)要求步步正确,即每一步推论必须正确;

(5)采取线型思考方式;

(6)不受思考者动机、情感、兴趣、意志等因素的影响。

知识链接

辨人的故事

当代数学科普大师马丁·加德纳喜欢周游世界,一次他到了一个地方,当地人知道他是个智力过人的数学天才,因此就出了这样一道题来考考他。假设有三个人,已经知道其中一个人只讲真话,一个人只讲假话,另一个人的话很随便,真假难辨。人们要求马丁只能对这三个人提三个问题,而且被问的人只能回答是或不是,从而辨别这三个人。马丁略加思索,就用以下方法把这三个人辨认出来了。

先假设三人为 A,B,C。他们之间的关系有以下六种情况:

	A	B	C
1	真	假	随便
2	真	随便	假
3	假	随便	真
4	假	真	随便
5	随便	真	假
6	随便	假	真

50

第一个问题，马丁问 A："你认为 B 比 C 更有可能说真话吗?"，若 A 回答"是"，则可排除 1 和 4，可知 C 不是说话随便的人。若 A 回答"不是"，则可排除 2 和 3，可知 B 不是说话随便的人。马丁根据 A 对第一个问题的回答，可以肯定 B 或 C 不是说话随便的人，便可对 B 或 C 提出第二个问题："你是个时而说真话，时而说假话的人吗?"若他回答说"是"，那他就是那个只讲假话的人，若他说"不是"，则可判定他是那个只讲真话的人。接着马丁就指着另外两个人中的一个问这个已经辨别身份的人(B 或 C)第三个问题："他是个随心所欲回答问题，时真时假的人吗?"，然后根据回答辨别第二个人的身份，剩下一个人的身份也就不言自明了。

上面这个问题刚看上去好像所给条件太苛刻，不大好解。其实只要仔细分析他们之间的条件，列出可能出现的情况，对这些情况进行分析类比，找出异同点，进而找出解题点。这种方法一般在逻辑分析里比较常见。从马丁分析问题的思路可以看到，遇见问题我们不应不知所措、退缩逃避，而应静下心来分析、理清思路、梳理逻辑主线，问题的答案往往就能显现出来了。

非逻辑思维是指一切在逻辑基本范围内所不包含、而在创造过程中发挥有效作用的各种思维形式。非逻辑思维属于人们内在的心理活动，比如"联想"、"想象"、"灵感"、"直觉"等。这类心理活动本来并不需要、有时甚至还难以用言语的方式来表达，但只要它们同样具备作为思维所必须具备的基本功能，我们便完全可以将它们称之为"非言语思维"。非逻辑思维还可以表现为发散思维、逆向思维、侧向思维、组合思维等思维形式，我们将在后面讨论。非逻辑思维在创造活动中发挥着举足轻重的作用，或者说"关键性"的作用，有人认为它是创造性思维的精髓，或者说是创造性思维的核心。

与逻辑思维相对，非逻辑思维具有以下的特点：

(1)思考的依据(前提)和结果(结论)之间不具有必然联系；

(2)一般没有确定的思考程序和步骤；

(3)没有必须遵守的规则；

(4)不要求步步正确，可以在某些环节上走弯路、犯错误，它只要求最终结果；

(5)采取体型或面型思考方式。这种思考着眼于事物的"整体"、"全局"，或一个个的"侧面"与横断面；

(6)受思考者的动机、意志、兴趣、情感等因素的影响。

在创新思考中，相对来说，非逻辑思维的主要作用是为解决有待创新的课题广开思路，从而提出众多新颖独特的设想；逻辑思维的主要作用则是对提出来的各种设想进行整理加工和审查筛选,从而找到解决问题的最佳方案。前者主要作用在于摸索、试探,后者主要作用在于检验、论证。运用非逻辑思考方法,侧重于使人的思考活动具有流畅性、灵活性和独创性;运用逻辑思考方法则侧重于使人的思考活动具有准确性、严密性和条理性。

人们在日常分析问题、研究问题时,通常仅用逻辑思维已可以得心应手地处理问题了。但是要处理前所未遇或前所未有的新问题,光是逻辑思维,就很难应付了。有些学者认为,仅用逻辑思维不可能做出创造,正如爱因斯坦所说:"没有通向创造发明的逻辑通道。"因为逻辑思维是一种规范性的思维,无论是演绎,还是归纳,都只能按既定的逻辑程序进行,而决不能违反逻辑规则,因而它不具备创新机制。创新机制只能来自非逻辑思维,逻辑思维形式本身永远不可能实现创新作用。爱因斯坦还曾断言:"创造并非逻辑推理之结果,逻辑推理只是用来验证已有的创造设想。"这些都说明非逻辑思维在创造活动的关键性作用。

但是,能否因此而否定逻辑思维在创造活动中的作用呢? 不能。许多重大创造表明,创造过程是由逻辑思维与非逻辑思维这两种思维形式协作互补而完成的。在创造活动的"准备——创新(酝酿和顿悟)——验证"的各个阶段中,在过程前期,即准备阶段,研究主体要从人类知识宝库中,搜集、整理、分析和筛选现成的文献资料,或从前人的精神产品中汲取知识和经验,这时,所利用的只能是符合逻辑常规的思维形式,即逻辑思维。

同样,在创新阶段的后期,即验证阶段,最主要的就是用符合逻辑常规的程序来验证经创新获得的新观念新成果,这个阶段用的也是逻辑思维。这说明,在创新活动的早期和后期,逻辑思维形式是必不可少的。至于在创新活动的中期,即创新阶段,创造主体或冥思苦想,或泰然休闲,直至突然间豁然开朗。这时,无须受制于逻辑规范,所利用的思维形式则是非逻辑思维。可见,人的创造过程正是逻辑与非逻辑两种思维形式协作互动的过程,两种思维形式,缺一不可。

人们既运用逻辑思维也运用非逻辑思维,既有形象思维也有抽象思维,任何把一种思维形式作为创造思维的唯一形式的看法都是片面的。但是,也应该看到,逻辑思维与非逻辑思维在创造中的作用是不一样的,在不同性质,不同类别的创造中,各种思维形式的作用也是不一样的。

而从创造心理的心理机制和脑神经生理基础来看,逻辑思维和抽象思维一般是左脑的功能,非逻辑思维和形象思维一般是右脑的功能。创造的左右脑协同机制,也决定了逻辑思维与非逻辑思维,形象思维与抽象思维,是互相补充的。但一般来说,在创造思维中,非逻辑思维比逻辑思维起到更重要的作用,而在常规思维中,逻辑思维要比非逻辑思维起到更大的作用。

第三节　思维定式

一、思维定式的概念

人们由于经验的积累、知识的增加，会对常见的事物或问题有一种熟悉的认识和解法，形成个人一种固定的思考模式。心理学称之为"功能的固化"（Functional Fixed），形容很难摆脱传统习惯方式的思维现象，又称思维定势，或思维惯性。

知识链接

盲人怎样买剪刀？

　　世界著名的科普作家阿西莫夫从小就很聪明，在年轻时多次参加"智商测试"，得分总在160分左右，属于天赋极高之人。有一次，他遇到一位汽车修理工，是他的老熟人。修理工对阿西莫夫说："嗨，博士！我来考考你的智力，出一道思考题，看你能不能正确回答。"

　　阿西莫夫点头同意。修理工便开始说思考题：有一位聋哑人，想替女儿买钉子，就来到五金商店，对售货员做了这样一个手势：左手食指立在柜台上，右手握拳做出敲击的样子。售货员见状，先给他拿来一把锤子，聋哑人摇摇头。于是售货员就明白了，他想买的是钉子。聋哑人买好钉子，刚走出商店，接着进来一位盲人。这位盲人想买一把剪刀，请问："盲人会怎样做？"

　　阿西莫夫顺口答道："盲人肯定会这样——"他伸出食指和中指，做出剪刀的形状。听了阿西莫夫的回答，汽车修理工开心地笑起来："哈哈，答错了吧：盲人想买剪刀，只需要开口说'我买剪刀'就行了，他干嘛要做手势呀？"

　　阿西莫夫承认自己回答得很愚蠢。而那位修理工在考问他之前就认定他肯定要答错，因为阿西莫夫"所受的教育太多了，不可能很聪明"。

　　这个小故事体现了年轻阿西莫夫的思维定式，在获得"聋哑人通过手势买钉子"的思考经验后，想当然地将盲人买剪刀的行为通过手势进行表达，而忽略了盲人可以通过言语表达的能力。这种阿西莫夫式思维定式表现在人类社会、生活、学习与实践的各个领域，构成巨大的定势思维障碍。一方面，思维定势有着巨大好处，它使得人们的学习、生活、工作简洁和明快，社会高度有序化。但另一方面，思维定势的固定、程序化等模式又阻碍科技的发展，尤其是在创造中，思维定势往往形成了创造性思维的障碍，极大影响着人们创造力的发挥。

心理学家卢钦斯(A. S. Luchms)在研究思维定势对解决问题的影响时做了一个很有名的量水实验,实验非常简单,只是要求用给定的一定量容器 A、B、C 三者,通过组合使用量出定量的水 D(见表 3-2)。

表 3-2　卢钦斯量水实验

问题	给定容器容量(夸脱)			求 D (夸脱)	一般解法	更简便解法
	A	B	C			
1	21	127	3	100	D=B−A−2C	
2	14	163	25	99	D=B−A−2C	
3	18	43	10	5	D=B−A−2C	
4	9	42	6	21	D=B−A−2C	
5	20	59	5	31	D=B−A−2C	
6	23	49	3	20	D=B−A−2C	D=A−C
7	15	39	3	18	D=B−A−2C	D=A+C
8	28	76	3	25	D=A−C	
9	18	48	4	22	D=B−A−2C	D=A+C
10	14	36	8	6	D=B−A−2C	D=A−C

注:1 夸脱＝1.1364 升,夸脱为英国的体积计量单位。

他首先给被试者作一示范,用给定的 29 夸脱和 3 夸脱的容器量出 20 夸脱的水,即先将 29 夸脱的容器盛满水,后从中倒出灌满 3 夸脱的容器 3 次,这便求得了 20 夸脱的水。随后要求一部分人从第一题开始起直到最后一题,而让另一部分人直接从第六题做起。观察结果,由于前五题的解法一致,均可用 D＝B−A−2C 求得,使得第一部分人员约有 33%一直沿用老办法求解,甚至在第八题上卡壳,而后一部分人员的 99%都用更简便的方法求解。由此实验看出,由于前五题的影响,导致了人们在有更简便方法求解时,也放弃探索而套用老办法,明显地表现出用三容器量法的思维定势。

心理学研究与社会实践证明人们过去的经历与经验,特别是能供我们取得成就的行为和思想,这些都是我们智力的重要组成部分。这对解决问题是有益的,当类似问题重新出现的时候,人们就可以使用被实践已证明行之有效的方法。但是,当人们面对一个新问题时,也往往会使用这类固定思维方式,即用老方法去解决新问题,这就是思维的惯性,这种"惯性"对创造活动会起障碍作用,消极化"思维定式"也自然而然地产生了。

一般而言,思维定势具有两个特点,一是它的形式化结构,二是它的强大惯性。只有当被思考的对象填充进来、只有当实际的思维过程发生以后才会显示出思维定势的存在,显示出不同定势之间的差异。思维定势强大的惯性表现在两个方面,一是新定势的建立,二是旧定势的消亡。多数情况下,某种思维定势的建立要经过长期的过程,而一旦建立之后,它就能够不加思索地支配人们的思维过程、心理状态乃至实践行为,具有很强的稳固性甚至顽固性。因此,了解、发现、研究并规避或清除思维定式是创造性思维实现与实践的重要组成部分。

知识链接

公安局长是什么人?

公安局长在茶馆里与一老头下棋,正下得难分难解时,突然跑来一个小孩着急地对公安局长说:"……你爸和我爸吵起来了!","这孩子是你什么人?"老头问,公安局长答道:"是我的儿子。"请问这两位吵架的人与公安局长是什么关系?

这个问题的答案是:公安局长是女的,吵架的一方是她丈夫,即小孩的父亲;另一方是公安局长的父亲,即小孩的外公。

用这道题对100人进行测验,结果只有两人答对。而对一个三口之家进行测验,结果父母猜了半天都拿不准,倒是他们的儿子(小学生)答对了。这就是人们的思维定势在作怪,人们习惯于把公安局长与男性联系在一起,更何况还有茶馆、老头等暗示、影响、支持、强化这种思维定势。而小学生因为经历少,经验也少,就容易跳出定势的思维"魔圈"。

二、思维定式的产生

思维定式的产生具有一定的要素与条件特征,正如故事表述的社会文化对公安局长的固有形象、教育对思维方式的固化、环境对思维定式的强化都有一定的体现。追本溯源,只有对思维定式产生的原因与要素有深入的研究与了解,方能有的放矢的避免与解决思维定式问题的发生。一般而言,引起思维障碍的原因可分成两大部分,即外部环境的影响与内部心灵的障碍。

1. 外部环境的影响

外部环境的影响是指抑制创造性思维的各种外部因素,其中主要有社会环境障碍、经济环境障碍、文化环境障碍及人际关系环境障碍。外部环境障碍对群众性的创造性思维抑制作用更为明显,且有较强的持续性,在开展创造性活动中,尤应予重视。

(1)社会环境障碍

社会环境障碍主要是指社会的政治制度、管理体制及政策法规诸方面的障碍。比如封建社会的政治制度,特别是闭关自守的封建制度,就很难让人的创造潜能充分发挥出来,这就不难理解为什么近代科学未能在中国漫长的封建社会中产生,尽管中国古代的科学技术曾居世界领先地位。从管理体制看,如果权力过分集中,往往会抑制其下属各个层次的积极性和创造性。这是因为,集中管理体制追求的是秩序、是服从,而创造性思维本质上则是革命的、批判的、突破旧规则的、反传统的。

正如马克思所说:"每一种新的进步,都必然表现为对某一种神圣事物的亵渎。"政策法规方面的障碍更为直接,如我国封建社会的"科举制"制度,它虽然在一定的历史环境下发挥了一定积极的作用,但其引经据典、死记硬背的学习方法与生搬硬套、固步自封的实践思路是导致封建社会人才凋零、科技落后、社会文化发展停滞的重要原因,而经济、社会、文化的滞后反过来进一步压抑、阻碍社会变革与创新文化的形成与创造人才的培养,最终致使近代中国沦落成外国列强任意宰割的羔羊。

(2)经济环境障碍

所谓经济环境障碍,主要是指经济环境不佳给创造性思维活动带来的困难。经济环境障碍可以表现为材料、仪器、设备或资料的不足,也可以表现为资金的不足,经济环境不好肯定会影响创造性活动的深入开展。另一方面,马斯洛需求理论认为:人的需求分为包括生理、安全、尊重、社交以及自我实现五大需求在内的需求层级。需求层级由低向高递进排列,只有在低层需求得到充分满足的情况下,才能过渡到以创造性、自我实现性为基本属性的高层次需求,这也对创造行为的经济环境障碍提供了相关理论支持。

(3)文化环境障碍

文化一词的涵义十分丰富,因而由文化环境对创造性思维形成的影响也是多方面的,具有广泛和持久的特点,人的创造性活动特别需要良好的文化环境,一个宽松、自由、和谐的文化氛围之于创造活动,忧如阳光、空气和水之于生命一样,是绝对不可缺的。

知识链接

伟大的 3M 创新文化

3M 公司是世界上最伟大、最成功、最具创造力的公司之一。全名为美国明尼苏达矿业制造公司,因其英文名称的头三个单词以字母 M 开头,所以简称为 3M 公司。3M 公司以其为员工提供创新的环境而著称,视革新为其成长的方式,视新产品为生命。公司的目标是:每年销售量的 30% 从前 4 年研制的产品中取得。每年,3M 公司都要开发 200 多种新产品。它那传奇般的注重创新的精神已使 3M 公司连续多年成为美国最受人羡慕的企业之一。3M 的创新成就源于其独特的企业文化与价值观:坚持不懈,从失败中学习,好奇心,耐心,事必躬亲的管理风格,个人主观能动性,合作小组,发挥好主意的威力。英雄:公司的创新英雄向员工们证明,在 3M 宣传新思想、开创新产业是完全可能取得成功的,而如果你成功了,你就会得到承认和奖励。自由:员工不仅可以自由表达自己的观点,而且能得到公司的鼓励和支持。坚韧:当管理人员对一个主意或计划说"不"时,员工就明白他们的真正意思,那就是,从现在看来,公司还不能接受这个主意。回去看看能不能找到一个可以让人接受的方法。

（4）人际关系环境障碍

人际关系通常包括上下级关系,同事间的关系及家庭内部关系等。好的人际关系对创造活动是有促进作用的,不良的人际关系则是一种阻力。正如俗语所言:人和则顺,事顺则成。

2. 内部心灵障碍

内部心理障碍大致可划分为两类,即智能障碍和非智能障碍。智能障碍主要涉及知识经验及组织管理的思维模式方面的;非智力障碍则主要涉及与非智能因素相关的心理障碍问题。

（1）非智能障碍

非智能障碍即指由非智能因素构成的心理障碍,其中主要有胆怯、自卑和怠惰,通常被称为创造活动开发过程中的三只拦路虎。一般认为,多数人一生显得平淡无奇而无所作为,多是因为未能彻底清除这三只拦路虎;另外,如情绪不佳、兴趣低落、意志薄弱等非智能障碍的作用也是不可低估的。

胆怯心理是普遍存在的,它不仅出现在创造性思维的构思中,也广泛存在于不同层次的人群中,即使是功成名就的大学问家也难以逃脱胆怯的困扰。据记载,大数学家高斯早在 1824 年之前就完成了"非欧几何"的发明,但由于胆怯未能及时发表,从而丧失了发明权,可见胆怯这一障碍是普遍存在的,而且越是创造性（很难为常理所接受）的观点,越是容易让人胆怯。

自卑与胆怯是相通的,由自卑变得胆怯是经常发生的。著名心理学家马斯洛曾问过他的学生:"你们当中,谁能在自己所选择的领域中获得重大成就?"结果是长时间无人作答。于是他又问道:"如果不是你们,那又是谁?"。人的自卑心理是相当普遍的,这是一种社会性的"灾难心理"。

怠惰是形成创造性思维障碍的另一主要非智能因素。人一旦有了这种怠惰障碍,不仅不能去发掘创意,就是一般重复性工作也难以做好。反之,一个人如果很勤奋,不怕吃苦,即使创造性差一点,最终也会做出创造性的成果来。

（2）智能障碍

对于创造性思维这类高水平的智能活动而言,造成障碍的,相当程度还在智能水平方面。一些知识和经验较少的人，经常能有相当水平的创造性成果，而那些知识渊博者，有些却一生难有建树，创造性在智不在知。可惜的是，以往无论是学校、家庭、还是社会，普遍对人的思维操作模式方面的训练重视不够，相当多的人认为，知识和经验越多，其创造性越强；其实这并非是线性关系的。当然这并不是说，人的知识和经验越少越好。

知识少，必然导致知识结构狭小，创造性成果自然不可能多。知识越少，思维就越不开阔，思路就必然狭窄，联想以及由此产生的想象力也就差，创造性能力怎能不受限制呢？司空见惯的例子是，如果谁不懂某一专业的知识，就很难进入这一领域进行创造性活动；另一方面，如果某一领域的创意活动需要借助其他领域的知识，而这些知识又尚未被掌握，本领域的创造性活动也就难以进行。

学习知识从某种意义上讲，"学的死"比"学的少"还要可怕，对于创造性活动的障碍更大。知识学的死就是把已掌握的知识看作是一成不变的东西。其产生根源，也是思维模式方面的障碍，即理性思维太强，容不得半点偏离已有知识体系逻辑框架的东西存在；不仅对他人构成障碍，就是对本人也是障碍，常常表现为自动地把自己头脑中产生的某些新的想法毫不吝啬地舍弃，为什么一些在科技创造中颇有建树的学术权威，到了晚年却成了新思想的阻力呢？主要是因为随着时间的推移，旧有的知识链已把他们头脑缠得死死的，使他们无法接受新的东西。例如爱迪生虽一生发明许多电器，但却极力反对交流电的价值，而曾打开原子秘密的卢瑟福却指责释放原子能是胡说八道。

三、思维定势的形式

思维定势有许多种表现，其中与创新思维、创造活动有关联，影响较为普遍的思维障碍主要有从众型思维、经济型、权威型、书本型四种。

1. 从众型思维障碍

从众型思维障碍是指长期受日常接触的人们的行为模式、思考模式和解决问题方法模式的影响，习惯性地模仿和参照别人的一种思维定势。它所表现出来的是一种"趋同"势态，是人们行为盲从的一种反映。这种定势在大多数情况下是具有积极意义的，或者说是某种习惯性的适应周围环境，以便同所处的群体保持和谐的关系。例如，当某事物的出现，自己的看法与周围的多数人不同时，往往对自己的判断产生怀疑，特别是在不能辨别的情况下，就会盲从地修正原有的想法，顺从多数人的意见。这样做的结果虽然有时也会冒风险，但至少要比单独出风头要"可靠"得多，这也许是"适者生存"、"和睦相处"的最保险的处世之道。

尽管如此，从众心理却会使人陷入盲从和随波逐流的境地，使人的思想简单、僵化，不愿意独立思考。比如在 16 世纪之前的 1800 多年的时间里，人们都盲目地接受古希腊科学家亚里斯多德的"物体降落的速度和物体的重量成正比"这一错误论点。为什么在长达1800多年的时间没人提出疑问,直到意大利科学家伽利略做了著名的"两个铁球同时落地"的实验之后,才意识到过去的错误呢?这说明从众心理障碍在人们心理的重大作用,这种障碍严重地束缚了人们的思想,禁锢了人的创造性。它对人们的影响是无形的,有时甚至表现出决定性的。不仅对普通人如此,有时它的影响也反映在一些很有作为的知名人士身上。而且它还表现在人们极易受他人或周围环境的暗示作用的影响,从而导致人们思维的局限性和思维的偏差性。在现实中,有很多人,在面对出现的事物时,往往不多加思索,仅凭固有的概念、做法简单地处理,而放弃了认真的思考过程。

思维的"从众定势"是怎样产生的呢?人类是一种群居性的动物,喜欢一群人呆在一起。这个"群"小到数十人(原始人的部落),大到数亿人(现代的国家)。为了维持群体的稳定性,就是必然要求群体内的个体保持某种程度的一致性。这种"一致性"首先表现在实践行为方面,其次表现在感情和态度方面,最终表现在思想和价值观方面。

然而实际情况是,个人与个人之间不可能完全一致,也不可能长久一致,一旦群体发生了不一致,那怎么办呢?在维持群体不破裂的前提下,可以有两种选择,一是整个群体服从某一权威,与权威保持一致;二是群体中的少数人服从多数人,与多数人保持一致。本来,"个人服从群体,少数服从多数"的准则只是一个行为上的准则,是为了维持群体的稳定性。然而,这个准则不久便产生了"泛化",超出个人行动的领域而成为普遍的社会实践原则和个人的思维原则。于是,思维领域中的"从众定势"便逐渐形成了。

经过心理学家研究,人类从众心理形成的主要有群体压力、盲从以及路径依赖等原因。一方面,在思维上的"从众定势",使得个人有一种归宿感和安全感,能够消除孤单和恐惧以及群体压力等有害心理。另外,以众人之是非为是非,人云亦云随大流,也是一种比较保险的处世态度,跟随着众人,如果说的对,自然会分得一杯羹;即使说错了、做得不好也不要紧,无须自己一人承担,况且还有"法不罚众"的习惯原则。而另一方面,说的是人们一旦选择了某个制度,就好比走上了一条不归之路,惯性的力量会使这一制度不断"自我强化,让你轻易走不出去",形成所谓"路径依赖"。

猴子为何不吃香蕉？

科学家将5只猴子放在一个笼子中，并在笼子的中间吊上一串香蕉，只要有猴子伸手去拿香蕉就用高压水教训所有的猴子，直到没有一只猴子敢动手。试验的下一步是用一只新猴子换出笼子的一只猴子。新来的猴子不知这里的"规矩"，就动手去拿香蕉，结果竟触怒了原来在笼子中的4只猴子，于是4只猴子代替人执行惩罚的任务，把新来的猴子暴打一顿，直到它服从这里的规矩为止。试验人员如此不断地将最初经历过高压水惩戒的猴子换出来，最后笼子中的猴子全是新猴子了，但再也没有一只猴子敢去碰香蕉。

猴子天生爱吃香蕉，可是偶然出现一个"不许拿香蕉"的制度后，这一违背猴儿天性的制度居然自我强化而成为第二天性！最初猴子们不让群体中的任何一只猴子去拿香蕉是合理的，为的是免受"连坐"之苦，但后来一切物是人非，"人"和高压水都不再介入，新猴子们在未知原因与背景的情况下，却也固守着"不许拿香蕉"的制度不变，说明思维定式的可怕与不合理。在很多场合都有上述现象出现，因为"别人都这么做"，就不需什么理由来解释我为么要这样做，这就是我这么做的最充分的理由，这似乎成了一条不言自明的公理，可见思维的从众定势其影响之大。

2. 经验型思维障碍

经验可指经历、体验，也泛指由实践得来的知识或技能，有时也指由历史证明了的结论。在通常的情况下，经验指感觉经验，即感性认识，是人们在实践过程中，通过自己的肉体感官直接接触客观外界而获得的，是对各种事物的表面现象的初步认识。

人类的经验来自生活、工作的实践。从幼儿到成年，所看到的、所听到的、所感受到的各种各样的现象和事件，都进入头脑而构成了众多的经验。在一般的情况下，经验是我们处理日常问题的好帮手。只要具有某一方的经验，那么在应付这一方面的问题时就能得心应手。特别在一些技术和管理方面的工作，非要有丰富的经验不行。老司机比新司机能更好的应付各种路况，老会计比新会计能更熟练的处理复杂的账目。正因为如此，在有些企业的招聘广告上，会有"限三年以上实际工作经验"之类的话。

而在经验与创新思维之间的关系上，问题显得较为复杂。一方面，随着时间的推移，我们的经验具有不断增长、不断更新的特点，经过各种经验之间的比较而发现其局限性，进而开阔眼界，增强见识，使我们的创新思维能力能得以提高。但另一个方面，经验含有其稳定的一方面，因而也可能导致人们对经验的过分依赖乃至崇拜,形成固定的思维模式,结果就会削弱头脑的想象力,造成创新思维能力的下降。这就是所谓的"经验思维障碍"。

从思维的角度来说,因为经验具有很强的狭隘性,所以会束缚了思维的广度。这种狭隘性主要表现在三个方面:一是时间与空间对经验有局限性,也就是说此地的经验不一定适用于彼地,外国的经验也不一定适用于中国。二是主体对经验拥有量的有限性,也就是说一个人的经历是有限的,不可能成为百事通、千事通,也有他不了解的地方。三是经验也可能会遇到意外不灵的地方,事物总是在发展的,"老革命也会遇到新问题",如果我们仍用以前的经验来处理,则不可避免地要产生偏差和失误。

一张 A4 普通打字纸把它从正中折叠一次,纸的面积减小一半而厚度则增加一倍,一直折叠 50 次,请问,这张纸的厚度将达到多少? 如果读者以前从来没有想过或计算过类似的问题,读者可能会根据日常经验,随意估计一个厚度,比如,像一座摩天大楼的高度,甚至是珠穆朗玛峰的高度,等等。懂数学的读者能够计算出,一张普通打字纸折叠 50 次以后,其厚度将增加"2 的 50 次方"倍,其最终厚度将达到 5000 万公里左右,比从地球到太阳整个距离的一半还要多。所以,这张纸无论多么大、多么薄,你都不可能把它折叠 50 次。面临这令人吃惊的答案,对于那些奉守"经验至上"的读者是否已有感触?

经验型思维障碍的形成主要受社会环境熏陶以及个人经历等多方面因素的影响。社会类经验型障碍是人们的思想长期受所在社会环境的熏陶,潜移默化,日积月累地形成的,这是一种最顽固的思维定势,通常人们又很难清醒意识到它的存在,可以说它在人的头脑中是根深蒂固的。其实,人们在不断积累经验的同时,也在不断地建立起扼杀创造性的思维障碍。如人们常说的"习惯成自然"、"熟能生巧"等,其实都是在不自觉地"规划"人们的思维,为思维的运动设立了一个个路标。在个人经历方面,经验型思维是指个人对生活经历和往事的总结所形成的固定认识或看法。这种思维定势因人而异,很大程度上取决于个人的生活经历。在多数情况下,人的这种生活经验在认识新事物时都具有积极的意义。人们常说"某人办事老练,处理问题得心应手",这都是指个人的经验在起作用。但是,在某些情况下,人生的经验却又成了思维上的障碍,反不如没有经验的人。

塔有多高？

一群游客来到欧洲一座历史悠久的古城,其中的三位游客(一个是科学家、一个是工程师,还有一个是艺术家)面对一幢古老教堂的高度,争执起来。一个经营仪表的老板对此发生了兴趣,心想这也许是宣传产品的机会,他拿出来三只气压表,送给每人一只,并声言谁测得的高度最准确,他愿意付出一笔奖金。三人为此也都跃跃欲试。科学家先在下面测了一下气压,又上到教堂楼顶测量了一下气压,下来后,利用这两个气压差计算出教堂塔楼的高度。工程师对此不屑一顾,拿着气压表也登上了塔顶,他把气压表平稳地从手中扔了下去,并同时注意观看手表上的时间,下来后利用自由落体的运动时间,计算出塔楼的高度。最后轮到了艺术家,人们只见他走进教堂,但很快就出来了。当各自报出所测出的教堂高度时,令人们惊奇的是,艺术家的数据最准确。人们大惑不解,在老板的询问下,艺术家告知:他把气压计送给了教堂守门人,请他告诉了塔楼的高度。

这个故事的真实与否不必管它,但它却生动地反映了现实中相类似的某些实际情况。这说明了当人们面对遇到的事情时,总是从职业的角度或熟知的经验中去寻找办法,而外行人就不得不另辟溪径,从全新角度选择一个有效的办法。因此,经验的运用要"因时因地而行",特别是面对新事物,经验的运用要学会变通,决不能形成定势。

3. 权威型思维障碍

有人群的地方总会有权威,权威是任何时代、任何社会都实际存在的现象。人们对权威普遍怀有尊崇之情,这本来是可以理解的,然而这种尊崇常常演变成为神话和迷信。

在思维领域内,有不少人习惯于引证权威的观点,不假思索地以权威的是非为是非;一旦发现与权威相违背的观点或理论,便想当然地认为其必错无疑,并大张挞伐。这就是思维的障碍之一——权威型思维定势。

权威是后天建立起来的,并不是先天就有的。那么,权威型思维障碍是从何而来? 权威型思维障碍的来源主要有两条途径:一是儿童在走向成年的过程中所接受的"教育权威"形成的。二是由于社会分工的不同和知识技能方面的差异所产生的"专业权威"。

对于儿童来说,家庭、学校和社会都是不可抗拒的外在力量。这些力量构成了一个个的权威,这些权威们用一系列的如:"必须先做完作业再看电视","看到老师应该敬礼","上课不准做小动作"来教育儿童。如果服从这些权威,儿童就能从中得到好处,而抗拒这些权威这要吃苦头。从这个角度说,成年人教育儿童与马戏团训练动物,两者在方法上如出一辙,都是采取两种手段:奖励其正确的行为,惩罚其错误的行为。而划分正确和错误的标准则是由成年人或训练员认定的。在有些场合,当后天教育与儿童的自然天性发生冲突的时候,儿童会以各种方式加以抵抗,但是反抗的结果往往以儿童的失败而告终,这从反面又教育了儿童,权威的力量是不可逾越的,只能无条件的遵从。于是,从反抗到不敢反抗,到不愿反抗,进一步到根本想不起来去反抗……如此久而久之,在儿童的思维模式里,由教育所造成的权威定势就这样最终确立下来。

训练大象

马戏团有一只能按照人的意志会表演的大象。当大象还小的时候,人们就把它绑在一根很大的木桩上,好动的小象一开始就想挣脱木柱,但没有用。于是,小象发现自己是无法挣脱那木柱的,过了一段时间,人们给小象换了一根较小的木柱,以小象的能力还是挣脱不了。久而久之,小象就会得到这样一个条件反射:凡是木柱形状的物体自己都是挣脱不了的。于是,有时一根小木棍也可以拴住小象,即便等到小象成为一头大象时。

权威定势形成的第二条途径,是由深厚的专门知识所形成的权威,即"专业权威"。一般来说,由于时间、精力和客观条件等方面的限制,个人在自己一生中,通常只能在一个或少数几个专业领域内拥有精深的知识,而对于其他大多数领域则知之甚少甚至全然无知。除了上帝以外,哪个人都不可能成为真正的全知全能型的"万事通"。即便像小说中的福尔摩斯那样聪明绝顶的人物,也只是具有"精深的"化学知识、"准确的"解剖学知识、"充分实用的"英国法律知识等等,而它的政治知识"很浅薄",对于文学、哲学和天文学,他则简直是"一窍不通"。

由于专业知识的缺失,专家的意见就会被你奉为神明;由于专家以前的意见是正确的,是超过别人的,那么今后的意见正确性也不容置疑。在多数情况下,人们按照专家的意见办事,能得到预想中的成功;如果违反了专家的意见,会招致或大或小的失败。如此久而久之,人们便习惯了以专家的意见为标准答案,而在思维模式上,形成了一道"权威专家"的、难以逾越的思维屏障。

从本质上说,思维领域的权威定势根源于个人的有限性。个人知识上的有限性,使我们崇奉博学者为权威;个人力量上的有限性,使我们崇奉强力者为权威。人们试图通过权威的力量,把自身的有限性上升为无限性。

4. 书本型思维障碍

书本型思维障碍从本质上说也是一种权威型思维障碍,是以书本为权威对象的权威型思想障碍。书是一种知识载体,是千百年来人类经验和体悟的结晶,是人类文明的标志。通过书本,人类能够很方便地把观念、知识、思考的问题和价值体系广泛传播并传递给下一代人。

知识的传播与传承是人类社会的进化得以加速度进行的原因所在,但书本知识给我们带来了好处,同时也会给我们带来一些麻烦。究其原因很多,第一是书本知识与客观现实之间的距离。书本知识是经过头脑的思维加工(选取、抽象、截取等等)之后所形成的一般性的东西,它不可能把所考虑的问题、所发生的事统统写出来,所以它表示的是一种理性的状态而不是直观的状态,于是就出现理想状况与实际状况的差异。

现实环境下,知识的实践是由无数个别事物所构成,其中每个事物都具有无数属性,每个事物和每种属性又不停地在发生着无数的变化。我们是生活在现实世界之中,尽管我们的头脑里有一个"理想化"的知识世界,我们却无法生活于其中。正如英国哲学家贝克莱所说,人们不能吃观念,不能喝思想,只能依靠物质性的东西而存活。所以把握这两个世界的不同,乃是人生的第一要素。举例来说:甲乙两地相距10公里,从甲地到乙地,是乘汽车快呢?还是骑自行车快?一般而言,汽车的速度远远超过自行车,这是众所周知的常知。但是,这个"常识"也有不灵验的时候。大多数情况下,在拥挤的城市早晨,骑自行车要比坐公交车快,因为上班高峰时交通拥挤,公交车总是在车流长龙中像蜗牛一样爬行。所以,"汽车的速度比自行车的速度快",这只是理想状态的知识,是排除了具体条件之后所得出来的结论。但是我们无法在理想状态下乘汽车或者骑自行车,我们总是在一个具体的环境中乘车或骑车,届时究竟是汽车速度快还是自行车速度快,则是一个很难说的问题。这就是书本世界与现实世界的差距。

因此,知识的关键不在于"知"更在于"行",在于知识与实践"知行合一"的结合。知识就是力量,是人们常用的一句格言,但应该说得到合理应用的知识才是真正的力量,只有把知识正确地运用到社会、生活实践中,才能产生出力量,才能产生价值与积极的影响。

纸上谈兵

战国时期,赵国有位名将叫赵奢,赵奢有个儿子叫赵括。赵括从小熟读兵书,谈起用兵之道,能够滔滔不绝,连他的父亲也对答不上来。后来,秦国进攻赵国,两军在长平对阵数年。赵王因听信流言,撤回廉颇,任用赵括为大将。结果,秦军偷袭赵营,截断粮道,赵军40万人马被围歼,赵括也遭乱箭射死,这就是改变中国历史的"秦赵长平之战"。

成语"纸上谈兵"的故事在我国家喻户晓,赵括沦为千古笑柄与历代反面典型,说明了"生搬硬套"、"死读书"的严重后果。白纸黑字的兵书,与刀光剑影的战场并不是同一回事。任凭你"读书破万卷",不见得"做事若有神",弄得不好,读书越多反而创新能力越差。

在知识经济波澜壮阔、势不可挡的今天,在知识爆炸、终生学习等社会新理念的今天,如何对待各类书本知识是现代人面临的重大问题。必须清晰地认识到知识经济下的所谓知识,不是指知识的储存,而更多指的是知识的整合与运用。知识经济下真正的英雄,并不是指他博闻强记、学富五车,更是说那些能够把已有的知识正确地、有效地运用到现实实践中去的人群。

除以上表述的思维定式以外,常见的思维定式还包括自我中心、非理性等其他定势,这些都需要在思维过程中加以甄识、予以规避。

游戏与活动

(1)游戏名称:秀才三梦

(2)游戏概述:通过各类思维方式的发挥,积极从不同角度观察、解决问题,使参与者对思维分类、思维习惯以及正向思维激励的方面有积极的认识。

(3)游戏准备:无

(4)游戏步骤或提示:

教师向学生讲述下述故事:

"某秀才上京赶考,暂住在姑妈家。有一天,秀才做了三个梦:

第一个梦:一棵大树上挂着一口漆黑棺材;

第二个梦:自己骑着马在城头上奔跑;

第三个梦:自己与表妹两人背对背睡在一起。

秀才起来后,非常想不通,可姑妈不在家,就告诉了表妹,表妹一直对他没信心,所以就这样帮他解梦,秀才听后心灰意冷,准备罢考返家。这时刚好姑妈回来,姑妈脑子一动,却说出另一番话来,秀才受到鼓励,充满了信心,赴考后一举成名。"

请学生分别充当表妹和姑妈来解梦。

(5)结果评价或点评

①秀才对表妹的解梦是否感到心灰意冷,对姑妈的解梦是否感到充满信心,是评价两种思维发散水平的依据。

②上例证明,消极的心态和积极的心态所产生的结果是完全不一样的。在现实生活中,如何利用这两种思维的作用,改变现状,反败为胜,请举例说明。

课外思考题

(1)桌上放着一只盛满咖啡的杯子,小李解手表时不小心把手表掉进去了。小李的手表是不防水的,还好,拿出来时手表上一点没沾水,这是怎么回事呢?

(2)你来试试看:

①请列出30种杯子的用途;

②请列出 10 种导致交通堵塞的原因;

③请列出 5 种可以替代现行高考制度的办法;

④请列举大学校园内,男生进入女生宿舍的 100 种办法;

⑤请列举大学校园内,女生进入男生宿舍的 100 种办法;

⑥世界上没有老鼠会怎样;

⑦世界上没有太阳会怎样;

⑧没有人类的 5 万年后的世界会怎么样。

(3)你站在水泥地上,让鸡蛋从你手中自由掉落 1 米距离而不打破蛋壳,能办到吗?

(4)1=,(请你尽自己的想象列出所有可能的答案)

(5)某小学办理新生入学手续时,有两个孩子来报名。他俩脸形、身材长得一样,出生年月日一样;父母姓名也一样;"你们是双胞胎吧?",老师问。"不是!"他俩异口同声地回答。老师感到奇怪了,怎么不是双胞胎呢,那会是什么关系?

(6)在很陡的山坡上,两个人前后推拉着——大板车煤慢慢地往上爬。一个过路人问拉车的说:"后面推车的是你的儿子吧?"拉车的说:"是啊"。可是那个儿子却说前面拉车的不是他的父亲。请你说说,这两个人到底是什么关系?

(7)有个阿拉伯大财主,有一天把他的两个儿子叫到面前,对他们说:"你们赛马跑到沙漠里的绿洲去吧。谁的马胜了,我就把全部财产给谁。但这次不是比快,而是比慢,我到绿洲去等你们,看谁的马到得迟。"兄弟俩照父亲的意思,骑着各自的马开始慢吞吞地赛马了。可是,在骄阳似火的大沙漠里慢吞吞地走怎么受得了啊!正当兄弟俩痛苦难熬而下马休息时,哥哥突然想到了一个好办法,等弟弟醒悟过来后已经来不及了,哥哥终于赢得了这场特别的比赛。请问:哥哥想到的是什么办法?

(8)村子里有 50 对夫妇,每个女人在别人的丈夫不忠实时会立即知道,但却从来不知道自己的丈夫如何。该村有严格的章程要求,如果一个女人能够证明她的丈夫不忠实,她必须在当天杀死他。又假定女人们是赞同这一章程的、意识到别的妇女很聪明且很仁慈(即她们从不向那些丈夫不忠实的妇女通风报信)。还假定所有这 50 个男人都不忠实,但没有哪一个女人能够证明她的丈夫的不忠实,以至这个村子能够快活而又小心翼翼地一如既往。

有一天女族长来拜访。她的诚实众所周知,她的话就像法律。她暗中警告说村子里至少有一个风流的丈夫。这个事实,根据她们已经知道的,只该有微不足道的后果,但是一旦这个事实成为公共知识,会发生什么? 答案是在女族长的警告之后,将先有 49 个平静的日子,然后,到第 50 天,在一场大流血中,所有的女人都杀死了她们的丈夫。为什么会这样的呢? 故事对你认识逻辑推理等思维形式有何启示？

(9)如图 3.6 所示,请你只移动其中两枚硬币,组成"正十字"形,并且纵横都是六枚硬币。

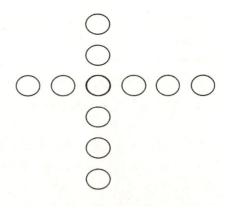

图 3.6　移动硬币图

(10)如何逃避死刑

古希腊有个国王想处死一批囚犯。当时有两种处死方法:一种是砍头,一种是绞刑。国王决定让囚徒自己去挑选一种:囚徒可以任意说出一句话来,而且这句话是马上可以验证其真假的。如果囚犯说的是真话,那么就处绞刑;如果囚犯说的是假话,那么就砍头。因此,很多囚犯因为以下情况之一而丢了性命:

真话	绞死
假话	砍头
说了一句不能马上验证其真假的话	当作说假话砍了头
讲不出话	当作说真话处以绞刑

但在这批囚犯中,有一位是极其聪明的人。请问这个聪明人说了句什么话而逃过死刑? 故事对你认识思维方式方面有何启示?

(11)一辆满载货物的汽车要通过一座铁桥,通过时发现货物高于桥洞一厘米,现在问你,在不准卸货重装的情况下,能让车通过吗?

(12)一个房间有 3 盏白炽灯,电灯开关在屋外,房屋没有窗只有一处出口,如何仅仅出入一次而判断各个开关是控制哪一盏电灯的?

(13)有对夫妇天天都吵架,为什么 6 月份只吵了 20 天? 你能有多少种答案?

(14)铁轨上的决策

有一群小朋友在外面玩,而那个地方有两条铁轨,一条还在使用,一条已经停用。只有一个小朋友选择在停用的铁轨上玩,其他的小朋友全都在仍在使用的铁轨上玩。很不巧的,火车来了。(而且理所当然地上面有很多小孩仍在使用的铁轨上行驶)。而你正站在铁轨的切换器旁,因此你能让火车转往停用的铁轨。这样的话你就可以救了大多数的小朋友,但是那名在停用铁轨上的小朋友将被牺牲。你会怎么办? 故事对你认识思维定式方面有何启示?

(15)打破思维定式——脑筋急转弯

①天主教教会准不准许男人娶他的遗孀的姐妹为妻?

②一只瓶装了半瓶酒,瓶口用软木塞住。不拔去瓶塞,也不敲碎酒瓶,用什么

办法能喝到酒?

③什么东西打破了,大家都高兴?

④什么东西戴在身上却不能吃食品?

⑤怎样用蓝墨水写出黑字来?

⑥一个聋子看到一条鲨鱼正在向一个潜水员靠近,他如何才能告诉这个潜水员呢?

⑦6个人乘着一辆汽车以每小时100公里的时速行驶在240公里长的道路上。两小时25分他们就到达了目的地。卸完行李后,他们发现汽车的轮胎早就没气了。为什么他们一直没有发现呢?

⑧镇上有个理发师,有时候镇长都得让其三分。镇长颁布了一条法令:规定每个人都不能留胡子,但不能自己剃须。理发师因为人人都来剃须而变得很富。但是有一点,到底谁来给理发师刮胡子呢?

⑨飞机从北京出发飞往东京用了1个小时,在东京稍作停留后返航,在一切条件相同的情况下,返航耗时2.5小时,这是为什么?

⑩两辆自行车相隔10公里,甲车以5公里/小时、乙车以3公里/小时的速度相向行驶。现甲车车把有一只苍蝇,苍蝇以10公里/小时的速度从甲车飞向乙车,在到达乙车车把后即使折回返回甲车,达到甲车车把后再及时返回乙车车把,以此类推直至两车交汇,问:在整个交汇过程中,苍蝇总共飞行多少公里?

(16)结合自身生活、学习经历,谈谈自己对思维定式的认识?谈谈如何在未来规避自我思维定式?

(17)A、B、C三家同住一个院子,每隔一段时间三家都要用三天时间打扫卫生。这次C因为有事不能一起干,结果A干了5天,B干了4天才干完。C家出90元钱顶替劳务费,应当分给A、B两家各多少才算合理?

(18)古时有位老人,临终前把三个儿子叫到身边,决定把23匹马分给他们:大儿子得到1/2,二儿子得到1/3,小儿子得到1/8。老人死后,三个儿子按遗嘱分马:23/2=11.5(匹),23/3=7.6(匹),23/8=2.9(匹),马是活口,不能杀了分,怎么办?这时有人出了个主意,按他的主意分后,三个儿子都很满意。什么主意呢?

第四章　创造性思维基础

本章重点

本章着重论述了创造性思维的概论与创造性思维因子等方面的内容。通过对本章的学习,掌握与了解创造新思维的概念与相关是思维过程理论;并在创造思维结构的基础上,通过分类阐述,进一步掌握包括直觉、想象、联想以及灵感等基本创造性思维因子。

第一节　创造性思维

一、创造性思维概念

什么是创造性思维? 美国心理学家科勒期涅克认为,创造性思维就是发明或发现一种新方式,用以处理某些事情或表达某种事物的思维过程。总体而言,创造性思维是思维活动的一种特殊形式,它既有一般思维的特点,同时又具有其自身固有的特点,其中最主要的特点是,首先,它是能够产生创造性社会后果或成果的思维;其次,它是在思维方法、思维形式、思维过程的某些方面富有独创性的思维。所以说,创新思维就是思维本身和思维结果均具有创造特点的思维。

知识链接

自动蕃茄摘收机的研制

20世纪初,农业机械化问题发达国家就已经解决,各种各样的拖拉机、播种机、收割机、开沟机几乎是应有尽有。然而,能自动摘收蕃茄的机器始终没能研制出来。主要是因为蕃茄的皮太柔嫩,在摘收蕃茄时能够抓紧的机械都可能抓得过紧而将蕃茄夹碎。那么,怎样才能实现自动摘收蕃茄呢? 这里有两种不同的思维方式。

第一种方式,是致力于研究控制机器的抓力,使其既能抓住蕃茄又不会将蕃茄夹碎。但是始终未能成功。

第二种方式，则是采用了一种从问题的源头解决的办法。它把研究机器转化为研究如何才能培育出韧性十足、能够承受机器夹摘的蕃茄，终于研制出一种"硬皮蕃茄"，使机器可以很方便地摘收。

面对同一个问题，人们采取不同的思维方式，去寻求解决的方法，可能产生完全不同的实际效果。在自动蕃茄摘收机的研究上，大部分人往往会习惯从第一种方式展开思考，即利用现有信息分析、综合、判断、推理而产生解决办法，即将所需解决问题与头脑中已储存的过去曾经用过、学过的或耳闻目睹过的问题作比较，以寻找解决问题的办法，这种思维称为再现性思维或再生性思维，也称为习惯性思维。而第二种方式，通过逆向思考的方式，创造性地从采摘对象——蕃茄着手，以新颖、独特的方式解决了自动采摘蕃茄的难题。

因此，创新思维可以归纳出具有如下几个特点：

1. 突破性

从创新思维的本质看，它是打破传统的、常规的，开辟新颖、独特的思路，发现对象间的新联系、新规律，具有突破性的思维活动。突破性最重要的是突破思维的惯性，当一个新的设想或新的事物产生时，必然会遭到旧的习惯势力的抵制。

2. 求异性

创新思维总是以创新求异为目标，无论科技发明还是文艺创作，无论是理论的研究还是解决问题方法的探索，都不迷信于权威，不拘泥于传统，不盲从于众人，力求在时间、空间、观念、方法等方面另辟蹊径，实现超越。

3. 逻辑性与非逻辑性的结合

习惯性思维往往强调逻辑性，注重事物的逻辑关系，不愿打破思维定势。而创新思维则相反，它更注重事物的非逻辑联系甚至是反逻辑的。因此创新思维的产生常常具有突发性、跳跃性、直觉性和灵感性，省略了逻辑推理的中间环节。应该说在创新思维的过程中，往往是既包含逻辑思维，又包含非逻辑思维，是逻辑思维与非逻辑思维的结合的过程。

4. 开放性

封闭性还表现在思维倾向偏重于继承传统，盲目照搬本本，对标新立异的创意总担心背离经典而缺乏改革精神。开放性则表现为敢于突破思维定势，富有改革精神，注意新颖性、超常规性。能否突破思维定势是衡量思维是否开放的重要标准，在创新思维中，只有使思路开放，才能突破思维定势，从封闭性中解放出来，形成新的思路。

认识创新思维的基本特征，不仅使我们加深对这种思维方式的理解，而且让我们明白了创新思维的目标。培养自己突破封闭性、求同性和常规性思维的定势,以提高创新思维水平和能力。

二、创造性思维过程

创新思维是极其复杂的心理活动,不同的人、不同的创造环境和创造对象,其思维过程有着明显的差异。

许多心理学家对创新思维过程进行研究,产生了多种理论,其中代表人物是英国心理学家沃勒斯与美国心理学家费邦。

1. 沃勒斯创造思维四阶段论

沃勒斯是英国心理学家,在 1926 年出版的《思考的艺术》专著中提出了四个阶段的理论。该理论传播较广,实用性较强,故影响较大。

(1)准备期。一切创造都是从提出问题开始的,问题从本质上说就是现有状况与理想状况的差距,爱因斯坦认为:形成问题通常比解决问题还重要,因为解决问题不过涉及到数学上的或实验上的技能而已,然而明确问题并非易事,需要有创造性的想象力。

从事创造活动,必须有一个充分的准备期。这种准备包括:必要的事实和资料、必要的知识和经验的储存、技术和设备的筹集、其他条件的提供,等等。创造者在创造之前,需要对前人在同类问题上所积累的经验有所了解,对前人在该问题上已解决到什么程度,哪些问题已经解决,哪些问题尚未解决,作深入的分析,这样,既可以避免重复前人的劳动,使自己站在新的起点从事创造工作,还可以帮助自己从旧问题中发现新问题,从旧关系中发现新关系。

(2)酝酿期。酝酿期也有人称为孵化期或潜伏期,也称沉思和多方假设阶段。创造活动所要解决的问题,都是前所未曾解决的问题,否则,那就成了一般的问题而不是创造性的问题。正因如此,创造课题通常是难以用传统的办法和已有的经验,即按常规的方法去解决的。创造者在经长期准备和思考,并试遍了传统的办法仍然无法解决时,思考者可能将问题暂时搁置,不再有意识地去思考它。在此种情况下,从表面上看来,创造者的思考活动好像已经中断,但事实上思考可能仍在潜意识中断断续续地进行着,有时在梦中还思考着待解决的问题。这就像母鸡在孵蛋时的情况那样,从外表看,鸡安伏不动,而实际上在它所孵的卵的内部正在发生着育化的演变——雏鸡正在形成。

这个时期可能是短暂的,也可能是漫长的,有时甚至延续好多年,一到酝酿成熟,创造者在内部突如其来的"闪光",或在外部事件的触发下,新观念就会脱颖而出。

(3)豁朗期。豁朗期又叫顿悟期,属突破阶段。顿悟是指经过长时间的酝酿之后,创造的火花猛烈爆发,新的观念在极为短暂的时间里豁然开朗,脱颖而出。灵感、直觉等非逻辑思维经常会起决定性的作用。灵感的来临,往往是突然的、不期而至的,有时甚至是戏剧性的。灵感有时出现在半睡眠状态,有时出现于闲暇或从事其他活动时,甚至出现在梦中,总之,它常常在意想不到的时候来到的。

(4)验证期。验证期是评价阶段及完善和充分论证阶段。当突然获得突破后,这种质的飞跃是瞬间的、稚嫩的。完成阶段的工作是及时把创造成果的思想火花记录下来,及时地追踪和充分地论证新获得的成果,使之得到充实和扩大。假如不经过这个阶段,创造性成果不可能真正问世,创造过程也不能算最后完成,甚至使千辛万苦才获得的突破因最终处理不善面临夭折。论证工作一是理论上验证,二是放到实践中去运用和检验,常常需要多次反复才能完成。

验证期的心理状态较为平静,但需要慎重、周密和耐心,不急功近利,以避免不必要的失误。

知识链接

瓦特蒸汽机的创新过程

1764年,格拉斯哥大学一台教学用的纽可门蒸汽机模型坏了,送到伦敦请名匠修理也未修好,学校就让瓦特试着修理。此前,瓦特已从罗比逊那里得到了一些关于蒸汽机的资料和图纸,并开始了一些研究,因此,他很快就修好了这台机器,而且对这台当时世界上最先进的蒸汽机模型进行了深入的研究。他向布莱克教授等人虚心求教,加上自己的刻苦钻研,终于找到了纽可门蒸汽机耗煤量大、效率低的原因:原来纽可门蒸汽机在运作时,蒸汽在气缸中膨胀做功;又在气缸中冷凝。气缸一会儿被加热,一会儿又被冷却,白白浪费了很多热量。瓦特发现,气缸兼冷凝器这种一身二任的构造,使机器的性能和效率受到严重影响。瓦特经过长时间的研究,于1765年5月提出了一个解决问题的途径:在气缸之外单独设置一个蒸汽冷凝器。1768年,瓦特制造出一台可供实用的"单作用式蒸汽机",并于1769年申请取得发明专利。然而,在制造推广蒸汽机的历程中,由于使用的材料强度低,不能经受蒸汽的强大压力;由于铸造的缸筒表面粗糙,活塞与缸筒之间密封差等问题。瓦特又采用了各种新措施,如试用锡为原料制成气缸,用油来润滑活塞,在气缸外设置给热层等。所有这些使新型的"单作用式蒸汽机"的耗煤量大大降低,只有纽可门蒸汽机的1/4,而动作又比纽可门蒸汽机迅速、可靠,性能大大优于纽可门蒸汽机。1780、1788、1790年与1794年,他分别发明行星齿轮机构、四连杆机构、离心调速器、压力表以及曲柄连杆机构等产品与技术。最后圆满完成了"双作用式蒸汽机"的发明工作。蒸汽机的发明使机器大工业代替了工场手工业,开始了社会化的大生产,大大促进了整个工业的发展。这个划时代的变革,由瓦特而首先在英国蓬勃兴起,历史上称其为"第一次工业革命"。创新思想在整个蒸汽机的发明过程中体现得淋漓尽致,经验可以说是创新的基础,仔细广泛地研究瓦特的发明,可以看出:创造过程分成了四个阶段:

第一阶段:瓦特要改良蒸汽机,就进入了准备阶段。从纽可门蒸汽机到单作用式蒸汽机再到双作用式蒸汽机,瓦特都是从产品的缺点入手去思考去改进的。

第二阶段:瓦特考虑问题、研究问题,蒸汽机的发明与改进是一个漫长而渐进的过程,瓦特在研究与改进蒸汽机过程中,长期没有结果,使其处于酝酿阶段,但酝酿期经验、知识的积累为豁朗打下了坚实的思维基础。第三阶段:瓦特在一次散步中,突然发现了问题的关键所在。这一阶段是发现具体的解决方法的明朗期,这时问题的解决是突然出现的,是创造性的新意识。如果没有瓦特小时候的那些经历,他是不可能有蒸汽机的发明,因为他在发明过程中所用到的知识和技术基本上还是他所学到的东西,只不过他能活学活用,能解决实际问题。

第四阶段:瓦特反复实验,最后终于成功的这一阶段。这是对整个创造过程的反思,检验解决方法是否正确的"验证期",是对创造成果的总结,并寻求科学、合理的途径。

2. 费邦的七阶段创造思维过程

美国著名创造心理学和创造教育家 G.A. 戴维斯和 S.B. 里姆,在《英才教育》一著中介绍了 D. 费邦(1968)将创造性思维过程划分为"七阶段"的模式。该模式是在沃勒斯模式基础上又增加了三个具有"启示"性的阶段,从而构成为"创造过程七阶段模式"。

● 第一阶段:期望,创造主体面对问题时,其思考失去了常规常态下的平衡,由于期望得到某种使问题解决的想法以恢复平衡;

● 第二阶段:准备,同于沃勒斯模式第一阶段的准备期;

● 第三阶段:操纵,创造主体往往积极操纵某种想法或资料,如尝试性地对多种想法进行排列或组合,以找出最感兴趣、最有效或能产生美感的想法;

● 第四阶段:孕育,同于沃勒斯模式第二阶段的酝酿期;

● 第五阶段:暗示,创造主体产生一种良好温馨的感觉,似有某种好事要发生但又尚未到来,它常出现在已接近得到问题的创造性答案时;

● 第六阶段:顿悟,同于沃勒斯模式第三阶段的明朗期;

● 第七阶段:校正,同于沃勒斯模式第四阶段的验证期。

戴维斯和里姆指出,费邦模式对沃勒斯的修正表现在所增加的第一、二、五阶段,它们对沃勒斯模式确定地描述的第一、二、三阶段起到了一种"启示"性的作用。所谓"期望"、"操纵"和"暗示",也即所增加的这三个阶段,各自都对其后一阶段的到来具有启示性的意义。由此,也更深入地表明了主体对创造性思维实际上是一种连绵不断的心理活动过程。

无论是沃勒斯四阶段论与费邦模式七阶段论,其对创造性思维的过程界定在一个提出问题→分析与思考问题→思维积累与方案提出,最后到实施、验证并修正方案的基本逻辑。对创造性思维过程理论的了解有助于对创造性思维的认识与自我修炼、提高创造思维绩效。

第二节　创造性思维因子

推陈出新的创造活动过程可以看成一个渐变与突变相结合的变革过程,而创造性思维正是推动突变与变革的主因。因此,创造性思维在构成上不可能是单一的思维形式,而是若干具有创造功能的思维形式的集成。从其过程可以发现,创造性思维过程实际上存在两类思维形式,一种是具有连续渐变功能的逻辑思维形式,如分析与综合、抽象与概括、归纳与演绎、判断与推理等;另一种是具有跳跃突变功能的非逻辑思维形式,如联想与想象、直觉与灵感等。

创造性思维过程的基本结构如图 4.1 所示。

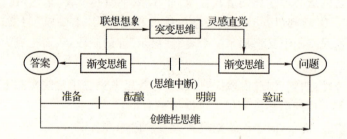

图 4.1　创造性思维结构

在准备阶段和酝酿阶段中,人们主要借助渐变思维形式思考,只有当渐变思维无法完成变革现实的任务时,才考虑调用突变思维。尤其是当思维受阻乃至中断时,突变思维的参与才有可能在酝酿和明朗之间搭起桥梁,使百思不得其解的酝酿思考突然走向顿悟,从而找到实现变革创新的突破点。一旦接通思路并找到问题求解的关键,人们的思维又重新走上渐变的途径,直至验证获解。渐变思维与突变思维的相互协同、相互作用，共同构成创造性思维能量释放的作用机理。

在对创造性思维思维因子探讨时，侧重点应放在对具有跳跃突变功能的那些非逻辑思维形式要素上，一般认为直觉、想象与联想以及灵感是创造性思维中最具活力、最富创造性、最有挖掘潜力的思维因子。

一、直觉

人们在解决问题时，不经过逐步的分析和推理，而迅速对问题的答案作出合理的猜测和设想，这种跃进式的思维称为直觉思维，简称直觉。直觉的创新作用主要表现在对事物直观判断、猜测和预感上，它是以丰富的知识、经验为基础的。

直觉具有非逻辑性和整体把握性的特征。生活中农夫识牛、骑手相马、工人听音判断机器的故障、大夫诊断、棋手对奕，以及情人之间所谓一见钟情等，都含有直觉的因素。爱因斯坦认为，直觉依赖于"对经验共鸣的理解"。直觉与灵感的一个很大的区别就在于这种"共鸣"状态。灵感常常是在苦思冥想后得到的顿悟，而直觉则是一遇到问题就自然地想出了答案，是瞬间完成的。美籍物理学家丁肇中在从事基本粒子研究时，凭直觉判断出光子没有理由一定比质子轻，很可能存在许多具有光的特性而又有比较大质量的粒子。随后，他经过几年的苦心研究，终于发现了使他荣获诺贝尔物理奖的比质子重的光特性粒子——J 粒子。英国物理学家卢瑟福在思考 α 射线时，忽然想到它可能是氦原子流引起的。如果真是这样，问题就弄清楚了。尽管已经深更半夜，他不顾一切地打电话叫醒了他的助手索弟，并把这看法告诉了索弟。这时索弟反问卢瑟福是什么理由。卢瑟福回答说："理由嘛，没有，只是个感觉。"接着进行实验，证明了卢瑟福这个直觉是正确的，由此在原子核物理方面做出了重大贡献，并且在 1908 年获得诺贝尔物理学奖。因此，玻尔说："卢瑟福很早就以他深远的直觉认识到复杂的原子核的存在性和它的稳定性。以及它所带来的一些奇异的和新颖的问题。"

第四章 创造性思维基础

知识链接

爱迪生确定鱼雷形状

在海战中常用的鱼雷，最初是由亚得里亚海沿岸的一个工程公司的英国经理怀特黑德于 1866 年发明的。在 1914—1918 年期间，处于发展中期的德国传统鱼雷，共击沉总吨位达 1200 万吨的协约国商船，险些为德国赢得海战的胜利。当时美国的鱼雷速度不高，德国军舰发现后只需改变航向就能避开，因而命中率极低，想不出改进的方法。

他们去找爱迪生,爱迪生既未做任何调查也未经任何计算,立即提出一种意想不到的办法,要研究人员做一块鱼雷那么大的肥皂,由军舰在海中拖行若干天,由于水的阻力作用,使肥皂变成了流线形,再按肥皂的形状建造鱼雷,果然收到奇效。

爱迪生所用的思维方法就是直觉思维。不难看出,直觉思维实际上是宏观的把注意力放在事物整体上的一种思维,与逻辑思维是不相同的。它与传统意义上灵感也不尽相同,因为灵感何时来临往往是无法控制和预测的。直觉作为人类的最高感知活动,是作为超感觉活动的形式出现的,这些表现形式包括感悟、直觉、预感、心灵感应等,也有人将其称为"第六感觉"。

整体而言,直觉具有以下几个方面特点:

(1)它是一种右脑的高级感知活动,一种高级的心理反应;

(2)它具有一种神秘的预感力和洞察力。这是长期知识、技能和经验积累的结果,是一种厚积薄发的能量;

(3)它具有顿悟性、直感性和无意识涌现等特性。

在创造活动与自我修炼过程中,创造者应认识到直觉是一种需要极高修行的功夫,其核心是所谓"悟性"的修炼,其次才是专业能力和其他。创造者要培养自己的悟性,就要学会多观察、勤思考,多学习、勤总结,多活动、勤内省,多联想、勤领悟,做到博学多思、厚积薄发,融通百家、一触即发。具体而言,要做到如下三个思考:

(1)多思以战胜自我。

人总是有惰性和弱点的,总要受惰性的制约和困扰。根本的问题就是克服惰性和弱点,不断战胜自我,才能有所进步。

(2)善思以完善自我。

善思比多思进了一步,高了一个层次,善思要求的不仅是思考的数量,而是思考的方法和质量。

(3)神思以超越自我。

在长期的学习思考过程中,由苦于学而思到乐于学而思再到"忘却自我"的境界,即打破一切传统的条条框框的束缚,进行学习和思考,在一种高度兴奋的创新驱动之中,灵感如星,思接千载,神通万里,一发不可收,便进入了神思的境地。在自主自由中奔放的思绪中,"第六感觉"就会不断光临。

最后值得注意的是,直觉思维的结果不可能全部正确,因而,不断的积累知识和经验,可以提高直觉思维的能力和准确性。为了避免过分相信直觉,有必要对直觉进行审视和选择。

二、想象与联想

想象是指大脑在有意识和清醒的状态下，在原有信息的基础上，经过新的配合，产生或再现多种符号的思维过程。比如没有去过大草原的人，当读到"天苍苍野茫茫，风吹草低见牛羊"的诗句时，头脑中立刻会浮现出一幅草原牧区的美丽图画，蓝蓝的天空下，一望无际的大草原，风儿吹过，掀起阵阵绿色的波浪，草原深处，不时显露出牛羊。

想象是人人都具有的主观行为。达尔文认为想象力是"人类所拥有的最高特权之一"。两岁的孩童会对含着的奶嘴作出想象，认为是他喜欢的奶油巧克力，或者是一块非常好吃的蛋糕。创造性想象是思维高度流畅性和弹性的集大成者，在科学技术和艺术的发明创造中起着关键的作用。爱因斯坦说："想象力比知识更重要，因为知识是有限的，而想象力概括世界上一切，推动着进步，并且是知识进化的源泉，严格地讲，想象力是科学研究中的实在因素。"爱因斯坦本人就是从"如果一个人以光的速度追赶一条光线运动"的想象出发，最后建立了轰动世界的"相对论"。想象是人类探索自然、认识自然的重要创造性思维形式，可以说，没有想象就不会有创造。

知识链接

巧用想象销售书

美国一出版商有一批滞销书久久不能脱手，他想了一个主意：送给总统一本，并三番五次去征求意见。忙于政务的总统不愿与他多纠缠，便回了一句："这本书不错。"于是出版商便大做广告："现有总统喜爱的书出售"。大多数人出于好奇，争相抢购，书被一抢而空。不久，这个出版商又有书卖不出去，又送了一本给总统，总统上过一次当，这次吸取教训想奚落他，就说："这本书糟透了。"出版商又大做广告"现有总统讨厌的书出售"。不少人出于好奇又争相抢购。第三次，出版商将书送给总统，总统接受前两次的教训，便不作任何答复，出版商却乘机大作广告"现有总统难以下结论的书，欲购从速"。结果书居然又被一抢而光，总统哭笑不得，而商人大发其财。

从这个小故事看到该出版商是非常聪明的，推销手法高超。首先利用名人效应，拉出总统为其服务。在此基础上，他应用歧义性的语言充分地调动读者的好奇心与想象力，成功地完成了第一、第二、第三次推销的策划活动，是想象巨大威力的良好体现。

　　想象可以分为两大类,即消极想象和积极想象。

　　消极想象与积极想象的区别,主要是看有没有第二信号系统的调节和参与。第二信号系统指的是以抽象化和概括化的词作为条件刺激物的大脑机能系统。

　　消极的想象缺乏第二信号系统的调节作用,顺其自然而进行,最典型的是做梦。此外,人在瞌睡打盹和失神假寐状态中所进行的想象,基本上也都属于消极的想象。研究与实践证明,在某种场景下,消极想象对创造行为具有一定程度的促进,如具有创造性成果的梦。但创造性梦的成功条件有:对问题已进行了相当充分的研究,大脑皮层形成了对解决问题的兴奋中心;在有意识的心理活动下对梦境进行去粗取精、去伪存真的充分验证;做好捕捉创造性梦的准备;等等。因此,不经过长期艰苦的脑力劳动,不努力从事实践活动,就期待消极想象轻而易举地拣个创造发明,是不现实的。

　　积极的想象是在第二信号系统的参与和调节下进行的现象。例如在各种创造性活动中的想象,具有一定的主动性、目的性、现实性。积极的想象是我们研究的重点。积极想象按其性质又可分为再造想象、创造想象和憧憬。

　　再造想象是根据别人对某一事物的描述(言语、文字的描述或图样的示意),在头脑中形成相应的新形象的心理过程。一方面,这些形象不是独立创造出来的,而是根据别人的描述或者示意再造出来的,所以没有创造成分;而另一方面,这些又是经过自己的大脑对过去感知的加工而形成的人物的形象。如看了《三国演义》之后,眼前会出现一个个活生生的刘备、张飞、关羽、诸葛亮、曹操等历史形象。由于每个人的知识、经验、兴趣、爱好、个性和欣赏能力的差异,个人感受不同,每个人所想象的也不相同。所以说,每个人心目中都有自己的"三国英雄"。因此,再造想象也常包含有些创造性的成分。再造想象在认识活动中有很重要的意义。借助于再造想象,我们可以重现别人所创造出来的或所感受到的事物,如有位中学化学教师在讲授分子扩散现象时,学生觉得抽象、难懂,后来他从唤起学生的再造想象入手,这一现象很快被学生理解了。他说:"如果分子没有扩散现象的话,应该是最重的二氧化碳在最低层,氧气在中间,氮气在上面,最轻的氢气在最上层,人呼吸时就得登上梯子去吸氧气,否则就只能够吸二氧化碳了。"这样,学生就觉得"像看到空气中分子扩散情况一样地清楚明白了。当然,再造想象对思维人的表象实践与词意掌握均提出了较高的要求,譬如在读到李白的"朝辞白帝彩云间,千里江陵一日还。两岸猿声啼不住,轻舟已过万重山"时,如果对其中的某些词意理解不清或者生活实践缺乏的情况下,就很难领略其中的诗情画意而"再造"出美妙的形象来。

　　创造想象是大脑在条件刺激物的作用下,特别是在词的作用下以有关的回忆的表象为材料,通过第二信号系统的创造性的调节作用,形成某种具有现实性和独创性想象和表象的过程。简单地说,是一个人按照自己的创见形成某种独创性的想象的过程。创造性想象是真正的创造,它不同于再造想象。前面已提过,再造想象中也常有创造性的成分。但两者比较起来,创造想象的创造成分更多些,创造想象比再造想象困难得多。很显然,创造出一个阿Q的形象,比欣赏现成作品《阿Q正传》中的阿Q的形象,前者要求有更大的创造性。阿Q的形象是旧中国劳动人民的奴隶生活的写照,也是中国近代民族被压迫历史的缩影,鲁迅创造的"阿Q"形象,是经过创造性的构思,并以此为依据选取材料,进行深入的分析和综合的结果。创造想象与再造想象都是以感知觉为基础,都在原有表象的基础上重新改造而形成的新形象,但创造想象是人按自己的创见所进行的想象,要比再造想象难度与复杂度均大得多,毕竟读小说比写小说要容易的多啊。创造想象的产生,需要思维者具备积极的思维状态、丰富的知识和经验,鲁迅先生在谈到其创作经验时说:"所写的事迹,大抵有一点儿见过或听过的缘由,但决不会用这事实,只是采取一端,加以改造或生发开去,到足以几乎完全发表我的意思为止。人物的模特儿也一样,没有专用过一个人,往往嘴在浙江,脸在北京,衣服在山西,是一个拼凑起来的角色。"正是鲁迅先生炽热如火的爱国情操与丰富的社会观察与生活积累才能创作出影响近代中国历史的文学作品。

　　憧憬是一个人对于自我所企求的未来的事物所进行的想象。憧憬与再造想象、创造想象相比,更相似创造想象,它也是我们大脑形成的独创性想象过程。不过,憧憬与创造想象有两个显著区别:一方面,憧憬永远体现着一个人的某些愿望,而创造想象不一定如此;另一方面,憧憬和一个人的创造性活动并无直接的联系、而创造想象永远是一个人所从事的创造的一个必要组成部分。憧憬对于一个人的创造性活动具有巨大的诱导作用和推动作用。一个人在开始一项创造之前,必须预先在自己的憧憬中"看到了"这项创造的轮廓和成就,他才会向往着这项创造活动和准备从事这项活动,不过一个人沉溺于自己的憧憬,以憧憬代替实际行动,或憧憬完全脱离现实,憧憬就有空想性质了。因此,我们的憧憬不但应该具有现实性,而且应该具有效能性,才能对创造思维产生积极的作用。

　　在实践过程中,创造想象可以通过原型启发法、类比法以及联想法三种方式予以训练与实现。原型启发法是利用已知并热悉的事物为启发原型,与新思考的对象相联系,从相似关系中得到启发而解决问题的一种想象方法。牛顿通过砸在头上的苹果,启发了其对万有引力的思考,这是原型启发法的经典案例。但由于原型与思考对象之间,虽然具有一定的相类特征,但可能由于跨度太大而造成想象难度、成果水平过高的客观现实,这也是为什么我们不赞成"苹果砸牛顿砸出个万有引力定律"的简单说法的道理。类比法是指根据两个对象某些属性相同或相似,而且已知其中一个对象还具有其他属性、从而推出另一个对象也应具有其他属性的思维方法叫类比法。蝙蝠超声波发明雷达、海豚超声波发明声纳、李四光对我国石油理论的提出等都具有类比想象的成分。类比法是人们日常常用的思考与创造方式,具体的类比方法包括直接类比法、拟人类比法、象征类比法和幻想类比法等。

联想法是在创造过程中运用概念的语文属性的衍生意义的相似性,来激发创造性思维的方法,是重要的创造思维因子。联想本质是由一事物想到另一事物的心理过程,可以唤醒沉睡的记忆,把当前的事物与过去的事物有机地联系起来,产生创造的设想。联想方法很多,有自由联想、艺术联想、仿生联想和综合联想等,下面对这几种方式进行单独介绍。

1. 接近联想法

接近联想又叫相关联想,是将两个时间上或空间上接近的概念加以对照产生联想。这是逻辑推理中不可缺少的环节和途径。如:玻璃—镜子—理发店—服装店—模特—演员—话剧—电视—《渴望》……

2. 相似联想法

相似联想法即对具有相似的特点、性质或功能的事物形成的联想。它与接近联想不同,它不受两个事物是否接近的限制。

如形似方面,以服饰为例:西瓜—帽,蝴蝶—结,燕尾—服,荷叶边—裙,鸭舌—帽。以生产工具为例:鹤嘴—锄,刺猬—耙,牛角—刀,雀舌—凿、挖土机、抓斗……其他还有方法相似、原理相似等若干方面。

3. 对比联想

比联想又叫相反联想。即把两个完全相反的观念、事物或现象进行对比、对照,形成联想。如:黑—白,水—火,大—小,天上—地下,现在—过去—未来,等等。

4. 强行联想

强行联想是指把无关的事物强制性地联系起来进行创造性思考,从而产生新的观点、新的思路、新的概念。例如把男士与倒垃圾强行联系起来会有什么新创意?有些地方的男士不愿倒垃圾,有人就分析,男士们喜欢什么?如踢足球、打猎、饮酒、下棋、开汽车等,但这些爱好与倒垃圾无关,若提出男士倒十次垃圾可免费看一次足球赛,思路较新,但操作困难,即谁在垃圾箱旁给男士记数?谁发球赛的票?罗克汉普市美化环境委员会派了漂亮的女郎上岗管理垃圾,结果男士们主动的、积极地去倒垃圾,并帮助垃圾站做一些事。倒垃圾与漂亮女郎是风马牛不相及的两件事,这里却出人意料地被强扭在一起,并获得出奇的效果。

5. 置换联想

置换联想就是把具有同样功能的不同事物联系起来,实行相互之间的替代。在各种置换中,可有原理置换、结构置换、材料置换、工艺置换、方法置换,等等。总而言之,是研究的对象置换。例如游泳池中必有水,无水行否? 用什么替代? 空气、塑料球还是牛奶? 若用空气由池底往上吹,让人飘起来,像在空中游泳,岂不美哉!

6. 因果联想

因果联想是指由于事物间存在的因果关系而引起的,如由冰想到冷,由风想到凉,由科技想到经济发展,由提高经济效益想到创造开发的前因后果联想法。

灵活地运用各类思维因素、想象方法是创造思维实现的主要方法与实现路径,是创造性思维实践者必须掌握的技能与素质。

三、灵感

所谓灵感,是指文学、艺术、科学、技术等创造活动中,经过研究、探索和实践积累后,思维高度集中时突然产生的富有创意的思路。它是一种思维潜在意识的被激发态,有"山穷水复疑无路,柳暗花明又一村"的奇特效果。灵感具有突发性、目标性、独创性、随机性以及瞬间性等特点,是创造性思维因子的重要组成部分。

知识链接

梦想成真

1940年春,贝尔实验室的年轻工程师帕金森正致力于研究一套高速自动记录机设备。在帕金森研究这项电话新科技的同时,纳粹正在攻打荷兰、比利时、法国,帕金森和其他美国人一样忧心如焚。有一晚他做了一个梦,梦见自己身在炮兵坑里,一门他只知一般性的高射炮命中率极高,每发射一次都能击中一架敌机。后来在一位战士的招呼下,帕金森发现高射炮底部竟安装了他们研究出来的电位记录仪。醒来之后帕金森马上想到"如果电位计能够控制记录笔的高速动作,而且非常精确,那么为何不能用在相同设计原理的防空高射炮上呢?"平时,帕金森对大炮一窍不通,可是他梦到了有效瞄准目标的发射关键,亦即利用计算器转化雷达资料所显示的敌方飞行器位置,据此为瞄准方位的指令而发炮摧毁目标。这个有史以来第一个全自动高射炮导引器,就是著名的M-9电子类比计算器。

从 M-9 电子类比计算器案例可以将灵感的产生条件归纳为以下四点：

(1)首先对问题抱有浓厚的兴趣，并对解决问题有强烈的欲望，正如案例所描述的正是帕金森强烈的报国情操与纳粹作斗争的责任感、使命感促使其产生对高炮电子计算系统发明与改进的强烈激情与动力。

(2)往往是在对问题和资料进行长时间的思考，甚至达到思维的"饱和"状态。正如阿基米德在洗澡时，受水盆水溢出来的启示，发现了浮力定律的灵感，是他在当前一段时间内，终日苦思如何区分纯金真王冠和金银合金假王冠束手无策时产生的，案例中的帕金森在灵感爆发前也经历了较长时间的探索与迷茫，这是促使其灵感凸现的思维基础。

(3)注意力高度集中，无任何琐事的烦恼，我国生物学家朱洗为培育一种不吃桑叶、经济价值高的新蚕种，曾选择了许多种蚕与印度蓖麻蚕杂交，两年多没有得到理想结果。一个炎夏之夜，陷入困顿的实验组围桌而坐，相对无言的时候、灯光引来一只樗山蛾，朱洗突然想到，樗蚕与蓖麻蚕是同属，古书上又有关于"樗绸"的记载。于是，他重新进行了杂交实验，获得圆满成功，全力以赴、全心沉浸是灵感爆发的重要心理条件。

(4)灵感多发生在身体处于轻松的状态，比如散步、骑车郊游、淋浴，甚至如案例发生的场景——睡梦中。这种例子不胜枚举，德国化学家凯库勒烤火打盹，朦朦胧胧看到炉壁内火苗在窜动，好像是一些原子在他眼前跳舞，接成几条长链像蛇一样盘绕和旋转，突然一条蛇咬住它自己的尾巴，形成环在他眼前旋转，他立即醒来。而后完成了苯分子结构——苯环的发现。科学研究表明，人脑每分钟可接受 6000 万个信息，其中 2400 万个来自视觉，3000 万个来自触觉，600 万个来自听、嗅、味觉。科学家们发现，人处于朦胧状态时脑电波节律变缓，从每秒 8～13 周期的 α 节律转变为每秒 4～8 周期的 θ 节律，其结果导致了脑细胞间的随机沟通和连接，"唤醒了"潜意识。这时，人的想象力非常丰富，并容易产生幻想，爆发灵感。

游戏与活动

(1)游戏名称：玩具公司

(2)游戏概述：有没有设想过拥有自己设计的洋娃娃？有没有想用自己设计的飞机模型参与比赛？本游戏将带你重温这一童年梦。通过组织参与者组建玩具公司进行产品设计与经营策划，让参与者充分发挥想象力、培养创造性思维与解决问题的能力、培养纵观全局、综合看问题的能力。

(3)游戏准备

参与人数：5～7 人一组

时间:30分钟

场地:室内

道具:纸,笔

(4)游戏步骤或提示

①每5～7人一组,告诉他们现在他们就是一家玩具公司,他们的任务就是设计出一个新的玩具,可以是任何类型、针对任何年龄段,唯一的一点要求就是要有新意;

②给他们10分钟时间,然后让每一个组选出一名组长,对他们设计的玩具进行一个详尽的介绍,内容应该包括:名称、针对人群、卖点、广告、预算,等等;

③在每个组都做完自己的介绍之后,让大家评判出最好的组,即以最少的成本做出了最好的创意;另外也可以颁发一些单项奖,例如:最炫的名字、最动人的广告创意,花钱最多的玩具等等。

(5)结果评价或点评

①什么样的创意会让你觉得眼前一亮? 怎样才能想出这些好创意?

②时间的限制对你们想出好的创意是否有影响?

③一个好的提案是不是只要有好创意就行了? 如果不是,还需要什么东西?

从一个产品的设计开发到营销推广都需要好的创意作为灵魂,没有创意的物品或广告是不会有人欣赏的,寻找创意离不开创造性思维与创造技法的运用,如自然联想、头脑风暴等方法是最为常用的,因为它可以打破思维的局限性,自由地让想象力驰骋,从而获得好的构思。但另一方面,对于一件产品来说,创意并不是惟一重要的,好的构想、好的理念还需要实现条件来支持,会受到实现条件的约束,比如本游戏中时间的约束,预算的约束。怎样在限定的范围内寻求利益最大化的解,是我们每一个人应该考虑的重要一步。在集体合作的过程中,合理的分工和妥善的计划是成功的关键,比如上面的游戏如果能合理加工,一些人管创意,一些人搞预算,就一定能事半功倍,在预定的时间内更好地完成任务。

课外思考题

(1)结合自身生活、工作、学习经历,谈谈你对沃勒斯、费邦等创造思维过程理论的认识?

(2)联想思维训练

①接近联想

● 挤牛奶与粉笔

挤牛奶—牧场—小孩—学校—教室—黑板—粉笔

挤牛奶—奶桶—编号—粉笔(简洁较好)

● 沙子与火车怎么联想?

● 地下室与宇宙舱怎么联想?

● 尽可能多举出与"半圆形"图形相似的东西?

● 尽可能多地说出与"涡旋形"形状相似的东西?

②相似联想

● 小品《超生游击队》中男人把奶瓶挂在胸前埋在怀中,用体温加热牛奶喂小孩,就是一种相似联想。若把奶瓶设计成乳房形状,有弹性,也有心跳声,婴儿是否能更加安心在男士怀中吸奶汁或糖水呢? 新加坡有三位中学生设计了这种奶瓶,得到政府的嘉奖。你能想出更多、更好、更完美的方案吗?

● 袋鼠的腿前短后长,人类有何借鉴的地方?

● 尽可能多地说出与"涡旋形"形状相似的东西。

● 尽可能多举出与"半圆形"图形相似的东西。

③对比联想

天上有飞机,地下有地铁;水上有轮船,水下有潜艇;长丝与短纤维;功能众多的超级电脑与学生学习机;宽大休闲服与紧身时装……,这一切构成了反向,对比联想从对立得到启迪。你能说出黑与白中对应的事物吗?

④强行联想

● 你能说出以下物品之间的联系吗? 凳子、筷子、本子、鞭子、票子、儿子、车子、房子、绳子、疯子、裤子……

● 你能说出喷壶与车轮之间的联系吗?(10个联系/3分钟)

● 请分析鸡蛋和宇宙有哪些联系?(10个联系/3分钟)

● 请分析飞机和蚂蚁有哪些相同之处?(10个相同点/3分钟)

⑤置换联想

● 儿童玩具汽车除用电池作动力外,还有什么可替代?

● 西瓜生病了,给它挂个"瓶"怎么样? 若瓶中是酒、柠檬或可乐,结果会变成怎样?

● 旅游区沙滩上到处都是纸杯和饮料袋,有什么办法不用它们呢?

⑥因果联想

● 航天飞机与大气层快速摩擦易发热,其外表保护层易被高温烧坏,你能从"热"的原因想出防护的办法吗?

● 梅雨季节在杭州很潮湿,空气中的水分很多,墙上地上到处都有水珠;而沙漠却缺水,但从深夜到早晨期间空气中是含较多水分的,有什么办法让空气中的水分进入沙地呢?

⑦综合联想

● 美军在沙漠风暴战争中,害怕沙子进入枪管,在射击时易发生意外,有什么办法防止呢?

● 犯人挖墙越狱多见报道,不论多高、多厚的墙都会被日复一日的挖掘而挖穿,而古代山西洪洞县的苏三监狱却有效地防止这一行为,他们是怎样做的?

● 人类已认识到保护野生动物的重要性,但裘皮大衣又是许多人喜爱之物,有没有一种既不杀生又取得裘皮的方法呢?有人认为蛇会脱皮,也可以让狐狸脱皮,只是采用什么方法而已。德国米希豪森提出抽打脱皮法,即把狐狸的尾巴订在松树上,抽打狐狸,让它疼痛难熬,从皮囊里飞逃而去。你认为这有可能吗?

⑧文字联想训练

选一个字分别与下列每小题中五个字相连,组成有意义的单词。例:泛,东,告,播,岛;可选用"广"字,组成广泛,广东,广告,广播,广岛。

● 路、理、德、喜、具;

● 选、局、面、初、年;

● 据、位、独、身、数;

● 滚、鼓、水、球、扰;

● 头、家、族、信、敬;

● 山、年、龙、天、草;

● 月、砚、天、媚、史;

● 帝、梭、头、天、品;

● 全、守、安、定、健;

● 寒、溪、康、气、费;

(3)看看以下的广告词,谈谈你的感受以及对创造性思维因子的认识?

①农夫山泉,味道有点甜

②打假英雄王海光顾杭州百货公司,该公司挂出"热烈欢迎王海光临";

③"瘦的人请千万不要喝"——某一减肥茶广告;

④"蚊子请千万不要靠近我"——灭蚊剂广告;

⑤一家酒店前挂一对联"此岗无酒三百碗,隔壁武松不曾喝"。

(4)张三在买什么?

张三是一个镇上出了名的吝啬鬼。有一天,他的亲戚来他家做客。正好外面来了一个卖熟牛肉的,他亲戚对张三说:"给我买斤牛肉吧,在你家净吃豆腐了。"张三过意不去,只好出去买牛肉。不一会,听外面传来讨价还价的声音。

"三块一斤行不行?"——"不行!"

"五块一斤行不行"——"不行!!!!"

"七块一斤总行了吧。"——"不行不行,一百块也不行!"

张三回来对他亲戚说:"不知怎么的,他就是不肯卖给我。"他亲戚只好自认倒霉。晚上他妻子训斥他:"你是傻了吧,三块一斤不行,还要七块?"

请问张三在买什么?

(5)何种情况下 1+1=1? 1+1=2? 1+1=3? 1+1=4? 1+1=5? 1+1=6? ……

(6)东方快车

欧洲的东方特快列车上,一个包厢里,面对面坐着 4 个完全不同的人。一边是一位拘谨严肃的老妇和她正值妙龄的孙女儿,另一边的座位上一位警察带着个正欲押解归案的小偷。火车穿过一个山洞,车厢内霎时变得一片漆黑,四周寂静中,突然听见一个"啧"的响亮的亲吻声,紧接着,又是"啪"的一下清脆的巴掌声。

火车穿出了山洞,窗外日光映进来,只见警察脸上印着红红的指印。包厢内一片沉静,尴尬的气氛中,谁也不愿先开口。请想象 4 人各自的想法?

(7)结合自身经历,谈谈你对梦境解决问题的认识?

(8)想象有边界吗? 是否存在你不能想象的事? 为什么?

(9)联系你所从事的学科或行业,想象会有哪些突破?

(10)你获得过灵感吗? 如果获得过,请用生动的语言向他人描述获得的过程,并与他人分享灵感的奇妙感受。

第五章　创造性思维形式

本章重点

本章着重论述了创造性思维的主要表现形式。通过对本章的学习，掌握与了解包括多向思维、侧向思维、合向思维逆向思维以及前瞻思维等主要的创造新思维形式，并进一步引导读者在实践过程中灵活、贯通地发挥各类创造性思维形式以促进创造行为的产生。

创造性思维形式有许多种，较常用的有多向思维、侧向思维、组合思维、逆向思维与前瞻思维。在实践中，各类思维方式各具特色、融会贯通，共同构成了多姿多彩的创造性思维表现。

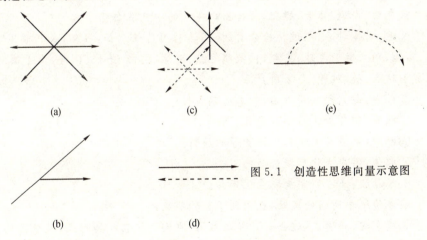

(a)　　　　　(c)　　　　　(e)

(b)　　　　　(d)　　　　　图 5.1　创造性思维向量示意图

第一节　多向思维

多向思维(见图 5.1(a))，也被称为辐射思维，形象地说就是"一点到多点的思维"，它是对同一问题探求不同的甚至是奇异答案的一种思维形式；它要求人们在思考问题时，要跳出点、线、面的限制，能从上下左右、四面八方去思考问题，即把常规的平面型思维模式扩展到空间，把二维思考扩展到三维思考，排除固定观念，突

第五章　创造性思维形式

破一切框框,向全方位进行新的思考。形象地说多向思维就犹如一盏电灯,打开时,光芒四射,照亮四面八方。

国外有心理学家曾做过这样一个实验,让实验者用6根火柴搭出4个三角形来。结果,大多数人在拿到6根火柴棒后,急于在桌面上摆三角形,伤透了脑筋,也摆不出来四个三角形。原因是什么? 因为实验者的思想受到了"平面"的束缚,只想到在桌面(平面)上排三角形,如果他们能跳出"平面"的限制,扩展到"空间",想到"立体",很快就可以搭成一个三角锥体而排出4个三角形来。

知识链接

鹅的全身都是宝

鸡、鸭、鹅是司空见惯的家禽,舟山白泉冷冻厂却能在普通鹅的身上,做出不少的文章。这个厂建厂后不久就积极应用多向思维实施对鹅的"全方位开发",综合利用,用他们自己的话来说,叫做"把鹅从头到脚,从里到外,统统吃光用净"。于是他们顺着多向思维的思路,一路路地进行了开发:

①肉:鹅的本体。通过抓好育肥(收购后喂养20天左右,把鹅育肥),宰杀(技术要求高,不见疤痕),加工,冷藏,包装,运输等各个环节,把好质量关,把它加工成色白、肉嫩、体大、膘肥,符合出口要求的小包装白鹅。

②毛:对4种毛,经过挑检分类,提高其利用价值。如:刁翎,每只鹅13～15根;窝翎,用来做羽毛球;尖翎,供做鹅毛扇;鹅绒,色白、蓬松、保暖,优于鸭绒,加工成羽绒衣、被、枕等10多种产品。

③鹅血:每只鹅6两左右,加工成鹅血粉;

④鹅油:制作加工后供应食品厂;

⑤鹅胆:供应有关工厂作胆膏等的原料;

⑥鹅胰:供应生化厂提炼药物;

⑦鹅粘膜:正在研究提取生化产品。

就连传统中所谓的废物,也做到了废物不废:

⑧鹅掌皮、鹅嘴皮,过去一直弃之无用,他们则把它收集起来,供应医药部门用作原料;

⑨鹅粪:每年1500吨,内含粗蛋白11%,粗纤维素12%,可加工成饲料或提取工业酒精。

舟山白泉冷冻厂的案例说明多向思维本身就是一种发散思维,它是人们进行某些问题的发散思维时可以采用的一种思考方法。其要点在于要求思考者在进行某些问题的发散思维时,要一路又一路地思考问题,使自己的思维更加周密,更有条理。

再以激光技术发展为例说明多向思维在科技、经济等领域发挥的巨大作用。科技工作者以激光原理和激光技术为基点,作为辐射源,全面辐射,促使了各类新技术、新材料、新工艺的产生(见图5.2)。将激光用于材料加工,产生了激光打孔技术、激光切割技术、激光焊接技术等;在医学领域,利用激光的高温高压作用切割组织,产生了激光手术刀,与普通手术刀相比,激光手术刀具有自动止血、伤口基本无菌、感染率小等优点;将激光用于通信,产生的激光通信技术使古老的通信技术焕发青春……此外,人们先后发明的激光核裂变技术、激光高能武器、激光测距和制导、激光精密计量等都是人类以激光为圆点多向思维发明创造的种种表现。

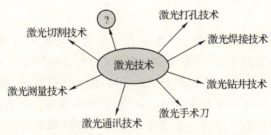

图 5.2　激光技术的多向思维

第二节　侧向思维

侧向思维(见图5.1(b))也称旁通思维,是发散思维的又一种表现形式。侧向思维的思路、思维方向与其他思维不同点在于它是沿着正向思维的旁侧开拓出新思路的一种创造性思维。通俗地讲,侧向思维就是利用其他领域里的知识和信息,从侧面迂回地解决问题的一种思维形式。大航海家哥伦布发现美洲大陆后,在一次宴会上,有人贬低他的功绩,哥伦布没有直接与那些人争辩,而是拿起一个煮熟的鸡蛋,让在场的人竖立在桌子上,谁也办不到,而他却出人意料地把鸡蛋敲破竖在了桌子上。这是一个侧向思维出奇制胜的例子。侧向思维是创造性思维中的一种重要的思维形式,在现实生活中人们运用侧向思维巧妙地解决了许多疑难问题,对于创造活动有重要的作用。

知识链接

卖金不如卖水

19世纪中叶,美国加州出现一股找金热。17岁的小农夫亚默尔也准备去碰碰运气。他穷得买不起船票,只得跟着大篷车风餐露宿奔向加州。到了那里,他发现矿山里气候干燥,水源奇缺,找金子的人最痛苦的是没水喝。他想,如果卖水给找金人喝,也许比找金子赚钱更快(侧向思维)。于是,他毅然放弃了找金矿的目标,而是挖水渠引水,经过过滤,变成清凉可口的饮用水,装进桶里、壶里出卖。当时有不少人嘲笑他,说上这儿来是挖金子、发大财的,干这种蝇头小利的生意,何必背井离乡跑到加州来。亚默尔却不在意,继续卖他的饮用水,在很短的时间里却赚了大量的财富。

事实上,在那个狂热的淘金大军中还有一个名叫列维·司特斯的犹太青年商人。在司特斯陷入劳而无获、一无所有的窘境时,他灵机一动,将原来用于制作帐篷的滞销帆布制成几百条裤子到淘金工地推销,因为裤子耐磨、耐脏等特点解决了淘金者劳动强度过大而衣裤破损过快的难题,意想不到地大受欢迎,这就是很大程度改变现代服饰文化的牛仔裤。正是亚默尔与司特斯积极应用侧向思维,避开风险大、成功率低的淘金行业,而从满足淘金者相关需求的角度入手,获得了巨大的成功而真正成为整个淘金潮中为数不多的成功者。

知识链接

当兵,有什么好怕的?

当兵,有什么好怕的呢?结果无非是两种:一种是你上了前线,一种是你在后勤部门,在后勤部门,你还担心什么?上了前线结果无非是两种:一种是你负伤了,一种是你没事,没事,你还担心什么?负伤的结果无非是两种:一种是你负了重伤,一种是你负了轻伤,轻伤,你还担心什么?即便是你负了重伤,结果也有两种:一种是无药可治,一种是有药可治,可以救得活,你还担心什么?无药可治的结果无非是两种:一种是你死了,一种是你没死。没死的话,你不用担心吧?死了?死了你还担心什么呢?

这是"二战"期间美国一个非常著名的征兵广告,广告很巧妙地运用了侧向思维的思维要素,积极地发挥了打消青年参军顾虑的作用。

第三节　组合思维

组合思维见图 5.1(c)，也被称为组合思维，是由两种或多种思路的旁路相交引出思路的思维形式。《孙子兵法》有云："五味之变，不可胜尝也"，意思是味道不外乎酸、甜、苦、辣、咸五种，但是不同的搭配可以产生无以计数的美味佳肴，这里体现的就是组合思维。事实上，组合在人类的实践中是如此的普遍，可以说是无处不在。

知识链接

常见的组合创新事例

- 铅笔＋橡皮→橡皮铅笔
- 牙膏＋中草药→药物牙膏
- 电话＋电视→可视电话
- 手枪＋消音器→无声手枪
- 毯子＋电热丝→电热毯
- 台称＋电子计算机→电子称
- 飞机场＋飞机库＋军舰→航空母舰
- 洗衣机＋脱水机＋干燥机→全自动组合洗衣机
- 单门电冰箱＋冷柜→双门电冰箱
- 照相机＋电子调焦调光机→傻瓜相机
- 微波炉＋电烤箱→微波烤炉
- 自行车＋电机＋蓄电池→电动自行车
- X 光摄像＋电子计算机→CT 扫描仪
- CT＋全息摄影→人体三维透视技术
- 温室技术＋风力发电技术＋排气技术＋建筑技术→气流发电站
- 气垫＋轮船→气垫船
- 别针＋香水→香水别针

......

实际上，绝大部分技术都是由两个或两个以上技术因素组成的系统，从这个意义上讲，有技术就有组合。正因为组合创新、创造的普遍性及其丰硕的成果，组合创造也就格外受人重视，难怪有不少创造学者从"组合"的角度来定义"创造"。

1929年爱因斯坦在苏联《发明家》杂志创刊号中撰文表示:"我认为,一个人为了更经济地满足人类的需要,而找出已知装备的新的组合的人就是发明家"、"组合作用似乎是创造性思维的本质特征"等论断。当然,组合思维是否是创造性思维的本质特征还需进一步商榷,但组合思维是创造性思维的一种重要的表现形式,则是肯定无疑的。

将橡皮和铅笔结合起来做成橡皮铅笔,是再简单不过的事了。没有什么高深的道理,连小学一年级的学生也懂,人们却把它看成是一种发明,而且卖了许多钱,也许让人有些难以理解。实际上,组合往往呈现两极分化的特点:一方面,简单的组合一般容易做到,却不容易想到,在海曼之前不知有多多少少的人使用过铅笔,却都没有想到将它与橡皮结合,说明从"想不到"到"想到"并不是一件容易的事;而另一方面,复杂的组合容易想到,却很难做到,早在1924年,德国就有一个叫Max Valier的人提出将火箭与飞机组合的设想,直到1972年美国总统批准航天飞机计划,上述设想才在美国进入实施,这已是半个世纪以后的事,这说明复杂的组合容易想到,而要做到却十分难。

除了科学技术实践外,组合思维在人类其他实践中也扮演非常重要的角色。如我国历史上著名的"房谋杜断"故事,说的是唐太宗的两个重臣房玄龄与杜如晦,他们作为唐太宗的左膀右臂,常被招来共谋国事。房玄龄善于谋划,对一些棘手的问题常能提出精辟的意见和多种对付的办法,但缺乏决断力;杜如晦平时很少高谈阔论,却能对房的谋划细加评估,判断利弊,建议取舍,两人优劣互补,成就斐然。故事可见,唐太宗在用人上创意十足,注重人员的组合与搭配,终于缔造了我国历史上"贞观之治"的辉煌顶峰。

随着知识大爆炸与知识经济蓬勃时代的到来,组合思维的地位与作用愈来愈得以彰显。美国科学家对1900年以来的480项重大创新成果进行过分析,发现20世纪50年代前原理突破型发明所占比例较大;而在20世纪50年代后,现代技术的组合型成果已占全部发明的60%~70%以上。因此,可以说有无组合意识和整合能力是现代人创造力高低的重要体现。

第四节　逆向思维

逆向思维见图5.1(d),也称逆反思维,是与正向思维或常规思维相反的方向,即以对立、颠倒、逆转、反面等方式去认识问题或寻求解决问题的思维或方案。简单地说,逆向思维是从相反的方向去思考问题,探寻解决问题的方向。逆向思维在现实生活中作用十分广泛,是创造性思维中最重要的思维形式之一。

圆珠笔的改进

　　圆珠笔是 20 世纪 30 年代由美国比罗兄弟发明的,这种不用吸墨水,又能书写的小玩意投放市场后,很受欢迎。遗憾的是,圆珠笔写到 2 万字左右时,笔尖上的圆珠由于磨损变小,色油外浸,弄得到处都是色油。于是制造商投入了大量人力、物力在如何延长圆珠的寿命上想办法、找出路,但是问题始终未能解决,研究陷入一筹莫展的困境。后来有位叫中田滕三郎的日本青年另辟路径,从控制圆珠笔笔油容量着手,缩短笔芯使用寿命来达到圆珠不坏而油先尽的目的,而一举成功。中田滕三郎的笔芯写到 15000 字左右时,色油正好用完。

　　中田的案例是一个巧妙利用逆向思维(从油多逆向为油少)与侧向思维(不从圆珠而从笔芯解决问题)获得成功的例子。在创新过程中,运用逆向思维主要是解决突破传统观念的问题,对于提出富有创新的设想或方案是很有效果的,但光靠它而忽视正向思维的基础性作用,是不能完全解决问题的。事实上,当逆向思维提出新想法之后,还得运用正向思维去解决常规性构思问题。因此,逆向思维与正向思维也是相互协同、相辅相成的。因此,运用逆向思维时,首先要明确问题求解的传统思路,然后以此为参照系,尝试着从影响事物发展的诸要素方面进行思维反转或背逆,以寻求新的创见。

　　在实践中,采用的逆向思维形式主要有:时序逆向、原理逆向、结构逆向、功能逆向和方向逆向等。

　　(1)时序逆向:就是从时间顺序上进行逆向思维,如现在常见的反季节农产品生产,通过“物以稀为贵”的基本规律给农民带来良好的经济效益。

　　(2)原理逆向:指从事物的原理的相反方向进行逆向思维,1829 年奥斯特通过对电流产生磁效应原理的逆向思维,发明出世界上第一台以磁场发电的发电机,这是原理逆向思维的典型例子。

　　(3)结构逆向:就是从已有事物的结构方式,如固体与液体、空心与实心、冷与热、干燥与湿润、金属与非金属等出发所进行的逆向思维,如 1928 年兰米尔通过用“充实”氮气的逆向灯泡改进思路而一举推翻了当时主流的“真空”灯泡改进思路,并因其在充气灯泡的发明和对高温低压下化学反应的研究等做出的突出贡献而荣获帕金奖,堪称结构逆向思维的经典。

　　(4)功能逆向:就是指从已有事物的相反功能,去设想和寻求解决问题的新途径,从而获得新的创造发明。

(5) 性能与方向的逆向：是指与事物性能或方向相对立的方面，进行反向思维创新，如 1968 前苏联工程师米哈依尔在通过对"往上发射"航天火箭的逆向思维，成功了发明了"往下发射"的钻井火箭，引起了"穿地手段"革命。这些钻地火箭相对同样作用的钻地机械，钻地火箭的能耗可减少 2/3，效率能提高 5～8 倍。

第五节　前瞻思维

我国家喻户晓的故事"塞翁失马"描绘了这样一位睿智的老者，他在失马、儿子受伤后均提出了异于常人的前瞻性观点，这是创造性前瞻思维的积极体现。前瞻思维，即发展思维、超前思维，是对未来状况与事物发展的思考与判断。做任何事情，都要有预见，走一步，看二步，想三步，不能临时决定，走到哪里算哪里。前瞻性思维(见图 5.1(e))对社会发展、经济建设、个人的工作生活，都有较大的价值与意义，是一种重要的战略思维。

知识链接

案例——曹操以逸待劳破二袁

官渡大战后，曹操与袁绍的力量对比发生了重大变化。袁绍败回幽州养病，不久便吐血而死。临死之前立次子袁尚继承爵位。曹操手下的众谋士都主张乘胜彻底消灭袁氏，但是郭嘉不同意这种做法。郭嘉认为，袁绍废长立幼，袁谭、袁尚兄弟之间必然会进行权力相并，各自树党。在我们的急攻形势下，他二人会结成联盟互相支援；在我们退军之后，他二人的矛盾则立即暴露出来，必然会兵戈相争。我们不如退兵，南向荆州去征讨刘表，在这段时间内等待袁氏兄弟自相残杀，一旦袁氏兄弟自己打起来了，我们立即攻击，可一举而攻破。果然，曹操刚一退兵，袁谭、袁尚便打起来了，国分两部。曹操闻讯后立即回兵，先破袁尚，再破袁谭，不费多大的劲就铲除了袁氏势力。

《三国演义》中创造性思维的代表人物应首推属郭嘉，郭嘉的思维善于突破常规，他分析往往从常人不易察觉或更加战略前瞻的方面下功夫。袁氏虽然刚败，仍占青、并、幽、冀四州，还有一定的实力。与其硬攻四州，不如给二袁留下一个无外患的和平环境，让他们自相残杀，自损其力。乘胜追击是常规思维，退兵等待事态发展是极具战略前瞻性的创造思维。

在知识经济的今天，企业与个人应该意识到"世界唯一不变的东西就是变化"这一辩证真理。只有充分运用前瞻思维，不断地调整、改善、变革自身思想、观念、战略、行为特征,方能在激烈、动荡的市场、技术、自身变化中站稳脚跟、寻求突破。

英国雷利自行车公司是成立于1887年的世界老字号自行车生产商,进入20世纪中后叶,自行车作为交通工具的作用已被轿车所代替,而自行车的主要消费群体青少年对自行车的价值与功能定位也发生了重大变化,面对这些变化,一些富有开拓精神的企业家很快设计出新型的自行车,它集游玩、体育锻炼、比赛于一体,"抢"走了雷利的许多市场,但雷利公司顽固地奉守"坚固耐用"的生产经营理念,终于陷入泥潭,难以自拔,终于在1982年破产被收购。雷利公司注重质量、注重信誉的基本理念并没有错误,他失败的原因是未对行业已经发生或将要发生的重大变革有清晰的认识并采取具有前瞻性、变革性的行为去适应行业与时代的发展,百年品牌毁于一旦。

在1975年间,我国正在研究照排系统的有五家,其他研究者都选择了二、三代机为攻关对象,而北京大学王选,却选择了"技术上的跨越",直接研制四代机。他考虑,由于我国基础工业落后,搞二、三代机,加工精度要求高,有一系列难以克服的困难,而直接搞四代机,"向头脑要出路",反而可以充分发挥和利用我们中国科学家的优势,并可使机械部分变得更简单,于是决定跳过分色机而直接向四代机发起攻击。结果,北大方正激光照排系统带来了汉字排版的技术革命,至今在报业排版市场方正技术占有率达99%以上,海外华文报纸早已超过70%,而跟在别人后面"填空白"的几个单位,却全军覆没,一无所获。

创造性思维的学习,不能片面强调某一思维方向的功能与形式,而应辩证地、全面地去设计"互补性"学习方案,目的是真正明白创新思维是一种复杂的、多元思维的整合过程。

游戏与活动

(1)游戏名称:食神大赛

(2)游戏概述:通过运用组合思维,构想独特新颖的方案,让参与者感到新产品的创造并非是很困难的。经过实验,让受训者摆脱习惯思维的束缚。

(3)游戏准备

参与人数:5～7人一组

时间:30分钟

场地:室内

道具:纸、笔

(4)游戏内容:通过对提供资源的组合获得:①40个新菜、②40个菜名。

(5)实验步骤

——将成员分组,每组7～8人,尽量保证每组中1～2名女性;

——描述场景：

各参与小组拥有以下资源：

① 一个设备齐全的厨房；

② 冬瓜、茄子、西红柿、马铃薯、豆腐、鲫鱼、猪肉、鸡蛋、苹果、香蕉这10种食物原料；

③ 葱、蒜、姜、辣椒、油、盐、酱油、醋、味精等各种调料。"

——请各小组构思出40种烹调方案和菜名。力求新颖，以前没有过并可实施的方案为佳。10种食物可以自由组合，调料可随意使用。（30分钟）

（6）结果评价或点评

①由美食家（由其他参与者）组成评委，分别对五组的方案进行评价，选出各组最佳的、并且可行的方案5～10个。

②各组成员将被选中的方案进行实际操作，成品再由美食家品尝，根据菜肴的创新程度、色香味以及菜名的夺人眼球，进行评分，排出优劣。

课外思考题

（1）结合日常工作、生活经历，谈谈自己对主要创造思维形式的认识与实践？

（2）一条新闻引发的商机

美国商人菲力普·亚默尔在报上偶然看到的一条新闻：《墨西哥发现了类似瘟疫的病例》。他兴奋不已，马上联想到：如果墨西哥真的发生了瘟疫，则一定会传染到与之相邻的加利福尼亚州和德克萨斯州，从这两州又会传染到整个美国。这两个州是整个美国肉食品供应的主要基地。如果真的如此，肉食品一定会大幅度涨价。于是他当即派医生去墨西哥考察并得到证实，就立即集中全部资金购买了邻近墨西哥的两个州的牛肉和生猪，并及时运到东部。果然，瘟疫不久就传到了美国西部的几个州。美国政府下令禁止这几个州的食品和牲畜外运，于是美国市场里的肉食品紧缺，价格暴涨。菲力普在短短几个月内，因此就净赚了900万美元。

故事中的美国商人菲力普·亚默尔运用了那些创造性思维形式，故事对你有何种启发？

（3）创造性思维训练

①小王买来一个大西瓜，他只切了4刀，就给全组9个人每人分得一块。可是吃完后却留下十块西瓜皮，你知道小王是怎样切的吗？你运用了这种形式的创造性思维？

②挤时间

在一次野炊训练中，司务长临时给炊事班布置了一个新任务：用小圆锹烤麦饼，并规定小圆锹一次最多只能烤两只饼，每只饼正反两面均要烤，每烤一次需半分钟,要求一分半钟内烤好三只饼。怎么烤? 你运用了那种形式的创造性思维?

③19世纪30年代,莫尔斯(美国)发明了有线电报(电磁式电报机),但因信号令在传递中衰减,无法远距离传送信息。他作了种种尝试,还是解决不了问题。一天,他乘马车从纽约去巴尔的摩,无意发现车到每个驿站都要换马。这一现象立即启发了他,马跑累了可换马,信号减弱了也可放大,在沿线设若干个放大站后,果真解决了问题。由于这一创造性设想,有线电报不久成了这距离传输信息的通讯工具。从驿站换马一例中,你能举出:目前哪些事件与此事例相似? 还有哪些事件可以从事例得到启发改进之?

④有一只升力只有十几斤重的氢气球,你能用一根普通木杆秤(称与称砣共重一斤)巧妙称出这只气球的升力? 你运用了那种形式的创造性思维?

⑤递反训练
● 逆时针在操场跑步;
● 下大雨时不打伞走出去;
● 放寒假不回来,自己在外过一次春节;
● 来餐厅点一次你从未听过或尝试过的菜肴;
● 电话铃响着不去接。

⑥思维训练
● 列举毛衣的用途。
● 列举帽子的用途。
● 列举红砖的用途。

(4)远洋货轮在大海上航行两天后,哪个部分移动的路线最长? 哪个部分的移动速度最快?

(5)两个爸爸,两个儿子在一起分三个烧饼,每人要分到一个,怎么分?

(6)阿基米德出的题:罗马数字IX是9,XI是11,X是10,下面是火柴摆成的用罗马数字表示的($I + XI = X$)一个算式,意思是:1+11=10;这显然是不对的,要使其成立,怎样移动最好?

(7)用6根火柴棒搭出4个3角形来。

(8)用9根火柴棒搭出3个正方形和两个三角形来。

(9)春秋五霸之一的晋文公有一次吃烤肉,端上桌时,文公发现肉的外边缠绕着头发。文公大怒,于是唤来烤肉的厨子。烤肉上面有头发,是对文公的大不敬。如果是厨子失职,他有可能被处死。当厨子了解到被唤来的原因后,看到文公怒容满面的样子,他心中已明白了几分。在这生死关头,厨子表现出了异于常人的冷静,他没有求文公饶命,也没有推脱自己的责任,而是主动上前,向文公认罪。你认为厨子应该怎样说?

（10）还有一美元哪里去了：3个客人住店，每人拿出10元钱预付旅馆费，经理结算时只收25元，叫服务员退把5元钱退还旅客，服务员把两元贪污，送给3个客人每人1元。服务员在回来路上替三个旅客算这笔账：每人预交10元，每人退回1元，每人实付9元，共付27元，再加上刚才自己扣下两元，总共29元，那么还有1元哪里去了？他百思不得其解，你能帮他算清楚吗？

第三篇

创造技法

创造技法是创造学家根据创造性思维发展规律总结出的创造发明的一些原理、技巧和方法。自上世纪初开始创造技法研究以来，国内外共涌现出300多种方法。其中最常用的有10多种，如头脑风暴、列举法、检核表法、组合法等。积极地学习、掌握、借鉴创造技法，以大幅度提高创造实践过程中的创造力量和创造成果的实现率。

第六章 头脑风暴法

本章介绍了头脑风暴法的概况与激发机理,重点把握 BS 法的运用原则与实施步骤。在奥斯本头脑风暴法的基础上,派生出默写式头脑风暴法、卡片式头脑风暴法、反头脑风暴法等新的创造技法。

第一节 头脑风暴法的概况

头脑风暴法出自"头脑风暴"一词。所谓头脑风暴(Brain Storming),最早是精神病理学上的用语,是指精神病患者的一种胡思乱想的思维状态,在创造学中转化为无限制的自由联想和讨论,其目的在于产生新观念或激发创造性设想。

头脑风暴法在我国的异称较多,如智力激励法、自由思考法、诸葛亮会议法等,而 BS 法是最常见的简单称谓。它是由美国创造学家亚历克斯·奥斯本 Alex Faickney Osborn(1888—1966),创造学和创造工程之父、头脑风暴法之父、BBDO 广告公司创始人于 1939 年首次提出、1953 年正式发表的一种激发思维的方法。这种方法的目的是通过找到新的和异想天开的解决问题的方法来解决问题。

奥斯本认为人类在长期解决问题的过程中总企图走捷径,遇到问题时习惯于本能地过早进行判断。但这种判断的依据又是什么呢?它经常是依据以前经验而形成的定势,所以判断的结果总是指向原先行为相同的思路和方式,这样我们就无法突破定势,无法创造性地解决问题。因此,在创造发明过程中,我们要控制这种批判。

在群体决策中,由于群体成员心理相互作用影响,易屈于权威或大多数人意见,形成所谓的"群体思维"。群体思维削弱了群体的批判精神和创造力,损害了决策的质量。为了保证群体决策的创造性,提高决策质量,管理上发展了一系列改善群体决策的方法,头脑风暴法是其中较为典型的一个。

采用头脑风暴法组织群体决策时,要集中有关人员召开专题会议,主持者以明确的方式向所有参与者阐明问题,说明会议的规则,尽力创造融洽轻松的会议气氛。主持人一般不发表意见,以免影响会议的自由气氛,由参与者"自由"提出尽可能多的方案。在这个集体活动中,你可以把自己融合在这个想象的情境中来充实自己的设想。人们在这个环境中可以获得心理学家所称的"心理安全"和"心理自由",摆脱外部对价值评判的压力,不必担心被别人讥讽为疯子,甚至可以去掉个人偏见。这种集体环境对于每个从事创造的人来说都极其重要。

第二节　头脑风暴法的特点与激发机理

BS法是通过集体进行自由联想获得创造性设想的方法。有道是"三个臭皮匠胜过一个诸葛亮";"一人独思,不如二人同想;二人同想,不如三人共议"。这种集体自由联想方式可以创造知识互补、思维共振、相互激发、开拓思路,因此可收到思考流畅、思维领域扩大的效果。BS法的基本特点即是先求数量后求质量。一般而言,质当然比量重要,但好方案必然是从众多方案中选择出来,因此,BS法首先要的是创新方案的数量。

头脑风暴何以能激发创新思维? 根据 A·F·奥斯本本人及其他研究者的看法,主要有以下几点:

1. 联想反应

联想是产生新观念的基本过程。在集体讨论问题的过程中,每提出一个新的观念,都能引发他人的联想。相继产生一连串的新观念,产生连锁反应,形成新观念堆,为创造性地解决问题提供了更多的可能性。

2. 热情感染

在不受任何限制的情况下,集体讨论问题能激发人的热情。人人自由发言、相互影响、相互感染,能形成热潮,突破固有观念的束缚,最大限度地发挥创造性思维能力。

3. 竞争意识

在有竞争意识情况下,人人争先恐后,竞相发言,不断地开动思维机器,力求有独到见解,新奇观念。心理学的原理告诉我们,人类有争强好胜心理,在有竞争意识的情况下,人的心理活动效率可增加50%或更多。

4. 个人欲望

在集体讨论解决问题过程中,个人的欲望自由,不受任何干扰和控制,是非常重要的。头脑风暴法有一条原则,不得批评仓促的发言,甚至不许有任何怀疑的表情、动作、神色。这就能使每个人畅所欲言,提出大量的新观念。

第三节　头脑风暴法的要求与原则

一、会议要求

BS法是通过召开会议的办法来产生创新方案。BS法会议要求如下：

(1)参加会议的人数一般在5~20人之间，不能超过40人，否则会议不易控制；

(2)会议对象为各方面有一技之长的专门人员，或由议程的需要来确定对象，如技术人员、营销人员、车间干部、生产工人、财会人员、企业领导等，最好由不同专业或不同岗位者组成；

(3)会议时间控制在1小时左右；

(4)设主持人一名，主持人只主持会议，对设想不作评论。设记录员1~2人，要求认真将与会者每一设想不论好坏都完整地记录下来。

二、会前准备工作

为了保证BS会议的顺利举行，提高会议效果，需要在会议之前做好充分准备工作。

(1)要明确会议主题。BS会议有设想开发型和设想论证型之分，前者是为获取大量的设想、为课题寻找多种解题思路而召开的会议，因此，要求参与者要善于想象，语言表达能力强；后者是为将众多的设想归纳转换成实用型方案召开的会议，要求与会者善于归纳和分析判断。

(2)将设定的会议主题提前通报给与会人员，让与会者有一定的准备。

(3)选好主持人。主持人应懂得各种创造思维和技法，摸清主题现状和发展趋势，会前要向与会者重申会议应严守的原则和纪律，善于激发成员思考，使场面轻松活跃而又不失头脑风暴的规则。

(4)参与者要有一定的训练基础，懂得该会议提倡的原则和方法。会前可进行柔化训练，即对缺乏创新锻炼者进行打破常规思考，转变思维角度的训练活动，以减少思维惯性，从单调的紧张工作环境中解放出来，以饱满的创造热情投入到激励设想活动中。

三、会议原则

BS会议应在轻松、融洽的气氛中自由漫谈，不受任何拘束，相互启发，相互补充。为使与会者畅所欲言，互相启发和激励，达到较高效率，必须严格遵守下列原则：

1. 禁止批评和评论，也不要自谦

对别人提出的任何想法都不能批判、不得阻拦，欢迎标新立异。即使自己认为是幼稚的、错误的，甚至是荒诞离奇的设想，亦不得予以驳斥；同时也不允许自我批判，在心理上调动每一个与会者的积极性，彻底防止出现一些"扼杀性语句"和"自我扼杀语句"。诸如"这根本行不通"、"你这想法太陈旧了"、"这是不可能的"、"这不符合某某定律"以及"我提一个不成熟的看法"、"我有一个不一定行得通的想法"等语句，禁止在会议上出现。只有这样，与会者才可能在充分放松的心境下，在别人设想的激励下，集中全部精力开拓自己的思路。坚持庭外判决原则，对各种意见、方案的评判必须放到最后阶段，此前不能对别人的意见提出批评和评价。

2. 会议以谋取设想的数量为目标

BS会议目标集中，追求设想数量，越多越好。在头脑风暴法实施会议上，只鼓励大家提出设想，越多越好。设想越多，产生好设想的可能性越大。

3. 鼓励巧妙地利用和改善他人的设想

这是激励的关键所在。每个与会者都要从他人的设想中激励自己，从中得到启示，或补充他人的设想，或将他人的若干设想综合起来提出新的设想等，探索取长补短和改进办法。除提出自己的意见外，鼓励参加者对他人已经提出的设想进行补充、改进和综合。

4. 与会人员一律平等，各种设想全部记录下来

与会人员，不论是该方面的专家、员工，还是其他领域的学者，一律平等；认真对待任何一种设想，不论大小，不管其是否适当和可行，甚至是最荒诞的设想，记录人员也要求认真地将其完整地记录下来。

5. 提倡自由发言，畅所欲言，任意思考

创造一种自由的气氛，会议提倡自由奔放、随便思考、任意想象、尽量发挥，欢迎各抒己见，自由鸣放。主意越新、越怪越好，因为它能最大限度激发成员创造出好的观念，提出好的设想。主张独立思考，不允许私下交谈，以免干扰别人思维。

6. 强调集体协作

BS会议不强调个人成绩，以小组的整体利益为重，注意和理解别人的贡献，人人创造民主环境，不以多数人的意见阻碍个人新观点的产生，激发个人追求更多更好的主意。头脑风暴法的所有参加者，都应具备较高的联想思维能力。在进行头脑风暴时，应尽可能提供一个有助于把注意力高度集中于所讨论问题的环境。有时某个人提出的设想，可能正是其他准备发言的人已经思维过的设想。其中一些最有价值的设想，往往是在已提出设想的基础之上，经过"思维共振"迅速发展起来的设想，以及对两个或多个设想的综合设想。因此，头脑风暴法产生的结果，应当认为是专家成员集体创造的成果，是专家组这个宏观智能结构互相感染的总体效应。

第四节 头脑风暴法的实施程序

BS 法的具体运作程序通常分为五个步骤。

一、确定课题

BS 法适合解决单一明确的问题,不适合处理复杂、面广的对象。对于后者可分解成若干简单的小课题,逐个解决。

二、会前准备

会前应该对会议参与人、主持人和课题任务三落实,必要时可进行柔性训练。

(1)选定理想的主持人,主持 BS 会议是一门艺术,BS 会议成效的大小与主持人有密切关系,因此,主持人应熟悉课题对象,且能善于运用此法和通晓其他技法;要以赏识激励的词句语气和微笑点头的行为语言,鼓励与会者多提设想,如说:"对,就是这样!"、"太棒了!"、"好主意! 这一点对开阔思路很有好处!"等等。

(2)组成 BS 小组,小组成员不一定全是专家,例如法国在预测军事技术的发展和计划时,邀请了非军人的局外人士,请他们从各自立场出发对军事技术提出看法,以期望发现新奇的设想。

(3)会议之前通知与会成员,告诉会议目的,以便事前做些准备工作,但要防止造成先入为主的后果。

三、热身

"热身"的目的在于使与会者逐步地全身心地投入,使大脑进入最佳启动状态。此时,制造轻松的气氛是很重要的,最好能将桌子围绕成圆形或方形,也可播放音乐或放些香烟、水果以供享用,让与会者放松心情。几分钟后,主持人便可提出一个与课题毫无关系而有趣的问题,用以激励与会者大脑的兴奋。

四、自由漫谈

主持人在重申课题对象与会议原则后,转入正题。若出现中断或难以深入下去时,可采取一些措施,如休息几分钟,自选休息方法,散步、唱歌、喝水等,再进行几轮脑力激荡;或发给每人一张与问题无关的图画,要求讲出从图画中所获得的灵感;或抛出事先准备好的设想,以抛砖引玉的方式刺激设想的继续出现。会议记录员把会议上的设想写在黑板上,以便产生连锁效应。

五、加工处理

在 BS 会议之后,最好在第二天,由会议组织者和记录员共同收集整理与会者的新设想,交评价小组(不参加会议的、擅长批评分析的人员)按实用性设想、幻想性设想、平凡及重复设想等加以分类,对每个提案重点考虑:有无新颖性? 有无实用性? 有无经济价值? 外观设计如何? 内部结构简单否? 制造可能性如何? 商品魅力如何? 从中选出一些较好的方案。

BS 法如果与其他会议结合起来进行,可能更能增强效果。例如有的创造发明会议按下列方法进行:BS→评价会议→BS 法。有的创造发明会议还采取个人与集体相结合的形式。就是先让个人单独构思,然后进行 BS 法的集体会议,会后再进行个人的构思:个人构思→集体 BS 会议→个人再构思。

以上这些不同方法搭配的创造性构思方式,创造学者把它称之为创造发明的"夹层技巧"。使用不同形式的夹层技巧有时可以弥补 BS 法的某些不足。

第五节 头脑风暴法的派生类型

头脑风暴法经各国创造学研究者的实践和发展,至今已经形成了一个发明技法群,如奥斯本头脑风暴法、默写式头脑风暴法、卡片式头脑风暴法、反头脑风暴法,等等。其中奥斯本头脑风暴法是基础,而默写式、卡片式、反头脑风暴法等是其派生类型。

一、默写式 BS 法(635 法)

BS 法传入德国后,德国的创造学家鲁尔巴赫根据德意志民族善于沉思的性格特征以及由于数人争着发言易使点子遗漏的缺点,对奥斯本头脑风暴法进行改良,创造了默写式 BS 法。与头脑风暴法原则上相同,其不同点是把设想记在卡上。头脑风暴法虽规定严禁评判,自由奔放地提出设想,但有的人对于当众说出见解犹豫不决,有的人不善于口述,有的人见别人已经发表与自己的设想相同的意见就不发言了。而"635"法可弥补这种缺点。

默写式 BS 法采用书面提供创新设想的形式来开展。每次会议由 6 个人参加、针对会议议题,要求每人在 5 分钟内提出 3 个创新设想并写在各自的纸上,故又称 635 法。开展默写式 BS 时,6 个人坐成圆桌,先由主持人解释议题要求及智力激励的基本原则,与会者不必发言,按要求自由畅想。当第一个 5 分钟结束后,大家同时把写了 3 条设想的纸递给右邻(或左邻)的与会者,接过左邻(或右邻)与会者递来的设想纸,在别人的设想中得到新的启发,在第二个 5 分钟内再写下 3 个新设想,然后再送给右邻(或左邻)的与会者。如此循环往复作业,半小时可传递6次,共产生108个设想。

635法实施过程中的具体程序包括:

(1)与会的6个人围绕环形会议桌坐好,每人面前放有一张画有6个大格18个小格(每一大格内有3个小格)的纸;

(2)主持人公布会议主题后,要求与会者对主题进行重新表述;

(3)重新表述结束后,开始计时,要求在第1个5分钟内,每人在自己面前的纸上的第1个大格内写出3个设想,设想的表述尽量简明,每一个设想写在一个小格内;

(4)第一个5分钟结束后,每人把自己面前的纸顺时针(或逆时针)传递给左侧(或右侧)的与会者,在紧接的第2个5分钟内,每人再在下一个大方格内写出自己的3个设想;新提出的3个设想,最好是受纸上已有的设想所激发的,且又不同于纸上的或自己已提出的设想;

(5)按上述方法进行第3至第6个5分钟,共用时30分钟,每张纸上写满了18个设想,6张纸共有108个设想;

(6)整理分类归纳这108个设想,找出可行的先进的解题方案。635法的优点是能弥补与会者因地位、性格的差别而造成的压抑,思维活动可自由奔放;缺点是因只是自己看和自己想,激励不够充分。

表6.1为635法改进后的填写表,表中有方案评价指标,表尾有原方案作者在看了其他5人提出的15个方案后,通过现场分析评价提出的一个有新意的可行的综合方案。

表6.1　BS方案填写表

组长:　　　　主持人:

方案姓名	1	2	3	方案评价	独创性	可行性	实用性
原方案者				1			
				2			
				3			
联想者1				1			
				2			
				3			
联想者2				1			
				2			
				3			

方案姓名	1	2	3	方案评价	独创性	可行性	实用性
联想者3				1			
				2			
				3			
联想者4				1			
				2			
				3			
联想者5				1			
				2			
				3			
综合方案							

这种方法给我们的启示是：它对 BS 法的改变，丝毫不影响 BS 法的应用范围。在使用形式上，也许这种默写式的创造发明不如会议发言那样相互影响热烈。但是，这种方法可以保护与会者客观存在的知识、地位的差异，同时这种方法可以照顾那些性格内向的人，在这种意义上，似乎应当说它更有优势。如果从中国人文化传统的意义上分析，这种创造发明形式，这种不露声色的积极创造性思维，很符合中国知识分子和工程技术人员那种温文尔雅的气质。也许这种方法比 BS 法更适合中国的文化传统。

二、卡片式 BS 法

卡片式 BS 法是对 BS 法的新发展。卡片式 BS 法把书面发言与口头发言的优点结合起来，有利于分类整理。针对某一会议议题，与会者先以书面的形式在规定时间内写下规定数量的设想（如五条以上），一张卡片只写一条设想；然后，在与会者依次宣读设想时，如果自己发生了"思维共振"而产生了新的设想，则应立即填写在备用卡片上，待大家发言完毕，将所有的卡片集中，并按内容进行分类，这样便于开展集中思维阶段的讨论，最后挑选出最佳方案。

卡片式 BS 法又可分为 CBS 法和 NBS 法两种。

CBS 法由日本创造开发研究所所长高桥诚根据奥氏智力激励法改良而成，参加者根据会前所提示的主题进行设想，并把设想写在卡片上，接下来在会上轮流发表设想，与会者相互交流探讨，以诱发新设想。

NBS 法是日本广播电台开发的一种智力激励法，参与人员以 5～8 人为宜，每人提 5 个以上设想，每张卡片上只写一个设想。会议开始后，各人出示自己卡片，并加以解说。若有新设想立即写下来。参加者发言完毕以后，将所有卡片集中分类，将内容相似的卡片集中起来，并加上标题，然后再加以深入讨论。

三、反 BS 法

头脑风暴法有直接头脑风暴法（通常简称为头脑风暴法）和质疑头脑风暴法（也称反头脑风暴法）两类。前者是在专家群体决策尽可能激发创造性，产生尽可能多的设想的方法，后者则是对前者提出的设想、方案逐一质疑，分析其现实可行性的方法。

反 BS 法是背向 BS 法的基本原则，要求与会者对别人提出的设想百般挑剔，而设想者也极力地据理力争，从而使设想更加成熟与完善。反 BS 法一般不是用在最初的发散思维阶段，而通常在第一轮的集中思维之后，对初选的设想作进一步的讨论时用，所以应宣布故意挑剔的原则，强调对事不对人，最后的成果仍归集体所有。

在决策过程中，对直接头脑风暴法提出的系统化的方案和设想，经常采用质疑头脑风暴法进行质疑和完善。这是头脑风暴法中对设想或方案的现实可行性进行评估的一个专门程序。在这一程序中，第一阶段就是要求参加者对每一个提出的设想都要提出质疑，并进行全面评论。评论的重点，是研究有碍设想实现的所有限制性因素。在质疑过程中，可能产生一些可行的新设想。这些新设想包括：对已提出的设想无法实现的原因的论证，存在的限制因素，以及排除限制因素的建议。其结构通常是："XX 设想是不可行的，因为……如要使其可行，必须……"第二阶段，是对每一组或每一个设想，编制一个评论意见一览表，以及可行设想一览表。质疑头脑风暴法应遵守的原则与直接头脑风暴法一样，只是禁止对已有的设想提出肯定意见，而鼓励提出批评和新的可行设想。在进行质疑头脑风暴法时，主持人应首先简明介绍所讨论问题的内容，扼要介绍各种系统化的设想和方案，以便把参加者的注意力集中于对所论问题进行全面评价上。质疑过程一直进行到没有问题可以质疑为止。质疑中抽出的所有评价意见和可行设想，应专门记录或录在磁带上。第三个阶段，是对质疑过程中抽出的评价意见进行估价，以便形成一个对解决所讨论问题实际可行的最终设想一览表。对于评价意见的估价，与对所讨论设想质疑一样重要。因为在质疑阶段，重点是研究有碍设想实施的所有限制因素，而这些限制因素即使在设想产生阶段也要放在重要地位予以考虑。

知识链接

电信部门的配线软件

我是一位在校的计算机系研究生。在学习创造理论的过程中，深感自己以往的创造经验得到了验证。

我曾负责编制一个电信部门的配线软件。配线工作就是要在主要电缆和众多的分支电缆中，找出从电信局交换机到用户话机之间最经济和最合适的线路并连接起来。规范的电缆分布应该是树状的分布方式，因此传统的配线方式是从离用户最近的电缆开始找到一根没有用过的线路，然后顺次向上查找线路。然而，现实中电信局的线路却从树状的分布变成了网状的分布，这导致传统配线方式在应付这种情况的状况下变得极其复杂，效率低下，经常不得不依赖人工方式来进行配线。对这种状况应用创造学的知识进行了分析，开始我设想反其道而行之，采用从上向下的方式来进行配线，但是经过反复尝试还是失败了。于是我又利用创造技法中的列举法，列举了传统配线方式的各个特征，尝试去改变每一个特征，经过反复研究终于发现，通过将逐级配线转变为多级配线可以很好地解决网状线路的配线问题。

然而事情并没有就此结束，多级路由配线的实现基础问题，即如何能够快速地从现有的单级路由数据得到多级路由数据的问题让我伤透了脑筋。这时我想到了头脑风暴法，"一人独思，不如二人同想；二人同想，不如三人共议"，于是我邀请了其他项目组的一些同事和同学，向他们讲述了我的问题，请他们提出自己的看法。结果参与者当场提出了不少新颖的解决方案。在这些方案中，我获得了启示，终于圆满地解决了多级路由数据产生的问题。新方法不但能够解决网状线路的配线问题，而且由于采用了新算法，效率也提高了两个数量级。

这次成功地应用创造学的理论和技法进行实践，使我对创造学的作用有了切身体会（虽然这次头脑风暴法的运用和标准做法不太一致，但不拘一格不正是创造学的精髓吗？）。

第六节 头脑风暴法的简要评价

实践经验表明，头脑风暴法可以排除折中方案，对所讨论问题通过客观、连续的分析，找到一组切实可行的方案，因而头脑风暴法在军事决策和民用决策中得出了较广泛的应用。例如在美国国防部制订长远科技规划中，曾邀请50名专家采取头脑风暴法开了两周会议。参加者的任务是对事先提出的长远规划提出异议。通过讨论,得到一个使原规划文件变为协调一致的报告,在原规划文件中,只有25%～30%的意见得到保留。由此可以看到头脑风暴法的价值。

头脑风暴法的不足之处就是邀请的专家人数受到一定的限制,挑选不恰当,容易导致策划的失败。其次,由于专家的地位及名誉的影响,有些专家不敢或不愿当众说出与己相异的观点。这种策划方法的优点是:获取广泛的信息、创意,互相启发,集思广益,在大脑中掀起思考的风暴,从而启发策划人的思维,想出优秀的策划方案来。

此外,头脑风暴法实施的成本(时间、费用等)也是很高的,要求参与者有较好的素质,这些因素是否满足会影响头脑风暴法实施的效果。

游戏与活动

(1)如果我来做

概述:参与者两人一组,模拟一场服务竞赛。小组成员共同努力,寻找既能宣传企业,又能带给客户惊喜的点子。本游戏的目的在于激发参与者进行创造性思考,以寻求为客户服务的各种方法。同时,通过本游戏,还要参与者认识到客户与利润之间的联系。本游戏适用于所有服务人员,参与小组在6～8个之间,游戏将能取得最佳的效果。

时间:15～20分钟

所需材料:有关虚拟企业内容的复印件一份。沿虚线剪开或几张小纸片,每张小纸片分别介绍一个虚拟企业。此外,还需要一顶帽子或一个碗来盛放纸片,以便让参与者从中随机抽取。

怎样做:首先告诉参与者,他们将参加一次由社区企业协会主办的"创造性服务竞赛"。将参与者分成小组,每组两人,各组分别代表一个不同的虚拟企业。小组成员应该互相合作,设计出一个满足竞赛要求的点子。

这个竞赛的目标是找出一个点子,要求既能宣传企业,又能够更好地服务客户。在寻找点子时,鼓励参与者尽可能地发挥他们的创造力。竞赛不设预算限制,但点子必须"符合常理",也必须紧密联系本企业。例如:杂货店不可能免费提供小狗。

大家一起看下面的例子,了解游戏应该怎样开展。

公司名称:千年银行

所属行业:银行

点子:对于每第2000名到银行开户的客户,无论是经常账户还是储蓄存款账户,我们都将给他(她)终身免票手续费的优惠待遇。

开始分组,并让每组派出一名代表,从"帽子"里抽取一张小纸片,然后让各组为其抽取的虚拟企业设计点子,限时 10 分钟。10 分钟后,要求各组依次大声念出他们所抽到的虚拟企业的简介,以及他们为其设计的点子。最后让大家投票,选出最佳的点子。

分发的复印材料:

①公司名称:生命游戏
所属行业:体育用品商店
点子:_____
_____

②公司名称:君往何处
所属行业:交通服务行业
点子:_____
_____

③公司名称:玉树临风
所属行业:木制品商店
点子:_____
_____

④公司名称:美女与野兽
所属行业:男女皆宜理发店
点子:_____
_____

⑤公司名称:畅行无阻
所属行业:移动通讯服务公司
点子:_____
_____

⑥公司名称:第一页
所属行业:图书店
点子:_____
_____

⑦公司名称:雏菊连锁店
所属行业:花店
点子:_____
_____

⑧公司名称:城市一极
所属行业:国内最大的动物园之一

点子：_____

（2）激发创造力的自由讨论

目的：给与会人员一个机会参与创造性解决问题的讨论

所需材料：在每张桌子上放一个回形针

步骤：研究表明，一些简单实用的练习可以激发创造力。然而，创造的火花经常被具有杀伤力的话熄灭，如"我们去年就这样试过了"，"我们已经那样做过了"，以及其他一系列诸如此类的评论。

要使与会人员养成为自己的创造力开绿灯的习惯，可以使用下面这种自由讨论的方法。自由讨论的基本规则是：

①不允许使用批评性的评语

②欢迎海阔天空式的自由讨论（思路越开阔越好）

③要的是数量，而不是质量。

④寻求观点的结合与深化。

按照这四条基本原则，把与会人员分成4～6人的小组进行讨论。给他们两秒的时间，请他们想出使用回形针的尽可能多的方法。每组指定一人负责统计，只需统计想出的方法的数目，不一定要把方法本身也记录下来。一分钟以后，请各组长首先报告想出的方法的数目，再请他们说出一些看起来极其"疯狂"、极其"不着边际"的想法。应向与会人员指出，有时候这些貌似"愚蠢"的想法其实是行之有效的。

替代游戏：布置与会人员的任务还可以是想出改进普通铅笔（非自动铅笔）的办法

讨论题：

①你对于自由讨论的方法有无保留意见？

②自由讨论对哪类问题最适用？

②你认为自由讨论这一方法还有哪些有待开发的应用方式？

（3）制定行动计划

目的：在本游戏中，假设学生是某公司的服务人员，先回顾服务人员所必需的技巧，评价自己的能力，并制定提高自己这方面能力的行动计划。该游戏可以帮助学生掌握制定计划的步骤及内在逻辑关系。

时间：15～20分钟

所需材料：向学生分发材料

第一页材料：尽管你天生的在一些领域很突出，而在另一些领域次之，但你的工作使你有机会通过科学可行的计划来精通他们。填表时不要弄虚作假！没有人监视你。

| 起伏不定
如果你在一项技巧上熟练度一般,
那么将它填入这一行。 | |

| 超级明星
在这一领域上你掌握最好的技巧,
他们是你工作中的财富。 | |

第二页材料:

行动计划工作表

你的技巧

_____

你的行动计划

_____

你的技巧

_____

你的行动计划

_____

步骤:

①将材料分发给学生,限他们5~10分钟内完成第一页上的选择内容。

②完成第一页上的选择内容后,要求每个学生在第二页写出自己需要改进的两项服务技巧,并制定一份行动计划工作表。

③如果有时间,将每两人分成一对小组,让每个学生在行动计划工作表上以"你的技巧"为题,写上他或她想要改进的技巧。然后让大家与自己的搭档交换工作表。

④每个参与者将为其搭档制定一个行动计划,以帮助其在工作表列出的领域内成为超级明星。这部分游戏限时5分钟。

小提示:教师可将这些行动计划张贴在教室内,并对做得好的学生进行表扬。

讨论题:(现场回答)

①让另外一些人利用头脑风暴法为你出主意有帮助吗?

②你的搭档是否想到了一些你不曾想到过的观点?

(1)请你想象 5 万年后的人是怎样生活的?

(2)怎样减轻城市用电负担?

(3)怎样改善城市交通状况?

(4)如何减少干部腐败问题?

(5)怎样把"侃大山"改造成适合中国国情的创造技法?

(6)请以"如何创业——完成原始积累"为主题开展头脑风暴,获取有价值的思路。

(7)请采用 635 方法对目前各种校园投资机会进行讨论,寻找有价值的投资方向。

(8)如何让一个商品投入少而影响大?

(9)如何提高一个产品的市场占有率?

(10)如何防止他人假冒自己的产品?

(11)扩大筹资渠道的方法?

(12)如何向人们宣传环保?

(13)如何提高食堂服务水平和饭菜质量?

第七章 组合法

本章重点

> 组合已成为创造发明的主要方式之一。本章在简要介绍组合创造技法的基本概念和基本原理的基础上,结合案例详细介绍了六种具体的组合技法,包括主体附加、异类组合、同类组合、分解组合、辐射组合和坐标组合,并对每一种技法的创造要点进行剖析。

组合法是将两种或两种以上的学说、技术、产品的一部分或全部进行适当叠加和组合,用以形成新学说、新技术、新产品的创造方法。组合既可以是自然组合,也可以是人工组合。在自然界和人类社会中,组合现象非常普遍。小至微观世界的原子、分子,大至宇宙中的天体、星系,到处都存在组合现象。组合的结果是复杂的,组合的可能性是无穷的,例如:原子组合成分子,分子组合成细胞,细胞组合成组织、器官、系统直至人体;个人组合成家庭,家庭又组合成社会,等等。组合现象极其常见又极其复杂,组合的可能性是无穷无尽的。同是碳原子,以不同方式、不同晶格组合,便可得到完全不同的物质,如坚硬而昂贵的金刚石和脆弱而平常的石墨。现代高科技的产物航天飞机也是火箭技术和飞机技术的完美组合。

爱因斯坦曾说:"组合作用似乎是创造性思维的本质特征。"磁半导体的发明者菊池诚博士指出:"我认为搞发明有两条路,第一条是全新的发现,第二条是把已知其原理的事实进行组合。"晶体管的发明者肖克莱也认为,创造就是把以前的独立发明组合起来。在一定意义上,组合就是创造。历史上有很多进行组合创造的经典实例。

律蒲曼是美国佛罗里达州的一位画家,他一度穷得除了画具和一支短短的铅笔之外一无所有。由于绘画时需要用橡皮擦,往往要花费很多时间才能找到,等把画面擦好后又找不到铅笔了。如果把橡皮擦用丝线扎在铅笔的另一端上不就解决了吗? 实验之下,他发现这种方法仅仅能够凑合使用,没多久,橡皮擦又从笔端掉落下来。几经思考,他终于想出了一个好办法。他剪下一块薄铁皮片,把橡皮擦绕在笔端再包起来,这样一来果然管用了。"说不定这玩意还能赚钱呢!"律蒲曼有了申请专利的念头。于是就找亲戚借钱申办了专利手续。果不其然，当他将这项专利卖给 RABAR 铅笔公司时，他得到了 55 万美金。

在一次盛大的宴会上，中国人、俄国人、法国人、德国人、意大利人都争相夸耀自己的酒，只有美国人笑而不语。中国人首先拿出古色古香、做工精细的茅台，打开瓶盖，香气四溢，众人为之称道。紧接着，俄国人拿出伏特加，法国人拿出大香槟，意大利人亮出了葡萄酒，德国人取出了威士忌，真是异彩纷呈呀！最后，大家都把目光投向了美国人，想看看他到底能拿出什么来。那美国人不慌不忙地站起来，把大家先前拿出来的各种美酒分别倒了一点在一只酒杯里，将它们兑在一起，说："这叫鸡尾酒，它体现了我们美国民族的精神——博采众长，综合创造……"的确，这酒既有茅台的醇，又有伏特加的烈；既有葡萄酒的酸甜，又有威士忌的后劲……

总的来说，组合是任意的，各种各样的事物要素都可以进行组合。不同的功能或目的可以进行组合；不同的组织或系统可以进行组合；不同的机构或结构可以进行组合；不同的物品可以进行组合；不同的材料可以进行组合；不同的技术或原理可以进行组合；不同的方法或步骤可以进行组合；不同的颜色、形状、声音或味道可以进行组合；不同的状态可以进行组合；不同领域不同性能的东西也可以进行组合。多种事物也可以进行组合。可以是简单的联合、结合或混合，也可以是综合或化合等。

组合的概念有广义和狭义之分。广义的组合是指不受学科、领域限制的信息汇合、事物结合、过程排列等。例如，儿童的积木游戏、饮食中的烹调、产品新奇功能的设计、文学艺术形象的创作、建筑学和电影中的"蒙太奇"等。狭义的组合则是指在技术发明范围内，将多个独立的技术因素（如现象、原理、材料、广义、方法、物品、零部件等）进行重新的组合，以获得具有统一整体和功能协调的新产品、新材料和新工艺等，或者使原有产品的功能更加全面、原有的工艺过程更加先进等。组合并不是一种简单的罗列、机械的叠加。例如，一支饮料吸管和一把小勺放在一起并不是创造组合，而把小勺固定在吸管的一端，并满足人们的实用和审美要求时，就可以称为创造组合。

所以组合法是一种以综合分析为基础，并按照一定的原理或规则对现有的事物或系统进行有效的综合，从而获得新事物和新系统的创造方法。

组合创造的机会是无穷的，但其方法主要有：主体附加；异类组合；同类组合；分解组合；幅射组合；坐标组合等 6 种。

第一节　主体附加

主体附加是指在原有的技术思想中补充新的内容、在原有的物质产品中增添新的附件，从而使新得到的物品性能更好、功能更强。如照相机加闪光灯；录像机加遥控器等等。主体附加主要是指：以原有的思想或物品为主体，附加的思想及物品只是起补充和完善主体的作用。

生产名牌运动鞋的德国"芭芭拉"公司，推出一种附加隐藏式电池和串灯发光装置的运动鞋。行走时，鞋跟触地便变幻发光闪亮，在夜间能远距离引起过往车辆司机和行人注意，适合青年学生特别是晚间慢跑者穿着。以生产"登云牌"皮鞋而闻名的上海第一皮鞋厂与上海6家医院的专家们，共同研制出嵌有磁片的保健型"磁疗皮鞋"，令消费者耳目一新。新发明的保健型"磁疗"鞋，在鞋底内侧面针对脚底主要穴位部开孔，并嵌上专用磁片，使其对准脚底的穴位点，经常穿着有助于消炎、镇痛、降压和消除疲劳。

无论是"闪光芭芭拉"还是"磁疗皮鞋"，都是"主体附加法"的应用实例。所谓主体附加，就是在某种产品上附加一种新的成分，使主体产品的功能或性能略有拓宽，能给消费者在购买主体产品的同时获得锦上添花式的附加利益。

在市场上，人们见到的带温度计的奶瓶、带秤的菜篮、带橡皮头的铅笔，等等，都反映出主体附加法产生的发明创造成果。

运用主体附加法，不仅能搞出"小发明"，也可以获得技术上较复杂的"大发明"。许多重要的优质合金材料，就是在"附加实验"中显露峥嵘的。在机械传动中，有人在普通滑动丝杆传动中附加滚珠，结果发明出性能更优的滚珠丝杆。

运用主体附加法时，通常采用两种变化方式。一是不改变主体的任何结构。只是在主体上联接某种附加要素。二是要对主体的内部结构作适当的改变，以使主体与附加物能协调运作，实现整体功能。例如，彩色电视机上附加一个遥控器，就得对电视机内的电路稍加改动，否则遥控器就无法控制电视机的使用性能。再如，如为了减少照相机的体积，有人创造性地将闪光灯移至照相机腔体内。这种组合不是将闪光灯与照相机主体简单地联在一起，而是将两种功能赋予一种新的结构形式。

主体附加既能产生有用的辅助功能，也可能带来无用的多余功能。在洗衣机上附加定时器，增加的定时功能是有必要的，而在洗衣机上附加一个洗脸盆，对于绝大多数家庭来说则是多余的东西。因此，采用主体附加进行新品策划时，一定要考虑有无必要进行功能附加。当然，有时为了提高商品的竞争实力，也可以通过附加某种并不十分必要的功能来形成与众不同的特色。

实用开孔法

一件物体,大多可分主体和附加件,例如沙发和沙发套,衣服和各式钮扣,汽车和雨器,自行车和锁等。对主体进行附加设计与改造,可得到投入少收益大的效果。如美商对我国出口的草帽进行工艺处理(加压),另加一条帽带,价格是进口的几十倍。

下面仅仅对在主体上开一个孔的简单做法,看看会有什么意想不到的收获:

(1)在切菜刀上打一个小孔,可挂在墙上不占地,且清洁卫生。

(2)在开水壶盖上打一个孔,可防壶盖在水开时振动发声;装上一个自动报警器,可及时通知主人,既省能源又防事故。

(3)眼镜片上打小孔,可防近视。

(4)在一块板上钻100个与药片一样大小的孔可快速数药(每孔一粒,装满一板就是100粒)。

(5)缝衣针的针孔在尾部、缝纫机的针孔在针尖,若把绣花针的孔开在针的中间,针的两头尖中间大,类似梭子织鱼网,大大提高工作效率。

(6)蜡烛身上扎些小洞,流下来的蜡烛就会流入孔中,提高燃料效率。

(7)包方糖的纸上扎些小孔可防潮。

还有哪些事物可开孔? 可开槽? 可加螺纹? 可加套?

第二节 异类组合

异类组合是指在两个或两个以上科学领域中的技术思想或物质产品一起组合,组合的结果带有不同的技术特点和技术风格。如日历式笔架、闹钟式收音机,等等。异类组合由于其组合元素来自于不同领域,一般无所谓主、次之分,参与组合的对象能从意义、原理、构造、成分、功能等任何一个方面或多个方面进行互相渗透,从而使整体发生深刻变化,产生出新的思想或新的产品。异类组合实际上是一种异类求同。异类组合决不是简单的凑合。

世界上到处都有组合,生活中处处充满着组合。八宝粥、大烩菜、土豆烧牛肉、西红柿炒鸡蛋是一种组合;红花绿叶、蓝天白云、高山流水、大漠孤烟也是一种组合;领导与群众、教师与学生、俊男与靓女、丈夫与妻子是一种组合;家庭影院、喷气式发动机、晶体电子显微镜、人造卫星、航空母舰、信息化立体战争也是一种组合。体育比赛中的铁人三项,既不属于游泳类,也不属于自行车类,当然也不能属于跑步类。电力工业中广泛应用的钢芯铜线电缆，铜是一种导电强度强的材料，但抗拉强度不够，所以电缆中心采用钢线，外层由铜线包裹，由于交流电主要沿着导体的表面流动，所以导电性能并没有降低，同时又具备了较高的强度。在铅字印刷中，为了克服铅热胀冷缩易变形的缺点，在铅的材料中加入锑和锡，从而大大提高了印刷质量。在对水进行灭菌处理时，如果单独使用激光或超声波都只能杀死部分细菌；如果同时采用两种方法处理，就基本上能够杀死全部细菌。与此同时，戴维德等人把超声波和静电场方法结合起来，设计出一种硬水软化装置，代替了以往在水中添加化学药剂的做法，降低了成本，扩大了水的使用用途。在许多企业中，项目管理技术、ERP、CRM、ISO9000 国际质量标准体系等多种管理方法和手段往往同时并存，并结合现有的管理方法和模式创造出了新的管理方法和模式，如 ABC 管理法、海尔管理模式，等等。

事物因差异而存在，世界因组合而精彩。因为事物的差异，我们得以了解认识如此众多的物种品类；也因为事物的组合，我们才能领略和体验世界的丰富与变幻之美。

知识链接

坦克的发明

第一次世界大战时，有一名叫斯文顿的英国集中随军去前线采访。它亲眼看见英法联军向德军的阵地发动攻击时，牢牢守着阵地的德国士兵用密集的排枪将进攻的英法士兵成片地扫倒。斯文顿非常痛心，他清醒地看到，肉体是挡不住子弹的。冥思苦想之后，他向指挥官们建议用铁皮将"福斯特公司"市场的履带式拖拉机"包装"起来，留出适当的枪眼让士兵射击，然后让士兵们乘坐它冲向敌军。他的建议很快被采纳，履带式拖拉机穿上盔甲之后径直冲向敌人，英法士兵的伤亡大大减少。德国人望车披靡，兵败如山倒，坦克为英法联军战胜德军立下汗马功劳，成为第一次世界大战中最有影响的发明创造。显然，坦克就是履带式拖拉机与枪炮的组合。

阿波罗宇宙飞船

美国历时 11 年的阿波罗登月计划耗资了 200 亿元，投入了 40 万人力，设计了两万家工厂、100 多个大学和实验室，使用了上千种技术，飞船的全部构建有 300 多万个。阿波罗登月计划的领导者韦伯称，"阿波罗"宇宙飞船的技术没有一项是新的突破，但是通过系统的管理后，使这些已有的技术精确无误地组合在一起，形成了现代的综合航天工程技术。

第三节　同类组合

同类组合是指两种或两种以上相同或相近事物的组合。在同类组合中，参与组合的对象与组合前相比，其基本性质和结构没有根本变化。因此同类组合是在保持事物原有功能或意义的前提下，通过数量的变化来弥补功能上的不足或得到新的功能。比如：组合插座、组合刀具、组合文具盒、子母灯、情侣表，等等。日本松下公司总裁松下幸之助早年曾把旧式单联插座改为双联插座和三联插座，深受用户欢迎，获得不菲的利润，为此后事业的成功奠定了基础。复杂的同类组合的一个典型例子是自动控制中三片 CPU 设计，就是利用冗余来提高可靠性。同类组合往往具有组合的对称性或一致性趋向，例如双体船、双人自行车，等等。

有一部分物理学家认为运用火箭发射人造卫星，火箭的运行不可能达到第一宇宙速度，因此，不可能运用火箭成功发射卫星。但这只是说明单枚火箭不能发射卫星，并不能说明多枚火箭不能来发射。一些科学家通过运用创造原理，大胆探索采用多级火箭来发送卫星，其原理是几枚火箭的同类组合，在第一枚火箭达到一定速度脱落后，第二枚火箭随即启动，在原有的速度基础上再加速，然后第三枚火箭再启动再加速，终于使速度达到或超过第一宇宙速度，从而成功发射了人造卫星。

知识链接

三头电风扇

　　普通的电风扇大多只有一面叶扇，现在人们又发明了双叶扇和三叶扇的新产品。两面都安装有叶扇的电风扇有什么好处呢？显然，它能够在两个方向同时送风，如果再考虑电动机的整周旋转，便能实现 360 度全周送风，而普通单面叶扇的电风扇就做不到这一点。能不能再增加一面叶扇使之成为三面电风扇呢？台湾有一发明家做到了，他发明的"三头电风扇"，配备一个强主力马达，经特殊设计的传动系统驱动三个叶扇同时运转送风，并通过电脑控制可使三个叶扇作 360 度回转或定点式三个方向送风，有利于加速室内空气对流。

第四节　分解组合

分解组合又称为重组组合，是指在事物的不同层次上分解原来的组合，然后再以新的思想重新组合起来。重新组合的特点是改变了事物各组成部分之间的相互关系。因为它是在同一事物上施行的，所以一般不增加新的内容。例如，流行的儿童玩具"变形金刚"、分体组合家具等;另据报道,我国南方一工厂的工人发明了一种"万能自行车",只需要一把扳手能够变化出100多种车式,可以广泛应用于锻炼、载货、车技训练等多方面用途。

知识链接

螺旋桨飞机的改进

自螺旋桨飞机发明以来,其结构形式几十年都是螺旋桨装在机首,两翼从机体伸出,稳定翼设在机尾。人们似乎觉得这种设计构思是天经地义的。然而英国飞机设计师卡里格·卡图按照空气的浮力定律和气推动原理,将其进行了重新组合,他把稳定翼放在机首,而把螺旋桨改放在机尾,制造了头尾倒换形飞机,重组后的螺旋桨飞机具有尖端悬浮系统及更合理的流线型机身,因而减少了空气阻力、提高了飞行速度、排除了失速和旋冲的可能性,增加了飞行的安全性。

言情小说的情节构思

台湾某创造学研究者曾探索把创造技法用于文艺创作的情节构思创作。首定确定以男女间的言情小说为创作对象,然后根据对大量古典言情小说或戏剧故事的调研,认为总体模式的雷同性很大,其中典型模式大致分为书生落难,小姐搭救,后花园私订终身,应考及第,衣锦团圆。这个典型程式可以分解出"书生"、"落难"、"小姐"、"搭救"、"后花园"、"订终身"、"应考及第"、"衣锦团圆"这八个独立的基本要素。再把这八个要素广义化后开展形态分析,列举可能的广义性形态。如广义的"书生",即小说的第一主人公,可以有旧式书生、新式大学生、留学生、音乐家、画家、武师、外国人书生、企业家、外籍企业家、女书生、女博士、女医生等等各种人物;广义的"落难",即第一主人公遇到的事变则可以有遇上盗匪、被抄家破产、生癌症、出车祸、游泳遇险、未婚妻变心等各种情况;广义的"小姐"即第二主人公,应与第一主人公相对,也有各种人物…如此全面列举八项要素后,对形态矩阵开展排列组合,即可在短时间内得到数不清的故事情节构思方案,任你择优选用。比如情节构思方案为:一位小提琴家(书生),忽然飞来官司,出逃时又遇车祸,一度偏瘫,精神几乎崩溃(落难)。医院中巧遇一原为邻居的歌女(小姐),歌女旧情加新爱,日夜看护,经济上舍己奉献,精神上更帮助他恢复了生活的勇气,鼓励他重新投入艺术创作(搭救),同时两人也在歌女家(后花园)重新相爱(订终身)。愈后,参加国际比赛一举成名(状元及第),捧杯回找歌女,却只见留一信而不知去向,空留下永恒的怀念(广义的衣锦团圆)。这是用创造技法协助构思的"琼瑶式"故事创作。运用此创造技法,也许每个人都可以构造多个方案。

第五节　辐射组合

辐射组合是以某一事物为中心,与多种其他元素相结合,形成技术辐射,从而产生新产品和新技术的创造方法。辐射组合有发散和集中两种结构。发散式组合主要以新产品、新技术、新思想为中心,同多方面的传统技术结合起来,形成技术辐射,从而导致多种技术创新的发明创造方法;集中式组合则主要应用于某一问题的改进或创新,把与此问题无关的多种技术、思想、事物聚焦于问题上,形成综合方案。

例如以超声波技术为辐射中心,则可得到一系列的应用新技术,参见图(7.1)。首先在中心圈内填上超声波技术,然后在四周的小圈里填写各种传统的技术,接着逐一进行分析,看超声波技术能与哪些传统技术组合成新技术。例如,超声波熔解技术在金属冶炼中已有应用,但我们可将它引入到冰箱中使用,应用超声波将速冻的食品速溶,也可引入超声波到其他的食品加工技术中。超声波铝的钎焊技术是英国姆拉托公司研制成功的。在铝钎焊中,把烙铁头固定在超声波装置上,由于超声波引起的小爆炸,使铝材表面的氧化膜破坏,从而使金属表面暴露出来,使铝的钎焊得以成功。另外,超声波技术还可以应用于探伤、粉碎、清洗、理疗、遥控、切削、滚轧等技术。

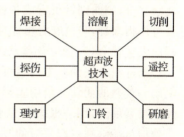

图 7.1　超声波新技术辐射图

辐射组合还可以用于组合产品的开发上,例如以磁材料为辐射中心,可开发磁疗服、磁疗枕、磁化杯、磁性钮扣等产品。

第六节　坐标组合

在组合系列技法的探索中,最具影响的中国特色技法是我国许国泰提出的信息组合法,又称为魔球法,他是利用不同信息进行坐标组合而获得新设想的一种创造方法。

1983 年夏天,在广西南宁市召开的全国第一届创造学研讨会上,日本创造学专家村上幸雄先生在作报告的过程中拿出一支曲别针,向与会者提出一个问题:"请各位动动脑筋,打破思维定势,说出曲别针的各种用途,看谁说得多,说得奇特。"20 分钟过去了,会场的总共提出了 20 多种用途,这时有人问:"村上先生您能讲出多少种用途呢?"村上先生笑了笑,伸出三个手指。"30 种?!"村上摇摇头。"300 种。"人们不胜惊讶。村上先生扫视那些持怀疑眼光的人,用幻灯映出了曲别针的大量用途。

当村上先生演示结束，台下的许国泰当时还是一家刊物的编辑，向台上送了一张条子，条子上写道："对曲别针的用途，我能说出 3000 种，3 万种！"第二天许国泰走上讲台拿出一支粉笔，在黑板上写了"曲别针用途图解"几个字，他说："昨天各位和村上幸雄先生讲的曲别针的用途，可用勾、挂、别、联四个字概括。要突破这种格局最好采用简单的思维工具——信息标和信息反应场"。

他在黑板上画了横坐标 X 轴和纵坐标 Y 轴，然后将信息分做两组，一组是有关曲别针的特征轴 X，上面标有：材质、重量、长度、截面积、硬度、可弯性、亮度等；另一组是有关外界信息要素轴 Y，上面标有：数学、文字、物理、化学、音乐。两信息坐标垂直相交，构成"信息反应场"。当他将两轴上的要素依次进行信息交合时，思维的奇迹油然产生。例如 X 轴上的可弯性与 Y 轴上的数学交合，则曲别针可弯成 1、2、3、4…，＋、－、×、÷、＝、( )等所有的数字运算符号；可弯性与文字交合，则曲别针可弯成英、法、德等外文字母，而这些字母又可以组成词语和句子等；可弯性与文字交合，则曲别针可弯成各种音乐符号，可标出各种乐谱。曲别针的材质与磁交合可作指南针，与电交合可作导线……人们的思维从曲别针的固有用途，跳到了广阔的人类社会，一位与会者说："这简直是点金术！"

坐标组合法的基本内容可以表述如下：一切创造活动都是信息的运算、组合、复制和繁殖的活动。借用坐标方法，设一个信息为一个要素，同一类或同一系统信息按要素展开，用一根线串起来，这条线称为信息标。要使信息交合，就要提供一个使信息能够在一起反应的"场"，这个场称为"信息反应场"，最少由两维信息标相联而成，当然也可以是多维的。各信息交合所产生的信息，其中便可能有新的有价值的信息。

知识链接

火箭的设计方案

茨维基教授原是瑞士的一位天文学家，第二次世界大战期间来到美国工作。当时，法西斯德国集中了一批科学家全力研制先进武器，其中包括带脉冲发动机的 F-1 型巡航导弹和 F-2 型火箭，并将其作为核心机密而采取了最严格的保密措施。不甘落后的美国也集中了包括茨维基在内的一批优秀科学家进行火箭研制。在研制过程中，茨维基在当时可能的技术水平上，分析了火箭的各主要组成要素及其可能具有的各种形态（表 7.1）。茨维基利用排列组合的原理，在一周之内就提交了 576 种火箭设计方案，然后对各种方案进行评价和筛选，其中就包括了德国保密的 F-1 型巡航导弹和 F-2 型火箭。在经过先发散后收敛的创造过程中，美国很快获得了多种先进方案，在军备竞赛中赶上了德国。

表 7.1 火箭的组成要素及其设计方案

	组成要素	1	2	3	4	状态个数
1	使发动机工作的媒介物	真空	大气	水	地内部	4
2	推进燃料的工作方式	静止	移动	推动	旋转	4
3	推进燃料的物理状态	气体	液体	固体		3
4	推进的动力装置类型	没有	内藏	外置		3
5	点火的类型	自己点火	外部点火			2
6	做功的连续性	持续的	断续的			2

可能方案数 576＝4＊4＊3＊3＊2＊2

二维坐标信息反应场被人称为"魔球",多维坐标信息反应场被人称为"魔域",从"魔域"到"魔球",思维的产生更加神奇。

知识链接

"京钟肠"产品的开发

北京京钟食品加工厂李平贾厂长是经营德州扒鸡的,当他经营无方、走投无路之时,巧遇许国泰,经他的指点,应用"魔球"理论生产系列香肠,畅销京城。

"魔球"的圆心是香肠,从圆心向外放射六个坐标轴:A 轴肉禽类,上面标有猪、鸡、鸭、犬、牛、驴、羊、马等肉类;B 轴是药材类,上面标有当归、首乌、山药、人参、茯苓等中草药;C 轴是外衣原料类,上面标有牛肠衣、羊肠衣、纸、塑料等材料;D 轴是水产类;E 轴是水果类;F 轴是香肠的形状。李平贾推出了一系列的新型香肠:PVC 砂仁鸡肉球形肠、羊肠衣桔红虫草寸鞭蟹肉圈形肠、水果肠、水产系列肠、健美系列肠、健脑系列肠、药膳系列肠、儿童营养系列肠,等等。继产品开发后,李平贾又运用"魔球"进行管理开发、人事开发,建立了良好的人际关系网络。李平贾创业时只有 8000 元、两间房,一年后已拥有 156 万资产,五排整齐的厂房,接着又建立了几个分厂,发展势头很好。只有初中文化程度的李平贾出版《企业发展快速构思法》一书,已被中央定为企业管理六法之一。李平贾认为,中小企业应走智慧创业之路,"魔球"就是一种创业的智慧软工具。

有人统计了 20 世纪以来的 480 项重大创造发明成果,经分析发现 20 世纪三四十年代以突破型成果为主而组合型成果为辅;20 世纪五六十年代两者大致相当;这说明组合原理已成为创造发明的主要方式之一。

游戏与活动

（1）Qoo 酷儿新产品的开发。自从 1999 年 11 月，"Qoo"在可口可乐日本公司诞生以来，鲜花和掌声就一直伴随着酷儿，2001 年成为可口可乐日本市场的第三大品牌；2001 年底在中国西安、郑州、杭州上市后，三个月即完成了预定的全年销售数量，跃升至中国区果汁市场的前三位；2002 年酷儿成为亚洲头号果汁饮料和最具知名度的品牌之一，在亚洲市场所向披靡，所到之处"Qoo"声一片！Qoo 产品的创意灵感来源于生活联想。通常喜欢喝啤酒的日本成年人，每当喝了好喝的啤酒后，就会满足地发出"咕咕"的声音。可口可乐日本分公司由此展开联想，在开发儿童饮料市场时，模仿出小朋友喝起来近似于"Qoo"的声音，推出"Qoo 果汁"。可口可乐公司为更深地挖掘品牌内涵，更有利于品牌推广，根据儿童喜欢神秘的特点赋予酷儿一个神奇的故事，在内部发布了"Qoo BIBLE（酷儿圣经）"。这一套品牌标准系统虽然鲜为人知，但却体现了"酷儿"这个产品确实就是极受可口可乐公司宠爱和重视的一个"亲生儿子"：他有出生证明，有渊源，有性格，有爱好，有伙伴，有外在形象标准，有内在本质内容。他是一个有真正生命力的可爱小精灵！在这本"圣经"下，可口可乐公司员工有对"酷儿"这个形象进行完美诠释、严格执行、有效保护的职责。Qoo 形象成为了最受欢迎的卡通形象之一。

不同地区的 Qoo 酷儿果汁是有差别的，为了让 Qoo 酷儿果汁符合不同地区使用者的饮用习性，可口可乐公司不断地调查、研发及试喝，调制出适当比例的配方。因此，亚洲范围不同地区的 Qoo 酷儿果汁的产品包装、口感及味道皆略有差异，这是可口可乐本土化思考和执行的体现之一。2001 年 10 月 25 日，可口可乐台湾分公司正式引进 Qoo 酷儿果汁。在台湾，Qoo 酷儿果汁的包装共推出 250 毫升、330 毫升利乐包与 500 毫升小型保持瓶、1500 毫升的保持瓶等 4 种包装；建议零售价分别为新台币 10 元、15 元、23 元和 45 元。可口可乐公司还表示，未来会根据市场状况及时推出新口味，以维持产品新鲜感。[①]

假设你是"Qoo 酷儿"产品的研发人员，请你运用组合技法为不同市场开发和设计 Qoo 酷儿的第二代、第三代等后续产品。

（2）广告创意万花筒。万花筒原理认为万花筒内有一定数量的彩色玻璃片，同一万花筒中这些碎片的数量和质量是不变的，但只要转动万花筒，使碎片发生新的组合，就会有无穷的新图案和新花样。将不相干的事物像做拼图游戏那样组合起来，成了创意最常见的来源。如："音乐＋时钟＝音乐时钟"；"走路＋音乐＝随身听"；"牛仔形象＋万宝路香烟＝（广告中的）伟大意念"等。广告创意就是将散乱无

---

① 资料来源：谈伟峰，《智囊》2002 年第 8 期；谭长春，《销售与市场》案例版 2004 年第 2 期。

序的材料赋予独特的艺术表现手段,进行有目的的组合,产生各种各样新的想法。不管组合的元素是同质的还是异类的,基本上可分为两种情况:一种是深度的、复杂的、创造性的组合;另一种是表层的、简单的、说明性的组合。

创造性组合,就是把原有旧元素、各成分重新配置,进行再创造,使之形成具有自己独特结构和特定内容的完整的新形象的创意过程。如:有一则牙刷广告,该广告的主题是牙刷坚固耐用。依此设计者把小孩和牙刷作为构思的基本成分,创造出在广告画面上一个小孩双手奋力在拔牙刷的毛的图像。广告语是:一毛不拔。在这里,小孩、牙刷、牙刷毛各个成分和谐地成为一个完整的新形象。这个有些夸张的新形象很好地表达了广告主题:坚固耐用。又如,日本的先锋音响广告,把举世闻名的尼加拉大瀑布、纽约的摩天大楼、先锋音响产品等元素进行创造性组合,形成震撼人心的广告。创意:广袤的天际下,气势磅礴的瀑布从摩天大楼群上飞泻而下,通过超现实、神话般的奇幻画面让人感受到强大视觉冲击力的同时,由于直感的作用,感受到先锋音响高昂激越、雄壮有力的音响效果。

说明性组合是把旧元素,在形式的层次上,简单地重组,使之形成具有说明性、图解性新形象的创意方法。如香港一则"红花油"的电视广告,红花油类似内地的风油精,蚊虫叮咬擦一擦。一个人手拿一瓶红花油,不断地有节奏地跳着,可是头却一会儿换成黄皮肤的青年女性,一会儿换成白皮肤的中年男性,一会儿又换成黑皮肤的女性……广告语:红花油,蚊虫叮咬不用愁。该组合创意就是通过不同肤色、性别、年龄的人的头像在一个手持红花油的身子上不断切换,来图解说明这种产品的红花油"适合一切人"。

将许多涉及广告活动的旧要素进行重新组合,这种组合不是简单的加总,而是摆脱旧经验和旧观念的束缚,组合后是一种新的创造。请利用组合创造技法为不同的日化、保健品、饮料、家电等产品设计新的广告创意。

课外思考题

(1)如何利用主题附加法来解决在光线不好的情况下,用钥匙开门锁的困难?

(2)在保留如下物品主题功能的前提下,能够通过附加(包括替换)其他一些技术或附件来改进功能、扩大品种。请将考虑的结果尽量多的写出来,填于表格内。

1	电视机	
2	台灯	
3	旅行包	
4	手机	
5	床	

（3）针对"强磁材料"的新技术，利用辐射组合法进行不同用途的开发。

（4）基于不同的建筑材料、建筑结构、建筑形式等，利用分解组合法设计房屋建筑方案。

（5）"魔域"创造技法可应用于哪些地方？请举例说明之。

（6）火柴棒的组合

①你能用 4 根火柴棒搭出 5 个正方形吗？

②你能用两根火柴棒搭出一个八角形来吗？能搭出 8 个三角形来吗？

③用 3 根火柴棒摆出一个等边三角形，还有哪些方法可摆出不同的等边三角形？

④已有 6 根火柴棒，再给你 5 根，能将它们组成 9 吗？

⑤（图 A）12 根火柴棒组成田字，只允许动 3 根，能摆成包含 3 个正方形吗？

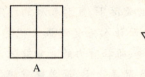

A   B

⑥（图 B）9 根火柴棒组成 3 个三角形，允许动 3 根火柴棒，使成为含有 5 个三角形的图形吗？

⑦下式等号左边是火柴棒摆成的（111/11）＋1 算式，你只能移动一根火柴棒让整个等式成立。

$$\frac{111}{11} \div 1 = ? = 100 \qquad 19-9=760$$

⑧右式明显不等，允许移动等式右边火柴棒使之成立。

⑨左面等式成立，移动其中一根火柴棒，使之出现另一个式子。

⑩下面右图 A 用 8 根火柴棒摆成一条向左游的鱼，只允许动 3 根，使鱼调过头来向右游。

(A)   (B)

⑪上图（B）用 12 根火柴棒摆成一只向下飞的鸟，只允许动 3 根，使之变成一只向上飞的鸟。

⑫用 13 根火柴棒摆成一头牛头朝左的牛，如果要使该牛头朝右，至少要动几根火柴棒？怎么移动？

⑬有 4 个式子，要使各式成立，至少要动几根火柴棒？

1＋X1＝X   （1＋11＝10）

$$1-111=11 \qquad (1-3=2)$$
$$1+X=1X \qquad (1+10=9)$$
$$1-1X=X \qquad (1-9=10)$$

⑭用 4 根粗细长短都一样的小杠杆可以摆出多少数字和式子?

⑮用 13 块木板搭成如下图所示的 6 个小羊圈,每个圈关一只羊;有天被小偷偷走一块木板,能否用剩下的木板搭成仍可关 6 只羊的 6 个小羊圈?

(7)图片组合

①图(A)是一个由 5 个面积相等的正方形组成的十字形。你能否将这个十字形剪两刀,并把它拼成一正方形,使它恰好是两个并列正方形。图(B)这个十字形是空心的,又怎样剪和拼?

②图(C)是一张卡条形的纸片,现允许两头只粘贴一次,剪两刀(只要连续不断地剪下去均称一刀)的情况下,请你把它剪成两个互相套着的环(图(D)),并且其中一个环的周长是另一个环的两倍。

(A)   (B)

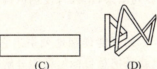

(C)   (D)

③用细铁丝做一个正方形的框架(见图(A)),它所围的面积为 9 平方厘米。请在不断开框架的情况下,设法把所围的面积逐次变成 8、7、6、5、4、3、2、1 平方厘米。

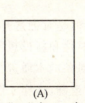

(A)

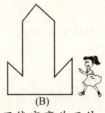

(B)

④上图(B)是一个"山"字形,请你剪两刀使它变为三块,然后把它拼成一个正方形。

⑤用两个三角形、两根直线、和两个圆进行有意义的组合。

⑥4 个直径不同的圆,要求 4 个圆之间都互相相切,能组合出哪些图形?

(8)数字组合

①用 3 个 5 来表现 1。

②用 3 个 5 及 1 个 1 表现 24(可用四则运算或其他运算方法)。

③用 3 个 9 来表现一个最大数字。

④用 1～10 这 10 个数字表现 100。

第八章 列举法

本章在简要介绍列举创造技法基本原理的基础上,重点讨论了缺点列举法、希望点列举法、特性列举法、成对列举法和其他列举法的基本方法和操作步骤。实践中,要求能够同时运用多种列举法开展创造活动。

列举法是一种对具体事物的特定对象(如特点,优缺点等),从逻辑上进行分析并将其本质内容全面地一一罗列出来,用以自发创造设想,找到发明创造主题的创造技法。

在对某一事物的创造发明,如果能详细地列举出它的特征或者对它的某些特性提出具体的疑问或希望,也就是把总目标尽可能分解为各个小目标,就可能引发出某些创造发明的灵感,至少可以改善某些特性,因此可以说对创造发明目标特性的列举会使人们更加深入地理解创造发明的目标,从而对产生创造发明的构思起一种引发的作用。

列举法因事物特定对象的不同而有多种。但是对创造开发最有实用价值的,则莫过于对某一事物的特性、缺点、希望点、需要性和新设想等特定对象进行全面的分析和列举,并需要借助逻辑分析的手段对对象的本质进行列举。当列举特定对象的本质内容时,越全面越好,尽量不要有所遗漏,这样才能不至于因思考不周全,而将一个大好的发明创造主题失之交臂。列举法在实施过程中不妨采用一览表的形式来罗列所列举出来的内容、这样做一则可防止有所遗漏,二则利于集中思考,产生顿悟。

列举法的目的不在于一般性列举,而在于从所列举出来的项目中挖掘出发明创造的主题和启发出创造性的设想。比如缺点列举法,不像人们一般所想象的那样:"就是把缺点列举出来,加以改进。"其实有时发扬缺点反倒产生了奇迹般的创造。例如,人们对录音机的功能追求往往是多而全,把功能不全视为缺点,然而十分畅销的便携式小型立体声单放机,却是日本索尼公司社长早晨上班路上想出来的好点子。"发扬缺点"符合创造性设想条件,充满新颖挑战性也含有物极必反的道理,许多一次性消费品就受到人们抱怨"太不经用"、"只用几次就坏了"等的启发,发明者才拿定了"干脆就让它只能用一次"的主意。

列举法的要点是将研究对象的缺点、希望点、特性等罗列出来,提出改进措施,形成有独创性的设想。按照所列举对象的不同,列举法可以划分为缺点列举法、希望点列举法、特性列举法、成对列举法和其他列举法。

第一节 缺点列举法

一、缺点列举法的内涵

缺点列举法是一种通过发散思维,找出暨有事物的缺点,将其一一列举出来,然后再从中选出最容易克服、最有经济价值的对象作为创新主题。比如穿着普通的套鞋在泥泞的地上行走容易滑倒,这是因为鞋底的花纹太浅,烂泥嵌入花纹缝内,使鞋底变得光滑,容易滑倒。针对花纹浅的缺点,将鞋底花纹改成一个个突出的小圆柱,就创造了一种新的防滑靴。

工厂的产品、市场的商品,一般都不可能是十全十美的,现实世界中每一件技术成果都是未完成的发明,总会有不完善的地方,由于人有惰性,对看惯了和用惯了的东西,往往不想去发掘它的缺点,会以"将就着"、"凑合点"的观点去对待它。生产这些产品的厂家就更不容易看到和轻易承认自己产品的某些缺点。因此,缺点列举法通过挑毛病找问题,对原有产品进行改进,达到创新之目的。

所谓缺点是指原理不合理、材料不得当、无实用性、欠安全、欠坚固、易损坏、不方便、不美观、难操作、占地方、过重、太贵等等,不一而足。或者从现行的生产方法、工艺过程中发现缺点,从成本、造价、销售、利润等方面找出缺点,总之,凡属缺点均可一一列出,越全面越好。然后,从中选出亟待解决、最容易解决、最有实际意义或最有经济价值的内容,作为发明创造的主题。

对别人的新产品、名牌产品采用缺点列举法,然后设法改进,稍胜他人一筹,是提高竞争力的重要策略之一。此外,就所列举出的某些极少数的缺点未见得务求必克,也有逆行的范例。比如有些产品安全系数过大、产品过重、未必一一改进,改进之后有时反而会失去顾客。

缺点列举法比较简单,国内外实施时并无一定程序,总之通过各种途径全面搜索缺点,尽少遗漏地将其列举出来,然后选定改进目标即可。

二、缺点列举法操作程序

(1)列举(需要改进的产品或事物的)缺点

①会议式:5～10人,列举的缺点越多越好,并做好记录

②卡片式:发放用户卡片,请用户来提意见

(2)将缺点归纳整理,若是卡片式,整理意见就会方便些;

(3)对缺点进行排序,把主要的、影响大的缺点放在前面(若缺点列举已清楚,列举工作就可结束);

(4)分析形成缺点的原因,揭示深层次的矛盾;

(5)综合运用其他方法去解决问题(消除缺点,或发扬缺点)。

三、基于缺点列举法的电子石英男手表的改进

(1)首先进行缺点列举

①防水性能不好,表内易进汗、水,影响电子元件,造成走时不准

②表壳镀层不耐磨

③日期看不清

④无声音报时,当没有观看条件时使用不方便

⑤款式少

⑥没配套的包装盒

⑦加工工艺繁琐

⑧表的功能少

⑨表的档次不全

⑩手表的佩带方式单一

⑪表带扣不牢

⑫夏天,带在手腕上容易起湿疹

(2)列举出缺点,然后再进行缺点整理分类

①结构问题:①、⑪

②品种问题:③、④、⑤、⑧、⑨、⑩

③工艺问题:②、⑦、⑫

④包装问题:⑥

(3)从中选出急待解决、最容易解决、最有实际意义或最有经济价值的内容,作为发明创造的主题。本例的包装问题较易解决,结构与工艺问题比较难,而品种问题属新产品开发,可作长远打算。

四、缺点列举法的特点

(1)直接强调问题意识,有利于打破思维定势;

(2)直接涉及产品问题,所以简捷、高效;

(3)本法适用于产品的改造和方法的改进;

(4)只提出了问题,没有提出解决问题的方法,若想深入分析,必须与其他方法结合。

缺点列举法

缺点列举法是古今中外创造发明活动中,人们打通思维障碍,进行创造发明、技术革新的行之有效的方法。

著名的美籍华人,诺贝尔物理学奖获得者李政道教授曾经这样说过:"你们要想在科学研究工作中赶上、超过人家吗? 你一定要摸清楚在别人的工作里,哪些地方是他们不懂的。看准了这一点,钻下去,一定有所突破,你就能超过人家,跑到前头去了。"有一次偶然的机会,李政道听一位同事演讲,知道非线性方程有一种叫弧子的解,他找来了几乎所有关于弧子的文献,关起门来,花了一个星期的时间,专门挑剔别人有哪些弱点,果然发现所有的文献都是研究一维空间的弧子,而在物理学中,有广泛意义的是三维空间。这显然是一个漏洞,一个弱点。他看准了这个弱点,潜心研究下去,仅花了几个月,很快就找到了一种新的弧子理论,用它来处理三维空间的亚原子过程,得到了许多新的科研成果。李政道教授这种做法,就是缺点列举法的自觉运用。事后他高兴地说:"于是在这个研究领域里,我从一无所知,一下子赶到人家前面去了。"这说明,运用缺点列举法,可以突破思维障碍,导致创造发明的成功。

缺点逆用法

缺点逆用法是在列举事物缺点的基础上,从缺点的有用性、启发性出发,通过发散思维,巧妙地利用事物存在的缺点及其产生原因,创造出另一种新技术的方法。

例如,天津市毛纺厂生产的一种呢料,因着色不一出现许多白点,影响了销路。该厂则运用缺点逆用方法,不再刻意消灭白点,而干脆增加白点,开发出新产品——雪花飘呢,一举打开了市场。

第二节 希望点列举法

一、希望点列举法的内涵

与缺点列举法相反,希望点列举法是通过对既有事物或产品从多种角度提出希望,即各种各样的新奇设想,从中寻找发明创造主题的创造技法,即所谓的希望点列举法。这是一种不断地提出"希望"、"怎么样才会更好……"的理想和愿望,进而探求解决问题和改善对策的技法。此法是通过提出事物的希望或理想,使问题和事物的本来目的聚合成焦点来加以考虑的技法。

如果说缺点列举法是寻找事物的缺点进行创造发明的话,那么希望点列举法就是根据人们对事物的愿望要求来进行创造发明的技法。比如有了电影后,希望在家能看电影,产生了黑白电视,后来产生了彩色电视,近来又产生了高清晰的立体声电视,等等。这是不断满足人们要求或希望的过程,也是产品不断创新的过程。

希望点列举法与缺点列举法的一个重要差异在于,缺点列举法一般来说是一种被动式的创造发明技法,而希望点列举法则是一种积极主动的创造发明技法。因为缺点列举法不可能离开事物的原型,但是希望点列举法却是有很大的主动性,它完全可以不受事物原型的约束,只从创造者的希望与追求的出发点为创造构思的基点。缺点列举法往往只看到事物或产品的既有缺点而已,而希望点列举法则需要多方假设,大胆想象,因此同时运用联想法效果更佳。

希望点列举法可能会完全改变既有事物或产品的现状而产生重大的突破和飞跃,因此所产生的发明创造成果一般会比缺点列举法大些。它的运作程序也比较简单,首先可从既有事物的原因、结构功能、制造方法、材料、造型、颜色等方面提出各种各样的希望(此时注意运用联想法),把所提出的希望制成一览表,然后对各种希望详加讨论和研究,选出具有实用性、可行性和经济价值的创新设想,作为发明创造的主题。希望点列举法的原则是"如果能这样该多好!"

二、希望点列举法操作程序

(1)确定目标或要创造发明的课题,自由畅想,列举出希望点;

(2)分类整理,选出目前可以利用的希望点和暂时达不到的希望点;

(3)对合理的设想进行完善,形成方案,进入实施;对暂时做不到的设想备案,供今后参考。

例如,有一家制笔公司用希望点列举发明法产生出了一批钢笔革新的希望——希望钢笔出水顺利、希望绝对不漏水、希望一支笔可以写出两种以上的颜色、希望不玷污纸面、希望书写流利、希望能粗能细、希望小型化、希望笔尖不开裂、希望不用打墨水、希望省去笔套、希望落地时不损坏笔尖,等等。这家制笔公司从中选出各种希望点,开发出了一系列新产品。

三、对雨伞的希望点列举

（1）不易被大风吹起；

（2）伞边不向下滴水；

（3）伞尖不刺人；

（4）使用完后不用晒，会自行干燥；

（5）可以不用手撑；

（6）伞面发光，或伞尖发光。

上述希望点较易改变的是：(2)，(3)，(4)；有难度的希望点：(1)，(4)，(5)。

四、希望列举法的特点

（1）由于希望点列举是人们对产品功能的期望，这种新产品更能适应市场。

（2）因为希望是由想象产生的，所以创造成分较多。因此在列举时一定要打破思维定势，才能取得良好的效果。

（3）对一些"荒唐"的意见，应用创造的观点进行评价，不要轻易放弃。

希望点列举法的时间一般不超过两小时，通常以 1 小时为宜。当会议的希望点提到一定数量时即可中止（如达 50 条或 100 条左右），其余的希望点留待下一次会议再讨论。如果讨论的目标比较复杂或者研究的课题较大时，通常的办法是把它分解成几个小课题，然后再分课题进行希望点列举法。当然一个课题有时也可以分成几个侧面或几个阶段来进行。

知识链接

数学科学的不断发展

数学知识不断产生与发展的过程，往往也是不断实现人们希望的过程。如相同数连加，当加数很多时，书写冗长，希望有个简明记法，从而产生了乘法及乘法口诀；再如数字较多的四则运算，用笔算很不方便，后来逐渐产生了珠算、图算、尺算等。但随着社会的发展，计算量越来越大，希望有速度更快的计算工具，在 20 世纪中叶，终于产生了电子计算器。

在计算面积时，开始曾用面积单位小方块去量，颇感不便，希望有简便方法，从而逐步产生长方形面积等于长乘宽，后来又希望三角形、平行四边形、梯形、圆等也有简便方法来计算它们的面积，从而推出了计算它们的面积公式。

第三节 特性列举法

一、特性列举法的内涵

特性列举法也称属性列举法,它是由美国内布拉斯加大学罗伯特·克劳福德 (Robert Crawford)教授创造的一种著名的创意思维策略,既适用于个人,也适用于群体。事物的每一属性都可以被分开加以增进或改变,一般事物都是从已有事物中加以改造产生的。克劳福德认为,"所谓创造,就是掌握呈现在自己眼前的事物属性,并把它置换到其他事物上。"该方法首先分门别类地将事物与课题特性或属性全面地罗列出来,然后在所列举的各项目下面,试用可取而代之的各种属性加以置换,从中引出具有独特性的方案,再进行讨论和评价,最后找出具有可行性的创新设想或创新措施。

一般说来,有些产品的创新可以整体进行,例如水笔、口杯、闹钟……一些小产品;但有些产品就无法进行整体性的创新构思,它必须是在一个个部件,或一个个性能特征进行创新构思后,才能最终形成一个总的构思方案。如汽车就无法整体进行创新构思,它必须就每一个部件或每一个特性功能进行一步一步地分析、列举,然后就每一个部件或功能特性进行创新,才最终形成新的汽车整体构思。可以这样说,有些产品是"问题愈缩小愈能产生创造性构思",实际上许多发明是多个创造方案的组合,最终才形成创新方案的。

通过对事物的分解或分析,可以划小列举对象,容易实现一个部件或一个功能的创新的目的。分解就是对客体进行剖析,把它分解为若干互不交错的部分,也可理解为肢解。如汽车由发动机、传动装置、轮胎、刹车、转向、变速箱、外壳、安全系统等各种零部件组成。除产品外,还有管理目标、工作程序的分解等。因此,分解可理解把物体分解成不同的零件。

分析就是主体将客体的特征从它存在的"背景"中区分出来。如汽车有载人(物)位移、快速安全、驾驶方便、经济低耗和美观装饰等功能,它们与汽车的各部件有关,几种属性是同一时间存在于同一零件上;除功能外,还有特征、性格、优缺点、希望点的分析。因此,分析可理解为物体是由诸功能组成的。

二、特性列举法的操作步骤

特性列举法特别适用于老产品的升级换代,其特点在于能保证对问题的所有方面作全面的分析研究。特性列举法一般分两步进行:

(1)选择目标较明确的创意课题,宜小不宜大;把事物的特性分为名词特性、动词特性和形容词特性三大类,并把各种特性详细列举出来。

①名词特性(采用名词来表达的特征)。主要指事物的结构、材料、整体、组成部分、制造工艺等。

②形容词特性(采用形容词来表达的特征)。主要指事物的性质,描述的是人们对事物的感性认识,如视觉(色泽、大小、形状、颜色、图案、明亮度、厚薄等)、触觉(轻重、冷暖、软硬、虚实等)。

③动词特性(采用动词来表达的特征)。主要指事物的功能特性,包括事物的主要功能、辅助性功能、附属功能、及其在使用时所涉及到的主要动作等项目。

(2)从各个特性出发,提问或自问,启发广泛联想,产生各种设想,再经评价分析,优选出经济效益高、美观实用的方案来。

在运用该法时,对创意对象的特性分析得越详细越好,并尽量从多角度提出问题和解决问题,出现优秀方案的可能性就越大。有一种鸣笛水壶,就是按这一思路创意成功的:蒸汽口设在壶口,水烧开后自动鸣笛;盖上无孔,提壶时不烫手;水壶外壳是倒过来冲压成型,焊上壶底,外形美观,还可以节省能源。气动保温瓶也是运用该法发明的。原保温瓶只有装水、倒水两种功能,新保温瓶则有气动出水的功能(动词特性);此外,新保温瓶不仅有实用价值,而且造型、色彩美观,是美化家庭的装饰品(形容词特性)。

知识链接

按键式电话机的开发

(1)将事物的特性或属性全部列举出来,以普通电话机为例,即:黑色,塑料制,拨号盘式,话筒和机座分离式。

(2)在各项中试用可替代的各种属性并加以置换。例如,白色,木制,按键式,话筒与座机可分离等。

(3)对各方案进行充分的研究、讨论、论证和评价。其结果是开发出各种颜色的按键式电话机。

电工螺丝刀的特性列举创造

(1)特性分解

名词特性:螺丝刀—手柄、圆形轴;材料—木、钢。

形容词特性:螺丝刀—轻、重;轴—圆形,前端—楔形。

动词特性:人力操作、旋转。

(2)操作步骤

①发散思维。对上述名词、形容词、动词利用智力激励法提出若干设想。

②收敛思维。对上述设想同类归并或对相互矛盾的方案取其一。

③挑选方案。把整理好的设想进行分类，从中寻求更好的设想。

④方案实施。进一步完善设想，做出实用新型产品。（3）分析改进

去掉螺丝刀的钢质轴行不行？有代用品吗？不做成圆形轴行否？组合起来怎样？能附加其他器物？体形改小一点？……按照这样思路进行下去，可以找到许多改进办法，如：

①若把钢质轴改成六角形，则可用扳手、钳子夹住去拧螺丝；若焊成形、弯成形同样能拧螺丝。

②用塑代木做手柄；把手柄挖空可装其他附件；有试电笔的功能；有计时功能。

③前端可拆装替换，增加使用功能。

④把手压转换成拧转力，或利用电动、气动操作。

经过上述思考，一种新的多功能、袖珍式的拧螺丝工具就诞生了。

相机新产品的列举创造法

特性列举法能够极大丰富和增加产品的新特性和新功能。若能够综合运用特性列举法、缺点列举法、希望点列举法等多种列举创造技法，则可以大大拓宽我们的思维区域，丰富产品创造的成果。下面是相机新产品的列举创造技法一例（表8.1）。

表8.1　相机新产品的列举创造法

相　机	名词特性	形容词特性	动词特性
特性列举法	镜头、快门、机身、卷片器	圆的、重的、黑色的、金属的、耐压的	望远拍摄、放底片、留下记录、拍摄风景
缺点列举法	镜头太小、快门太吵、机身太单调	体重太重、颜色单一、装底片易失败	远拍模糊、调焦缓慢
希望点列举法	镜头加大、电子感应、随眼睛变化、快门声音安静	像鸡蛋造型、用轻金属求其轻量化	一次装两卷底片、瞬间作望远设定

第四节　成对列举法

一、成对列举法的内涵

研究目标的确定是创造活动的起点,当人们想要创造发明,却又找不到课题时,可以利用成对列举法得到启发,从而找到好课题。成对列举法是同时列出两个物体的属性,在列举的基础上进行两物体各属性间的各种组合,通过相互启发而发现发明目标,从而获得创造发明的设想。

成对列举法与特性列举法既有联系也有区别。特性列举法先是列出研究对象的自身特性,然后分析这些特性,再找出新特性,引出新产品的设想,其过程与其他事物无关;成对列举法是同时列出两个事物的属性,并在列举的基础上进行事物属性间的各种组合,从而获得发明设想的方法。成对列举法克服了属性列举法中没有具体目标进行属性变换的弱点。

二、成对列举法的操作步骤

成对列举法的操作步骤如下:

(1)确定两个事物为研究对象;

(2)分别列出两个事物的属性;

(3)将两事物的属性——进行强制组合,如图 8.1 所示;

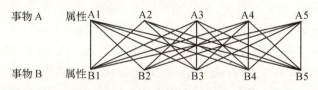

事物 A　属性 A1　　A2　　A3　　A4　　A5

事物 B　属性 B1　　B2　　B3　　B4　　B5

图 8.1　运用成对列举法进行强制组合

(4)分析和筛选可行的组合,形成新的设想。

下面我们应用成对列举法来设计一种新型的电话机。

以电话机作为创造主题,假设以苹果作为参考物,苹果的特征有形状、颜色、气味、味道、果皮、核等,电话机也有许多特征,为了表达简单,仅选几种特征列出,参见图 8.2。

根据图 8.2 强制组合,我们可以列举出下列 9 种新设想:

● A1B1　球形的电话座机;

● A2B1　球形的话筒;

● A3B1　球形的连线;

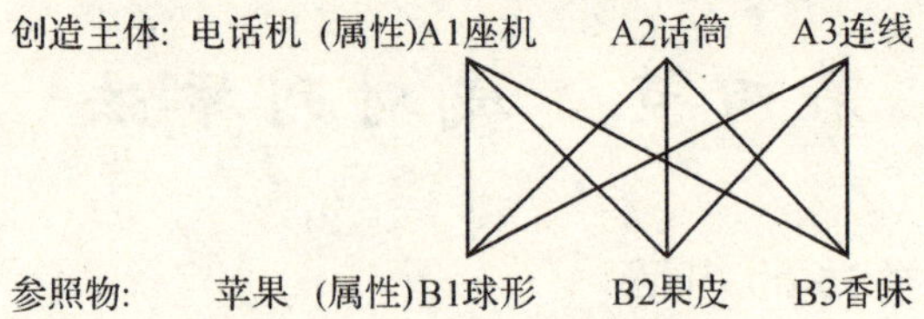

创造主体: 电话机 (属性)A1座机　　A2话筒　　A3连线

参照物:　　苹果 (属性)B1球形　　B2果皮　　B3香味

图8.2　电话机与苹果特征列举图

- A1B2　有外包装(彩色外套)的电话座机;
- A2B2　有外包装的话筒;
- A3B2　有外包装的连线;
- A1B3　有香味(可吃)的电话座机;
- A2B3　有香味的话筒;
- A3B3　有香味的连线。

通过评估选优,可以创造出一种形态悦人的新型电话机。

成对列举法又称强制联想法,当你想进行发明创造,却又没有明确的目标时,可用这种方法试一试,参照物可任意选择,看看能否得到启发。

第五节　其他列举法

除前述几种方法外,还有许多列举方法,如设想列举法、新用途列举法、可能性列举法、商品广告列举法、反义语列举法、可变因素列举法、试错法,等等。这些方法都是把分析所得制成一览表,然后加以分析、研究、综合,从中找寻发明创造主题。这些方法比较简单,可以借鉴前面所讲的列举法而触类旁通,举一反三。

试错法是对有关事物进行试验,然后观察诸事物变化发展的结果,看看是否能得到预期的目的,如果得不到,就换另一种方法,或换用其他物质进行组合,直到得到预期目的为止。当然,也有不到目的的时候。可见,试错法也是列举法的一种。

知识链接

试错法

艾利希的老师科赫用染料使细菌着色一事使艾利希受到启发。他想,既然染料能渗入到细菌内部,使细菌死亡;那么,借用染料能不能在体内杀死病菌?艾利希决定先用一种锥虫作为试验对象。因为锥虫体积比细菌大,在显微镜下容易发现它们。同时,锥虫在小白鼠的血管里,可以不停地繁殖,最后使小白鼠死亡;用锥虫作研究对象便于判断药的效果。艾利希的助手秦佐八郎每天向健康的小白鼠血管里注入一小滴含有锥虫的血液,使小白鼠染上锥虫病,然后再把染料注射到小白鼠身上，看看这些染料能不能杀死在小白鼠血管里繁殖的锥虫。艾利希焦急地对秦佐八郎说："看看试验将得到怎样的结果？"可是100多种染料全都试过了，没有一种染料能挽救小白鼠的生命。"喂！我们在染料里加一些硫化物吧！这样能使染料在血液里溶解得好一些，也许能够杀死锥虫哩！"秦佐八郎默默地向他点了点头。于是，新的实验又开始了。他们把加入硫化物的染料注入一只就要被锥虫害死的小白鼠身上。他们每隔一段时间就从小白鼠身上取出一滴血，放在显微镜下观察。果然发现了一种新奇的现象：血液里的锥虫竟然完全消失了。遗憾的是，小白鼠也死了。原来，这种加入硫化物的染料，虽然可以杀死锥虫，但是也能把小白鼠杀死。一天，艾利希在一本化学杂志上发现了一个新线索。在非洲流行着一种由锥虫引起的可怕的昏睡病。由于锥虫在人体内不停地繁殖，结果就使人在无休止的昏睡中死去了。文章说可以用一种叫"阿托克西尔"的药，来杀死人体内的锥虫，但令人失望的是，病人用药后虽然不昏睡，但两眼却都失明了。这是因为"阿托克西尔"是一种含有砷的毒药。艾利希仔细地阅读了这篇文章后暗暗想："能不能使阿托克西尔仅仅杀死锥虫而不损害神经？"艾利希对秦佐八郎说"如果把阿托克西尔的化学结构略微变动一下，也许会有不可思议的效果！""对，应该立即行动起来。"于是，他找了各种各样改变阿托西尔化学结构的方法。他一次又一次地把各种改变了化学结构的阿托克西尔注射到患病的小白鼠体内。事与愿违，小白鼠同锥虫一齐死掉了。1909年的春天，艾利希又进行了一次试验。这次用来进行试验的药剂的编号是"第606号"。蒸发皿里析出了一些淡黄色的结晶粉末，艾利希立刻用水稀释，注射在患病的小白鼠身上。这一次，第606号药品完全经受住了考验。他终于获得成功。

从艾利希成功的例子可以看出，他们对事物进行试错分析是有目的和有依据的，虽说这种依据很模糊，不怎么可靠，同时在依据和目的之间还有一段距离（即艾利希的目的是消灭危害人们生命安全的各种传染病，其依据仅仅是"染料能渗入到细菌内部，使细菌着色而死亡"，后来又以"阿托克西尔可以杀死锥虫"，而这两个依据的支持力度都不大）。但艾利希最终还是通过试错法取得了成功。

列举法以美国克劳福德教授的特性列举法为首创，其他各种列举法相继衍生而成。运用列举法一定要找准关键点，对产生的各种设想必须进行分析和分类，剔除无效设想，识别有效设想。一个画家将新的作品连同一支黑笔放在公共场所，请过路的人们将他们认为的作品中最差的地方用笔圈起来，结果他看到新产品的每个部分都有人圈了起来，画家的心理很沮丧。他又将一幅相同的画连同一支红笔放在同一个地方，这次是请人们将画的最好部分圈出来，结果画的每个部分都有红圈。这个故事告诉我们,个体对事物优缺点的判断存在很大差异,采用列举法我们可能会得到多方面的信息,创造者必须对信息进行认真分析和筛选,否则,列举是无效的。

列举法是一种需求导向的分析方法,与用户的需求相匹配是创造的核心价值之所在。产生创意的目的就是要为用户提供新的利益或以新的方式提供原有的利益。运用列举法时,要克服思维定势,寻找在惯性控制下的市场中被忽视的潜在需求,甚至是挖掘和创造消费者也没有意识到的隐性需求,可以大大提高列举创造的功效。

游戏与活动

电力线上网(Power Line Communication)是利用电力线来进行网络数据和话音信号传输的一种通信方式。目前只需通过连接在电脑上的"电力猫",再插入家中任何一个电源插座,就可以实现最高 14M 的速度上网冲浪,这一速度比 ADSL 目前最高限速 512K 快 20 多倍,而且使用成本低廉。该技术是把载有信息的高频加载于电流,然后用电线传输,接受信息的调制解调器再把高频从电流中分离出来,并传送到计算机或电话,以实现信息传递。请调查人们对现有上网方式的不满和期望,列举电力线上网的趋势和发展方向。

课外思考题

(1)运用缺点列举法提出城市新型公交车的设想。

(2)运用缺点列举法对 IP 电话亭进行分析,进而提出改进的设想。

(3)运用希望点列举法提出创造学课程设置与教学内容的新设想,并分析其中最有潜力和价值的设想。

(4)在对现有水银体温计缺点列举的基础上,应用希望点列举法设计一种新型的体温计。

(5)应用分析分解的方法列出 MP3、篮球鞋、手机等产品的属性分类表。

(6)运用特性列举法,从名词、形容词和动词特性三个方面,以杯子为例加以创造发明。

(7)运用成对列举法提出三种新型 U 盘产品的设想。

(8)运用成对列举法设计三种新式的中式快餐食品。

(9)运用综合列举法提出学生食堂的新设想。

第九章　设问法

本章重点

设问可以使人有目的地扩散思维，产生新的设想和创新方案。本章重点介绍了设问法中三种典型的技法，即奥斯本检核表法、5W1H 法和聪明十二法，并结合具体案例对每一种技法的操作步骤和应用要点加以具体说明。

爱因斯坦说过："提出一个问题往往比解决一个问题更重要……而提出新的问题、新的可能性，从新的角度去看旧的问题，都需要有创造性的想象力，而且标志着科学的真正进步。"实践证明，能发现问题和提出问题就等于取得了成功的一半。而设问法就是指导人们在创造活动过程中从哪些方面提出创造性问题的技法。通过对拟改进创新的事物有序的提出一些问题，使问题具体化，缩小需要探索和创新的范围，启发人们系统的思考解决问题的可能性，产生创新性的方案。

设问法实际上就是提供了一张提问的单子，问题涉及的范围相当全面，提问中使用"假如"、"如果"、"是否"、"还有"等词语，能够启发思维促进想象，使人很快进入假想，通过各种假设式的变换探索寻找解决问题的途径。

设问法鼓励人们从不同角度、多个方面来进行设问检查，思维变换，有助于突破思维定势。奥斯本检核表法不把注意力集中于问题的某一方面，而是突破旧有框架，大胆想象，通过联想、类比、组合、分割、异质同构、颠倒顺序、大小转化、改型换代等，寻求多种不同的方案。5W1H 法也试图从多个不同角度考察问题。设问法作为一种创造发明的方法，善于对研究对象提出各式各样的问题是关键。发现研究对象存在的问题，当然就有了改进研究对象的出发点。设问法中典型的技法有奥斯本检核表法、5W1H 法、聪明十二法。

第一节　5W1H法

一、5W1H法的分析内容

5W1H法是第二次世界大战开始一年后,美国陆军制作的以期有效利用军备的一种检核表。因前5问均为W字母开头,后一问为H字母开头,故名为5W1H法,也称六问分析法。对选定的项目、工序或操作,都要从原因(何因)、对象(何事)、地点(何地)、时间(何时)、人员(何人)、方法(何法)等六个方面提出问题进行思考。此法适用于对问题的发掘、思考和便于有目的地解决问题。5W1H法的分析内容和方法如表9.1所示:

表9.1　5W1H法

	现状如何	为什么	能否改善	如何改善
When?(何时)	何时干	为什么在那时干	能否其他时候干	应该什么时候干
Where?(何地)	在哪儿干	为什么在那儿干	能否在别处干	应该在哪儿干
Who?(何人)	谁来干	为什么那人干	能否由其他人干	应该由谁干
What?(何事)	干什么	为什么干这个	能否干其他的东西	应该干什么
Why?(何因)	什么原因	为什么是这种原有	有无别的原因	到底是什么原因
How?(何法)	怎么干	为什么那么干	有无其他方法	应该怎么干

1. When?(何时)

何时研究?何时实施?何时安装?何时销售?何时完成?研究顺序是什么?研究的期限是多少?事物的寿命有多长?何时产量最大?产品的保修期、折旧期、维修期有多长?何时最适时宜?

2. Where?(何地)

何地研究?何地试验?何地生产?何地安装?何地有资源?何处买?何部门采用?何处卖?何处推广?何处改进?

3. Who?(何人)

谁是发明者?谁是设计者?谁是指挥者?谁是组织者?谁是主角?谁是生产者?谁是消费者?谁赞成?谁反对?谁被忽视了?

4. What?(何事)

发现什么?是什么产品?是什么方法?是什么材料?是什么条件?是什么功能?是什么会议?是什么精神?是什么结果?

5. Why? （何因）

为什么要这样做？为什么要做成这样的形状、大小、结构、功能、颜色等？为什么要这样生产？为什么要设立这样的技术标准？为什么会发生这样的事？为什么会出现这样的结果？

6. How? （何法）

怎样做方便？怎样做省力？怎样做产量（质量）高？怎样做效率高？怎样避免失败？怎样求发展？

二、5W1H 法的分析技巧

5W1H 法在实际应用中有四种主要的分析技巧，分别是取消、合并、改变和简化（见图 9.1）。

（1）取消：就是看现场能不能排除某道工序，如果可以就取消这道工序。

（2）合并：就是看能不能把几道工序合并，尤其在流水线生产上合并的技巧能立竿见影地改善并提高效率。

（3）改变：如上所述，改变一下顺序，改变一下工艺就能提高效率。

（4）简化：将复杂的工艺变得简单一点，也能提高效率。

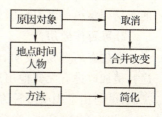

无论对何种工作、工序、动作、布局、时间、地点等，都可以运用取消、合并、改变和简化 4 种技巧进行分析，形成一个新的人、物、场所结合的新概念和新方法。

图 9.1 5W1H 法的分析技巧

近年来对原始的 5W1H 进行了改进，发展为 5W2H 法，即增加了"How much"（做到怎样程度或者预算设定）这一问，并从发明创造角度去考虑其设问的内容，使该方法有了新的生机和魅力。

第二节 奥斯本检核表

检核表法（Checklist Method）是在实际解决问题的过程中，根据需要创造的对象或需要解决的问题，先列出有关问题，然后逐项加以讨论、研究，从中获得解决问题的方法和创造发明的设想。它实际上是一种多路思维的方法。为了不遗漏其中的某些方面问题，用检核表逐条发问的方式受到广泛应用，这样不仅有利于系统和周密地思考问题，也有利于较深入地发掘问题和有针对性地提出更多的可行设想。有人认为，检核表法几乎适用于各种类型和场合的创造活动，因而可把它称作"创造技法之母"。目前，创造学家们已创造出许多种各具特色的检核表法，但其中倍受人们青睐、适用性强、应用范围广、效果显著的首推奥斯本检核表法。奥斯本在其著作《发挥创造力》一书中介绍了许多设想要点,并作了详细说明。美国麻省理工学院创造工程研究室就是根据这本书分 9 个方面编制出《新设想用检核表》,以此作为提示人们进行创造技法想象的工具。

奥斯本检核表共包括以下 9 项内容:

1. 可否将产品的形状、制造方法等加以改变?

即现有的事物可否调整原有的布局?可否调整既定程序?可否调整日程计划?可否调整规格?可否调整因果关系?可否调整一下型号、元件、部件、位置、方式、目标?

飞机诞生的初期,螺旋桨安排在头部,后来将它装到了顶部,成了直升飞机,喷气式飞机则把它安放在尾部,说明通过重新安排可以产生种种创造性设想。再如,当灌装液体时,圆形漏斗下端会阻碍瓶内空气流动。把漏斗下端变成方形,插入瓶口时便流出了空隙,向瓶内灌装液体时,瓶内的空气能够顺利溢出,使液体下流顺畅。商店柜台的重新安排,营业时间的合理调整,电视节目的顺序安排,机器设备的布局调整……都有可能导致更好的结果。

2. 可否作他用?

即现有的事物(发明、材料、方法)有否其他用途?保持原样不变能否扩大用途?稍加改进有无其他用途?有人想出了 300 种利用花生的实用方法,仅仅用于烹调,就想出了 100 多种方法。橡胶有什么用处?有家公司提出了成千上万种设想,如用它制成:床毯、浴盆、人行道边饰、衣夹、鸟笼、门扶手……当人们将自己的想象投入这条广阔的"高速公路"上时,就会以丰富的想象力产生出更多的好设想。

3. 有否其他更佳设想?

即现有的事物能否借用别的经验?能否模仿别的东西?过去有无类似的发明创造?现有的发明成果能否引入其他创造性设想中?

当伦琴发现"X 光"时,并没有预见到这种射线的任何用途,因而当他发现这项发现具有广泛用途时,他感到吃惊。通过联想借鉴,现在人们不仅已用"X 光"来治疗疾病,外科医生还用它来观察人体的内部情况。同样,电灯在开始时只用来照明,后来,改进了光线的波长,发明了紫外线灯、红外线加热灯、灭菌灯,等等。科学技术的重大进步不仅表现在某些科学技术难题的突破上,也表现在科学技术成果的推广应用上。

4. 改变一下如何?

即现有的事物能否作某些改变?比如产品目的、颜色、声音、味道、形状、式样、花色、品种等能否改变?改变后的效果又如何?

如汽车,有时改变一下车身的颜色,就会增加汽车的美感,从而增加销售量。

又如面包,给它裹上一层芳香的包装,就能提高嗅觉诱惑力。据说妇女用的游泳衣是婴儿衣服的模仿品,而滚柱轴承改成滚珠轴承就是改变形状的结果。手表的动力装置不仅可以使用涡卷弹簧,还可以利用电池、太阳能、温差。

5. 放大如何?

即能否扩大应用范围?能否增加使用功能?能否增加高度、强度、寿命、价值?

在自我发问的技巧中,研究"再多些"与"再少些"这类有关联的成分,能给想象提供大量的构思设想。使用加法和乘法,便可能使人们扩大探索的领域。橡胶工厂大量使用的粘合剂通常装在 1 加仑的马口铁桶中出售,使用后便扔掉。有位工人建议粘合剂装在 50 加仑的容器内,容器可反复使用,节省了大量马口铁。织袜厂通过加固袜头和袜跟,使袜子的销售量大增。牙膏中加入某种配料,成了具有某种附加功能的牙膏。

6. 缩小如何?

即现有的事物能否缩小?缩小或省略哪些东西?能否浓缩化?能否微型化?短一点、轻一点、简略行不行?分割、化小、变薄、某些零件或工序行否?袖珍式收音机、微型计算机、折叠伞等都是缩小的产物。没有内胎的轮胎,尽可能删去细节的漫画,就是省略的结果。

7. 用别的替代如何?

即现有的事物能否由其他人、其他材料、其他元件、其他原理、其他方法、其他结构、其他工艺、其他动力、其他设备来代替?

如在汽车中用液压传动来替代金属齿轮;用充氩来代替电灯泡中的真空,使钨丝灯泡提高亮度。日本的大发明家中松义郎在飞机场观察飞机起飞时,空中飞来的沙子迷了它的眼睛。他想沙子是从地上被卷起来的,如果把沙子换成农药,农药粉末就会从下往上飞起,使得被喷洒的农药不在叶子上面。而在叶子背面,这种喷洒方法可以大大提高对害虫的杀伤率。于是他设计了农药喷洒装置,将其附加于直升机上,从而发明了喷洒农药的专用飞机。

8. 反之(反向而行)如何?

即现有的事物可否从相反方向来考虑?可否位置颠倒、作用颠倒、上下颠倒、正反颠倒?

第一次世界大战期间,有人就曾运用这种"颠倒"的设想建造舰船,建造速度也有了显著的加快。富士胶卷公司曾经开发出新式照相机,降低了胶卷的报废率。以前设计的照相机在照相时都是一帧一帧的把胶片逐渐卷向一方,全部照完后再用小手柄把胶片绕进另一方的暗盒中,然后取出冲洗。但往往很多人拍照完一卷后忘记倒卷就打开后盖,致使胶卷报废,就连职业摄影师也不例外。即使有自动卷片装置的相机,也有人因为忘了按卷片按钮而使胶卷报废。该公司技术人员解决此问题时采用了逆向思维。当把胶卷装进照相机的同时,让小电机预先把胶卷从暗盒一侧卷绕在另一侧轴上。这样,使用者拍完后,胶卷可以自动的卷进原来的胶卷暗盒中,不用再担心胶卷的曝光问题了。

9. 组合起来如何?

即现有的事物可否在原理、方案、材料、部件、形状、功能等方面组合?

例如把铅笔和橡皮组合在一起成为带橡皮的铅笔,把几种部件组合在一起变成组合机床,把几种金属组合在一起变成种种性能不同的合金,把几件材料组合在一起制成复合材料,把几个企业组合在一起构成横向联合……有人认为以上各种方法中,组合在产生新的设想方面,其效率胜过其他各种方法。

把既有事物或产品、设想等待定对象与上表中的项目一一核对,用以诱发发明创造。奥斯本所列举的项目,既便于记忆,又便于核对,但是,若要全面领会和灵活运用,则每一项都有极为丰富的内容,就以第 7 项"改变一下如何"而论,只提出了"改变一下",至于改变什么则可包罗万象,原理、功能、材料、方法、形状、颜色、整体、部分等等,都不妨改变一下;再以第 6 项"放大如何"而论,仅指放大体积吗? 功能就不能放大吗? 难道别的就不能放大吗? 由于奥斯本检核表在人们的发明创造活动中发挥了巨大作用,所以,在运用奥斯本检核表时,要充分运用您的想象力和联想力,就能收到巨大的发明创造效果。

知识链接

从"泥腿子"到电话大王

1992 年,中国电话机最大的生产厂家是国营的 TCL 集团,它已连续 8 年产量居全国首位。就在这一年的 8 月 18 日,吴瑞林的私人企业"侨兴电话机厂"在广东惠州开工兴建。仅仅过了 7 年,侨兴电话机的市场占有率已神奇地跃为全国第一位。

一个终日与锄头为伴的农村青年,是怎样成为中国电话大王的呢?

吴瑞林虽只有小学文化,但多年的勤奋自学使他深谙"奥斯本法则"。吴瑞林结合实际、活学活用,他认为做电话机要从以下几个方面考虑:一是改变,即改变功能、形状、颜色、气味和其他;二是增加,即增加尺寸、强度和新的特征;三是减少,即减轻、减薄、减短、减去过多的功能,至少一时用不了的功能;四是替代,即用其他材料、零部件、能源、色彩取而代之;五是颠倒,即对现有的来一个上下、左右、正反、里外、前后颠倒,甚至把目标和手段颠倒;六是重组,即零部件、材料、方案、财务等重新组合,包括:叠加、重合、组合、混合、综合,等等。

吴瑞林的 100 多号人和两条生产线完全不是 TCL 的对手,可吴瑞林没有跟风而进,而是带领侨兴研制出了中国第一部液晶显示电话,这款机型填补了当时国内入网机的空白,与市场上的国外品牌机相比,外国机要 1200 元一台,侨兴机才 300 元一台。通过几年的奋战,吴瑞林不光把"侨兴"领进了广东高科技企业 50 强,而且成功地将"侨兴"股票在美国的纳斯达克上市,成为进入国际资本市场的第一个私营企业。

检核表法在企业中大有用武之地。企业在提高产品质量、降低生产成本、改善经营管理方面,都存在着很大的潜力,如果企业领导能根据本企业存在的情况、特点和问题,制订出相应的检查单,让广大职工都开动脑筋,提设想,献计策,通过群策群力,必定可以取得显著成效。

第三节　聪明十二法

聪明十二法也是搞创造发明的一种检核表。因为是上海和田路小学首先使用的 12 个检核项目,所以又称"和田十二法"。有时也称为动词提示检核表法、思路提示法。

该法已被日本创造学会和美国创造教育基金会承认,并译成日文、英文在世界各国流传和使用。其检核内容如下:

1. 加一加

例如:加大、加长、加高、加在一起等。考虑可在这件东西上添加些什么吗？需要加上更多时间或次数？把它加高一些、加厚一些行不行？把这样的东西跟其他东西组合在一起会有什么结果？汇集建议,开讨论会,组合一下如何？

2. 减一减

例如:减去某功能、某部分。考虑可在这件东西上减去些什么吗？可以减少些时间或次数吗？把它降低一点、减轻一点行不行？可省略、取消什么东西呢？

比如,拖鞋就是在普通鞋子的基础上减一减,减成最简单的方式,便于在房间穿。

3. 扩一扩

例如:"投影"放大,即为扩一扩得到的效果等。考虑把这件东西放大、扩展会怎样？加长一些增强一些能不能提高速度？

很多产品都是扩出来的,例如,最初的台式风扇是放到桌子上的,如果没有桌子那怎么捎呢？于是便出现了落地风扇。空调原来是装到窗户上的,接着扩一扩,变成分体式,再扩一下,变成了柜式机,再扩大一下就成了中央空调。

4. 缩一缩

缩一缩指一件东西压缩、缩小会怎样? 拆下一些、做得薄一些、降低一些、缩短一些、减轻一些、再分割得小一些行不行? 例如:把雨伞通过折叠缩小和缩微技术等。随身听实际上就是"缩一缩"带来的发明;电热杯就是热水壶的缩一缩。俄罗斯科学家经过微缩设计发明了一种能装在背包里的"水电站"。虽然水电站的功率只有300~1500瓦,但它仍能发出50赫芝、380伏的标准三相交流电。微型水电站的发明为地质学家、勘探队和野外旅行者提供了工作和生活的方便。

5. 变一变

变一变即指改变一下形状、颜色、音响、味道、运动、气味、型号、姿态会怎样? 改变一下次序会怎样? 例如把风琴改成电子琴等。

6. 联一联

联一联指件东西还存在什么缺点? 还有什么不足之处需要加以改进? 它在使用时是否给人带来不便的麻烦? 有解决这些问题的办法吗? 可否挪做它用? 或保持现状,做稍许改变?

例如眼镜,原来镜片是用玻璃做的,光学性能不佳,而且容易碎裂;架子是金属的,很沉。于是人们便把眼镜架改为钛合金的,不变形而且很轻快;把眼镜片改为树脂镜片,更轻、更安全。再如把手表改为多功能手表,用人体红外作为其能源。

7. 拼一拼

拼一拼指某个事物的结果,跟它的起因有什么联系? 能从中找到解决问题的办法吗? 把某些东西或事情联系起来,能帮助我们达到目的吗? 比如三色圆珠笔,把多种物品或功能组合起来等。

8. 学一学

学一学是指有什么事物和情形可以让自己模仿、学习一下吗? 模仿它的形状、结构、功能会有什么结果? 学习它的原理、技术又会有什么结果? ……

关于"学一学",最典型的就是仿生学。例如,人们模仿企鹅的运动方式发明了沙漠跳跃机;从恐龙的巨大身躯悟出建筑学的道理等。在文学领域、艺术领域也是如此。王羲之从鹅的滑水动作中悟出楷书的笔法。草圣张旭从公孙大娘的剑舞中悟出草书,有道是"功夫在画外、功夫在诗外"、"行万里路、读万卷书"就是告诉人们要博采众长。所以,我们要善于从外行业和不同的领域内吸取营养,将其嫁接和杂交到我们所需要的地方。往往不同行业、不同学科、不同领域的东西一旦被用于本行业、本学科和本领域时,其价值常常是出人意料的。

9. 代一代

代一代指什么东西能代替这样东西吗? 如果用别的材料、零件、方法行不行? 换个人做、使用其他动力、换个机构、换个音色行不行? 换个要素、换个模型、换个布局、顺序、日程行不行？……

现在自来水管道已经不再使用铸铁，因为铸铁的自来水管道用不了几年就会锈蚀，代之而起的是PVC管，只是这一"代"，水管的使用年限就大大提高。

10. 搬一搬

搬一搬指把这件东西搬到别的地方，还能有别的用处吗？这个想法、道理、技术搬到别的地方，也能用得上吗？可否从别处听取到意见、建议？可否借用他人的智慧？……

很可能一个平淡无奇的东西，搬到另外一个领域却是一个很好的东西。所以我们不能老局限在一个领域、一个范围、一个单位里打转，要走出去，博采众长，外面的世界很精彩！例如把照相机的镜头装到扩印机上，作为扩放照片的移植手段。

11. 反一反

反一反是指如果把一件东西、一个事物的正反、上下、左右、前后、横竖、里外颠倒一下，会有什么结果？

世界上很多的发明都是通过反向思维而获得的灵感。人的头脑中往往有些定式思维在阻碍着人们的进步和发现，因此，有人认为人的头脑中有三道鸿沟阻碍着人们的发明和发现。这三道鸿沟分别是理念的、文化的和能力的。有人认为因为文化和能力的原因觉得自己不可能有创造性的发明，也有人在理念上不相信自己能有发现和发明。只有跨过这几道鸿沟，才可能有发明创造。例如工件旋转，刀具移动是车床切削零件的原理，在工件上制造出□旋形；如果反过来，让工件移动，刀具旋转，结果发明了铣床，铣床能够加工出各种各样的异形工件。

12. 定一定

定一定是指为了解决某个问题或改进某件东西，为了提高学习、工作效率和防止可能发生的事故或疏漏，需要规定些什么吗？

例如，为了提高生产效率，在美国首先发明了流水线生产法。仅仅只是生产方法的改变，就获得了巨大的效益。在经验和教训的基础上，制定一些规章制度和技术标准以及规定，以便有章可循，实行文件化制度化，这就是定一定。

简单的12个字"加"、"减"、"扩"、"缩"、"变"、"改"、"联"、"学"、"代"、"搬"、"反"、"定"，概括了解决发明问题的12条思路。从形式上来看，聪明十二法语言通俗、易懂，适于小学生记忆和运用，从本质上说，是一些发明用的基本措施的列举。这种检核表不仅可作为中小学创造教育中的一种创造技法，亦可为成人所运用，而且具有易记易懂易行的优点，便于在群众性发明创造活动中普及推广。

知识链接

百事可乐的发家之宝——比较分析法

百事可乐在 1919 年进入市场后,当了 20 多年的替补队员,一直上不了场,眼巴巴地看可口可乐公司把"美国之梦"装在可乐瓶中,卖给世界各国的顾客。可口可乐雄厚的竞争优势,可以简单概括为:商标、可乐瓶与率先倡导的消费观念。百事可乐对上述三个要素进行对比分析:两个公司都有自己的商标,暂不作讨论;可乐瓶能否放大一些、或缩小一些呢? 能否引导出一种年青人喜欢饮可乐的新的风格呢? 百事可乐在仔细的推敲中,终于找到了与可口可乐争夺市场的策略,于是他们改变了原有的销售手法,推出大瓶饮料,价格不变,"一样价格,双倍享受"的广告语,迎合了当年青年人"豪饮可乐"的消费倾向,满足了顾客希望"带更多可乐饮回家"的需求。大容量可乐饮料一扫绅士般慢条斯理品尝可乐的格调,给青年一代全新的喝法,一种新的消费观念随之确立:"喝百事大瓶可乐过瘾、痛快!"一种新的细分市场出现了。而可口可乐公司居然作不出及时的反应,因为生产与开发之间存在着复杂的制约关系,假如可口可乐公司立即设计大瓶,并让生产部门去灌装,这就意味着庞大的灌装系统、连同操作的设备与配置,都得全面调整,其中的"转换成本"十分昂贵。因此可口可乐公司最终推出大瓶可乐已是几年以后的事了,百事可乐则成功地争取到"百事青年一代"。由此可见,对比分析同行企业,列出共同点与差异之处,寻找市场缝隙,找出特殊的服务对象,开辟独特的市场,是一种求异的成功方法。

油管不够长

冬天快到了,第一次准备在南极过冬的日本南极探险队员,正忙着用船把汽油运往过冬基地。在铺设输油管时,队员们突然发现输油管的长度不够,连接不到基地,人们都呆住了,一筹莫展。用什么来替代呢? 队长西崛荣三郎眼望四周,寻找油管的替代品,现场除了冰雪,哪有管子啊! 冰有什么用? 西崛荣三郎提出了一个奇特的设想:用冰做输油管行吗? 南极天气严寒,滴水成冰。但如何才能使冰形成管状呢? 他把绷带缠在铁管上,浇上水,让它结冰,然后再把铁管抽出来,冰管就这样制成了,用它来连接输油管,问题获得了圆满的解决。

水下作业的破冰船

破冰船的破冰原理一般都是使船在冰面上航行,通过船自身的重量把冰压碎,因此,破冰船的头部都采用坚硬的材料,而且设计得笨重。苏联科学家想到了逆反原理,即从冰下破冰。船潜入水中,依靠浮力,用强硬坚实得巨齿脊背顶冰,遇到较厚冰层,破冰船就像海豚那样,上下起伏,不断撞击冰层。这种水下破冰船具有自重轻、体积小,船速快等特点,被认为是最有前途的破冰船。

在日常生活中,我们应该处处留意并寻找可以替代身边事与物的东西;要仔细观察事与物,通过分解并从中寻找出可以借鉴的东西来以拓展自己的视野。要充分发挥独家的想象能力,形成独特的设计思路,并设法延伸成各种新奇的想法;要放眼点看世界,大胆地把握,通过借鉴等手法,吸收其他事物的特性与优势为创新所用。

游戏与活动

(1)检核表训练(一)

许多企业已将检核表法应用于管理领域。例如,通用汽车公司的职工就都持有为开发创造性而采用的检核表,其训练内容是:

①为了提高工作效率,不能利用其他适当的机械吗?

②现在使用的设备有无改进的余地?

③改变滑板,传送装置等搬运设备的位置或顺序,能否改善操作?

④为了同时进行各种操作,不能使用某些特殊的工具或夹具吗?

⑤改变操作顺序能否提高零部件的质量?

⑥不能用更便宜的材料代替目前的材料吗?

⑦改变一下材料的切削方法,不能更经济地利用材料吗?

⑧不能使操作更安全吗?

⑨不能除掉无用的形式吗?

⑩现在的操作不能更简化吗?

(2)检核表训练(二)

一个企业在研制新产品方面的工作做得好坏,往往关系着它的成败兴衰。下面就是德国奔驰公司制订的用于新产品研制的检核表法训练内容:

①增加产品——能否生产更多的产品?

②增加性能——能否使产品更加经久耐用?

③降低成本——能否除去不必要的部分?能否换用更便宜的材料?能否使零件更加标准化?能否减少手工操作而搞自动化?能否提高生产效率?

④提高经销的魅力——能否把包装设计得更引人注意?能否按用户、顾客要求卖得更便宜?

(3)检核表训练(三)

日本明治大学教授川口寅之助认为,在训练(二)中,德国奔驰公司制订的用于新产品研制的检核表法训练内容四项中,第三项尤为重要,效果也最为显著,因而有必要专门制成降低成本用的检核表,单独印发给职工,便于随身携带。

下面就是用川口寅之助开列的用于降低成本的检核表法的训练内容:

①能否节约原料？最好是既不改变工作，又能节约。

②在生产操作中有没有由于它的存在而带来干扰的东西？

③能否回收和最有效地利用不合格的原料在操作中产生的废品？能否使之变成其他种类具有商业价值的产品？

④生产产品所用的零件能否购用市场上销售的规格品，并将其编入本公司生产工序？

⑤将采用自动化而节约的人工费和手工操作进行比较，其利害得失如何？不仅从现在观点看，而且根据长期的预测，又将如何？

⑥生产产品所用的原料可否用其他适当的材料代替？如何代替，商品的价格将如何？产品性能改善情况怎样？性能与价格有何关系？能否把金属改换成塑料？

⑦产品设计能否简化？从性能上看有无加工过分之处？有无产品外表看不到而实际上做了不必要加工的地方？这时，首先要从性能着眼，考虑必要而充分的性能条件，其次再考虑商品价格、式样等。

⑧工厂的生产流程有无浪费的地方？材料处理对生产率影响很大，这方面的改进还可节省工厂的空间。

⑨零件是从外部订购，还是公司自制合适？要充分考虑工厂的环境再做出有数量根据的判断，从而能在大家都认为理所当然的事情中发现意外的错误，只凭常识是不可靠的。

⑩查看一下商品组成部分的强度计算，然后考虑能否再节约材料。

请以你身边的熟悉的某一组织为对象，如企业、学校、社团、学生会等，运用上述三种检核表法为该组织发展提出5条以上创新性方案和建议。

课外思考题

(1)什么是检核表？它的主要作用与应注意的问题是什么？为提高工作质量和效率，请设计搞好本职工作的检核表。

(2)应用奥斯本检核表法对春节晚会、家用电冰箱、笔记本电脑、投影仪等产品或工序提出尽可能多的改进意见。

(3)试拟出一份能最大限度调动本科生学习积极性的检核表。

(4)应用5W1H法对某品牌国产手机、数码相机提出改进和创新方案。

(5)对你身旁的物品用"聪明十二法"变化之。

(6)创造(或选择)一种适合中华民族特点的创造技法。

第四篇

创造性问题的求解

世界上有一件事是确定无疑的：人总有需要解决的问题。面临纷纷扰扰、层出不穷、交变叠嶂、日趋复杂的问题，需要我们从问题的本质出发，深刻地甄识问题、剖析问题，探索创造性解决问题的内在规律，从而能够自觉地运用创造性思维方法与技巧解决问题。

第十章　什么是问题

本章重点

何谓"问题"，本章引述了几十个定义，且对"问题"的特征及分类等进行论述。目的是为了让学生更好地理解和把握"问题"的丰富内涵，从而把握"什么是真正的问题"。发现问题是解决问题的起点，如何"认准问题"是本章节的重点。我们介绍了几种有效的定义问题的方法，要与后面章节的有关内容联系起来加以消化理解。

爱因斯坦曾说过："我们生存的世界是思考问题的结果"。人类走向文明的历程是不断发现问题、提出问题、解决问题的过程。早在远古时代，我们的祖先为了解决生计问题想到了钻木取火烹制熟食、磨制骨针缝制兽皮御寒保暖、就地取材搭建房屋种植薯粟等，从而大大提高了原始人类繁衍生息的能力。告别刀耕火种进入现代科技文明后的人类，"问题"仍然是人类文明的催化剂。通常，一门科学或者某个领域在某个时期能够提出和解决的问题越多，这门科学或领域就越有活力；一个科学家提出的有价值的问题越多，他的科学创造力就越旺盛。大数学家大卫·希伯特就曾指出："只要一门科学分支能提出大量的问题，它就充满着生命力；而问题缺乏，则预示着独立发展的衰亡或者中止。"事实正是如此。希伯特本人在 1900 年提出的 23 个数学问题几乎囊括了当时整个数学领域，此后它们就像一块块巨大的磁铁吸引着全世界数学家的注意力，使其为之奋斗，从而极大地推动了 20 世纪数学的发展。可以毫不夸张地说，人类的文明发展史就是一部发现问题、提出问题、解决问题的历史。

第一节　问题的定义

一、何谓问题

什么是"问题",中、外理论界许多学者依据各自的背景知识和不同的理解,从不同的角度给出了许多不同的定义。概括起来不外乎有以下几个角度。

1. 从语义角度分析

"问题"是个多义词,《辞海》对"问题"一词的释义有:

①"问题是矛盾"、"问题就是事物的矛盾"。如,现在学校存在的许多问题需要一个个给予解决。

② 问题可以用来指疑问。如:考卷上有 6 个问题/我提一个问题,请大家思考。

③ 问题可以用来指错误。如:这种看法很不正确,是有问题的。

④ "问题"是需要研究解决的疑难和矛盾。如:交通问题/不成问题/没问题/写什么是一个问题,怎么写又是一个问题;

⑤ "问题"是关键、重点。如:问题在于廉政/问题在于资金;

⑥ "问题"是意外事故。如:出问题/发生问题;

⑦ "问题"是指困难。如:完成这个任务有什么问题吗?

⑧ "问题"是研究的课题。如:人工智能问题是现代科学所要研究的一个重要问题。

在英文中,problem、query、question 三个词都有问题的含义,差别在于,problem 不仅是指简单、一般的问题以及待解的习题(如算术题、几何题、测试题、作图题等),而且是指"难解之题"、"不可解之事物"和"令人困惑的事"。此外,由 problem 演变而来的 problematical 一词有"盖然性"或"或然性"、"未定的"等含义;Query 是一个正式用语,指关于某个特殊事情(如对预算中的某个项目提出几何题目)。它不仅表明提出问题的人的怀疑和反对倾向,而且表示提问者意在提出问题以供(他人)考虑和解决;Question 特指想发现某种或想得到确切的信息而加以询问。因而这类问题通常亟待答复的问题(如听众向演讲者提出的问题)。另外,question 还表示议题(争论点)和交付表决的问题等。

2. 从方法论、哲学、自然辩证法的角度分析

对于"问题"的论断较常见的有:

①问题就是一个智力上的愿望;

②问题是背景知识中固有的预期与其所提出的观察或某种假说等新发现之间

的冲突和矛盾；

③问题就是解释的理想与目前的能力的差距，即

"问题＝解释的理想－目前的能力"；

④问题是基于一定的科学知识的完成、积累（理论上或经验上的已知事实，即它的各阶段上的确实知识），为解决某种未知而提出的任务；

⑤问题是某个给定的智能活动过程的当前状态与智能主体的所要求的目标状态之间的差距；

⑥问题是认知主体对认知对象已知状态与未知内容之间的差距、矛盾的主观反映，其主观表述为疑问句的形式；

⑦问题是在已知科学知识基础上提出的未知；

⑧问题是基于某种已经完成了的科学知识的基础上，为解决应该而有可能知的未知而提出的任务；

⑨问题是某个给定的情境状态与所要求的目标状态之间的差距；

⑩问题是社会的需要对科学提出任务，通过科学工作者的理解转变为科学；

3. 从逻辑学的角度分析

"问题"的定义有以下几种学说：

①"疑问"说，即把"问题"的定义偏重于揭示"问题"疑问的属性。如，问题是人们对待客观事物某种疑问的思维形式；

②"回答"说，即把"问题"的定义偏重于要求回答的属性。如："问题"是人们对某个（某些）对象的某种（或多种）要求断定或寻求解释的一种思维形式。

③"回答"说，即问题的定义应指示"疑问"、"回答"并重的属性。如："问题"是一种提出疑问，要求回答的思维形式。

以上分析，一方面显示了问题的复杂多样性，另一方面表明，人类对问题的研究还不够深入，有待进一步努力。下面拟对问题的分类及特点作一些分析和概述。

二、问题的特征

从"问题"的定义出发，推论出问题的特征有如下几个方面：

1. 普遍多样性

问题具有普遍多样性。其普遍性有两层含义：

（1）问题的数量多。每个人一生都会面临着无数的问题，不仅在生老病死、恋爱、婚姻、家庭、学习、工作和社交等方面会碰到大量的与个人紧密相关的问题，而且还会遇到许多与大多数人甚至全人类都相关的问题，如哲学问题、科学问题、技术问题、艺术问题、社会问题、经济问题、政治问题和环境问题等。

（2）问题形式和类型的多样性。在这里，不仅有历史和起源问题、现实问题、未

发展问题，而且有结构问题、功能问题、关系问题、价值问题；不仅有形式问题，而且有内容问题；不仅有语言问题，而且有非语言问题；不仅有理论问题，而且有经验问题；不仅有意义和价值问题，而且还有事实问题；不仅有描述性问题，而且有规范性问题；不仅有外部问题，而且有内部问题；不仅有分析性问题，而且有综合性问题；不仅有单域问题，而且有跨域问题；不仅有核心问题而且有边缘问题；不仅有心理感受问题，而且有行为表现问题，等等。

2. 客观存在性

任何"问题"在本质上都是认知主体关于客观对象即"未知事物"的反映形式。"问题"的提出和解决，反映了主体与客体之间的认知与被认知的关系。如果没有客观对象——世界，"问题"就无从说起。

难道任何事情都存在着"问题"吗？答案肯定是否定的，正如某个寓言故事中讲的那样：

知识链接

在餐厅的一个角落里，一位企业家独自喝着闷酒。有位热心人走上前，问道："您一定有什么难题，不妨说出来，我给您帮帮忙吧！"企业家看了他一眼，冷冷地说："我工作中的问题太多了，没有人能帮助我。"这位热心人立刻掏出名片，原来他是位咨询师。咨询师请企业家明天到他的办公室来一趟。第二天，企业家如约前往。咨询师对他说："走！我带你去一个地方。"企业家不知道他葫芦里卖的什么药，但还是好奇地随他而去。两人驱车来到郊外，企业家下车一看，原来是一处墓地。咨询师指着前面的坟墓对企业说："你看看吧，只有这里的人是统统不被问题困扰的。"企业家恍然大悟。

只要我们生活在世界上，我们总会遇到问题。解决问题，是我们人生中每天都必须面对的事。当我们还是一个婴儿的时候，就开始尝试着解决问题，一步步地学会解决问题。我们解决了用餐具吃饭的问题，解决了学会走路的问题，解决了自己穿衣服的问题。然后，我们又要去学校上学，解决学习中的种种问题。而我们参加工作，也是为了解决问题而来的。当我们在工作中遇到问题时，如果能够认真地思考、研究，寻找各种解决途径，培养自己的办事能力，那么所有的麻烦、困难就迎刃而解。正如《孙子兵法》中说："激水之疾，以至于漂石者，势也。"意思是说，激荡的流水，能使沉重的石头漂起来；而在静止的死水中，石头则沉了下去。这说明，正是因为万事万物保持一定速度向前发展，问题才会源源不断地"浮出水面"。

3. 互联性

从宏观角度看没有孤立的问题。问题与问题之间借助一定的关系而形成一个有层次、有结构的问题系统。一门成熟的学科或科学部门有一个问题系统,一个学科群有一个由多个问题系统构成的网络系统,整个科学领域则是一个巨大的问题网络。在问题系统内部,问题与问题之间表现为一定的结构,这些结构通常分为并列关系结构、层次关系结构、递进关系结构、整体与部分关系结构、交接关系结构,等等。

第二节　问题的分类

探讨"问题"的分类是为了更好地理解问题、发现问题和解决问题。如同问题的定义一样,问题的分类也是多种多样的。有人把问题分为结构问题、变换问题和排列问题;有人把问题分为有结构问题、无结构问题和争议问题;有人把问题分为内源性问题、外源性问题;有人把问题分为性质问题、关系问题、结构问题和功能问题;有人把问题分为"是什么"的问题、"为什么"的问题和"怎么办"的问题。笔者从"思维"的角度将问题分为闭合性问题与开放性问题;基本问题与非基本问题;单域问题与跨域问题;科学问题与日常问题;常规问题与反常规问题五大类。

一、闭合性问题与开放性问题

所谓"闭合性问题"就是一个问题的合理答案或正确答案只有一个。比如,下列问题是一个闭合性问题。

知识链接

> 在野外,在没有火柴、打火机等引火工具的情况下在,下列东西中,你认为应当用什么来引火?
> A.自来水笔　B.洋葱　C.手表　D.铁锹　E.保龄球
> 答案是C,因为手表的表壳可用作聚焦日光的凸透镜

所谓"开放性问题"就是一个问题的合理答案或正确答案等于或大于2。开放性问题又可以分为两种:其一,是没有最佳或最合理答案的问题;其二,是有最佳或最合理答案的问题。通常,关于人生意义、关于情感、关于感受方面的问题大多是开放性的问题,难有最佳答案。比加,"什么是幸福"、"什么是快乐"、"什么是美"等问题可以有诸多解答,难以找到最合理的、最正确的答案。

二、基本问题与非基本问题

所谓"基本问题",反映的是某一个领域或学科中最普遍的现象、最基本的矛

盾、最深刻的疑难。哲学中的"本原问题"、心理学中的"智力是什么的问题"、宇宙学中的"宇宙起源问题"等都属于基本问题。基本问题规定着其他问题，一门成熟的科学的标志之一就是形成一个以基本问题为中心的问题系列或问题链。对基本问题的解答不仅制约着对其他问题的解答，而且还会不断产生新思想、新方法和新问题，从而对本学科以及相邻学科的发展起着巨大的推动作用。基本问题的另一个重要特点是它们不容许有普遍认可的解决方式。因为普遍认可的解决只有在大家都同意的前提或框架之内才有可能，遗憾的是这种框架并不存在。因此，终有难以解决的基本问题存在。不仅玄而又玄的哲学基本问题（如，生存的价值、美的意义等）是这样，即使是以精确性和严密性著称的逻辑基本问题和数学基本问题也是如此，因而吸引着一代又一代的学者、专家进行探讨。

非基本问题是一个领域或学科中的低层次的问题或者局部性的问题。它可能是从基本问题中派生或导出的，也可能是运用归纳法从经验中提炼或概括出来的。比如"智力测试应测试哪些内容"的问题就是从"智力是什么"的问题中派生出来的。而"智力测验的指标问题"则可以从经验归纳出来。非基本问题的解答要受基本问题的制约。只有解答了"智力是什么"的问题，才能比较满意地解决"怎样进行智力测验"和"测试什么"之类的问题。而且，对智力的不同理解，将导致对测试方法和测试内容做出不同的理解。当然，非基本问题在一定意义上能促进基本问题的解决。

三、单域问题与跨域问题

所谓"单域问题"，是发生在一个领域内部，只涉及到一个系统、一个学科的问题。这类问题虽然也有简单和复杂之分，有些问题解决起来难度也很大，如原子核的结构问题，但总的来说，它们都是单质的，不是多质综合体。

所谓"跨域问题"，是涉及到几个领域、几个系统、几门学科的问题。跨域问题一般都是复杂的、综合性的问题，它具有整体性、横断性、交错性。比如，研制"嫦娥一号"探月卫星，不仅仅是纯粹航天学上的问题，它从成功研制到运行，无不与物理、化学、制造、机械、数学、天文甚至与社会、政治等诸多领域的问题息息相关。通常这类问题的解决会促成学科的交流和融合，更会由于某个交叉领域的问题比较丰富而可能催生新的学科，比如物理化学。需要指出的是跨域性问题的解决需要统筹兼顾、全面考虑、彼此沟通、多方合作才能实现其目标——达到整体合理性，因此对系统思维、辩证思维、次协调思维的运用具有较高要求。

四、科学问题与日常问题

所谓"科学问题"，这里的"科学"一词指广义上的科学问题。科学问题，要求解题者运用批判性思维、规范性思维、严密的逻辑思维和精确的数学思维给予概括的、客观的、准确的和批判性的解答,其结论要求有普适性、可检验性、可重复性。

所谓"日常问题",包括我们平常碰到的一般工作问题、学习问题,生活问题、恋爱问题、婚姻问题、家庭问题、人际关系问题以及人生意义、价值和理想问题,等等。日常问题的解答,人们往往从个人或团体的利益出发去探讨和解决问题,其思维过程一般是非批判性思维、非规范性思维、非严密的逻辑思维和非精确的数学思维。大多数日常生活问题都没有确定的、统一的、普遍认同的答案,因此对同一个日常问题,不同的解题者常常做出极为不同的解答,并且难以取得一致。

从两者的联系来看,科学可以而且必须从日常生活领域借鉴、移植问题,把日常问题提升为科学问题。此外,科学也需要学习和借鉴日常思维解决问题的方法,并予以发展、丰富,使之成为解决科学问题和日常问题的利器。

五、常规问题与反常规问题

所谓"常规问题",是指可以在已有的理论框架内或在已有的范式、模式(或图式)之下,运用原理—演绎法可以自上而下地得以有效解决的问题。比如,克隆羊问题就是在遗传学框架内能够有效解决的问题。而"反常规问题",则是在原有理论框架内或是在已有的范式和模式下,无论如何地独辟蹊径、跨域研究都无法有效解决的问题。比如,长生不老术的研究就属于此范畴。"反常规问题"的出现是旧理论发生危机的信号,"反常规问题"的增多表明旧理论的危机不断加深,最终会导致一场新的科学革命和技术革命。

第三节 认准问题

一、认准问题的意义

在人类社会生活的各个领域,如生产劳动、科学实验、技术革新、文艺创作、教育实践、军事活动、管理工作等等领域中,都存在着这样那样的问题。不断地解决这些问题是人类社会生活发展的需要,举个最简单的例子:我们需要考虑——吃什么、穿什么、做什么等等,总之只要人要生活,生活就有需要,当这种需要不能轻易地得到满足时就成了问题。

问题作为需要研究、解决的矛盾,无论出现在谁的面前都是一个不太轻松的字眼,落到谁的身上都是一个沉重的话题。因此,一些人总习惯地把问题与问题的解决(即成绩)对立起来,殊不知"成绩不讲跑不了,问题不找解不了"。从一定意义上说,发现问题是解决问题的起点,没有发现真正的问题就不可能解决问题,所以认准问题比解决问题更重要。于是能不能明查秋毫、见微知著及时地洞察和发现问题对问题的是否顺利解决具有至关重要的意义。正如培根所言:"跛足而不迷路,能赶上虽健步如飞但误入歧途的人。"差之毫厘,失之千里,问题认准了与否,对决策和解决问题具有相当积极的意义。下面的例子很有代表性地说明了这一道理——认准问题对决策和解决具有事半功倍的作用,反之则事倍功半。

知识链接

"耐高温"和"可被气化"

20世纪60年代,美国宇宙航天局遇到这样一个技术问题——太空船在重返地球大气层时耐表面温度的材料很难找到。

美国政府着手计划:集中所有研究力量改进太空船的表面材料。并且把解决问题的方案错误的计定为"寻找一种能耐高温的材料"。结果自然是毫无所获,因为越是"耐高温"的材料,在返回地球大层时摩擦产生的温度也越高。于是科学家们陷入了难以解脱的矛盾。

一位叫爱德华的科学家换了个角度思考——"如何让快速行进物,在返回地球大气层时不完全瓦解?"沿着这个思路,他发现研究有了新的出路——"虽然快速进行物的表面在通过大气层时被气化(以气化吸收摩擦所生的热),该物体内部并不受到伤害。"于是,他把寻找"耐高温"的材料的目光转向"可被气化"的材料,很快矛盾得到解脱。最后,太空船与地球大气层摩擦生成的热,由于太空船表面覆盖的材料气化而被消散。牺牲了此材料,太空船的基本结构仍保持,有效地保证了太空人的安全。

从上述材料中可见,爱德华的成功在于他认识到:只要太空船基本结构不被破坏,那么表面无论覆盖什么材料都不重要。因而,他把真正的问题定义为:如何使太空船基本结构完整。

二、伪命题和错误问题

认准问题是很普通的事情,但也是很难做到的。因为"问题"归根结底是客观存在的主客观矛盾在主体思维中的反映。所以"问题"是可伪的、可错的,真正的问题往往以多种形式隐蔽着,也就是说"问题"有可能是对客观存在的主客观矛盾的歪曲的、颠倒的反映,即"伪命题"、"错误命题"的概念。

所谓"伪命题",就是指其隐含判断是虚幻判断的问题。例如,怎么样制造永动机?其隐含的判断就是"一定能制造出永动机来",这是一个虚幻判断,所以这就是一个伪命题。所谓"错误问题"是指其"隐含判断"(关于问题的未知内容的基本特征和属性的判断)事实上是错误的。例如,"脚气病是由什么病毒引起的?"其隐含判断是"脚气病是由病毒引起的",而事实上脚气病根本不是由病毒引起的,而是由于人体缺乏某种维生素引起的。所以,这就是个错误问题。

错误的定义、拙劣地提问,可能导致决策者判断失误,得出一系列行不通的或似是而非的解,也浪费了大量的人力、物力、财力。

知识链接

改进印刷用油墨水

1990年,美国印币局(BEF)着手一个计划:改进在美国印刷的纸币质量。相关当局将解决问题的途径关注于油墨并且下达指令:研制优质油墨。许多工厂和科研人员被集合到一起对此问题展开研究。政府机关和学院、工厂在研制优质油墨的问题上辛苦地工作了一年半之后,最终确定几所大学为该科研任务的实施单位。就在这些计划动手之时,印币局发现他们真正的问题不在油墨上而在印刷机上,抽走了科研经费。因为原来认识错了问题,印币局浪费了政府机关和学院、工厂数以千计的工时。

降低利润

20世纪80年代,美国政府在发展中国家开办了一个工厂,提取精炼厂的材料,用于制造肥料。当这个工厂被设计并建立伊始,肥料的价格十分高,该厂可以指望得到很大利润。不幸的是,在工厂投入运转后不久,肥料价格下降,结果,工厂运转造成亏欠。政府指令错误地指令:"关闭工厂,因为肥料价格太低,并且我们不能再对工厂的运转提供帮助。"然后,实习工程师们把这个情况作为课程设计来做,并且发现真正的问题不是肥料的价格,而是由于该工厂每周停电3~4次,造成运转的效率低。该工厂若使用应急发电机,还是可以创造不少利润的。

3. 认准问题的方法

的确,面对诸多问题,我们很可能在它的表象欺骗下轻率地去处理症状,而不去解决根本问题。例如房屋漏水,如若把一只水桶放在漏水处,确实能使问题得到暂时的解决,但是,为了尽量减少各方面的损失,有效的方法是发现和解决真正的问题——即漏的原因。由此,掌握相应方法,有助于我们从信息的海洋中分析情况、理解和认准真正的问题。一般方法总结如下:

①找出问题从那里来的。许多情况下"问题"不是由你自己发现的,而是由别

人或是上级给予的,确定你将要解析的问题是否反映真实情况是至关重要的。该方法就是要引导解题者特别关注"问题的来源",就问题的有效性展开探索。解题者不妨带着问题多问自己几个为什么。如:

- 问题起源于何处?
- 谁首先提出此问题? 你的上司,他(或)他的上司,你所在小组中的同事或是别人?
- 那人能说明他们如何得到那个问题的吗?
- 他的推理和假定有效吗?
- 那人在得到最终的问题陈述之前曾经从许多不同角度考虑过这些问题吗?
- 你是否搜集过关于此问题的信息?

解题者需要在这一系列不育其烦地追问中探寻问题的根源,将表向与事情的真相区分开来,切忌轻率地定义问题。下面的例子值得借鉴:

知识链接

水与农作物

美国阿卡迪亚政府想要寻找在荒地上培植庄稼的方法谋求增加农业产量。政府官员考察了一些地块后发现,当地贫瘠的土地上只有一些野生植物在生产,但是要种植庄稼则缺少充足的水分。他们相信,这些土地经过灌溉一定能生长出农作物。于是,阿卡迪亚政府提出了如下解决方案:"设计并建筑水坝,将流经这个地区的 ORECHA 河的水引来灌溉这些土地。"然而不幸的是,数以万计的钱花了,水坝也建成了,水也引来了,但灌溉没有得到预期的效果,还是培育不成农作物。

事实上,后来经过研究发现:该片土地是高浓度的盐碱地,引来的水把土壤中高浓度的盐碱溶解了,然后又进入植物的根部,能忍受这样高浓度的盐碱的植物是少之又少,结果不得不以枯死而告终。

造成失误的责任在谁? 让我们做如下设想:

- 如果阿卡迪亚政府在决策之前检测了土质,收集了很多信息。
- 如果阿卡迪亚政府在决策之前考虑到植物的生长不仅仅需要水还需要优质的土壤。
- 如果阿卡迪亚政府相关技术专家曾要求上级机关详细说明为什么要引水灌溉。
- 如果有人对政府的理由提出指疑,要求政府提供相关决策的详细根据,等等那么,是完全有可能查明真正的问题来源于何处,也许劳民伤财的事件就不会发生。

②仔细地查看问题;。一旦提出了某个问题,就要仔细地查看该问题及与其相关的所有方面,特别是当解题者对给出的问题无法定夺的时候尤其需要对与该问题相关的情况慎之又甚。可供排查的信息方案主要有:

- 认明所有可用的信息。
- 重温和学习有关的定理和基本原理。
- 收集遗漏的信息。
- 对问题给出简化的表述,解决之,以得到"大概"的解答。
- 假设和想象目前的情况可能存在什么问题。
- 头脑风暴,猜答案。
- 回忆过去或有关的问题和经验。
- 描述或定性地勾画解法,或勾画出解题的发展方向。
- 收集更多的数据和信息。
- 在采取上述的部分或全部行动后,对你所认准真正的问题作简明的陈述。

在认准问题的过程中,如若能够依照上述程序进行仔细甄别,有可能引导解题者理解和认准真正的问题。例如,下面的例子就很有借鉴意义。

知识链接

化纤为什么会发黑

某化纤厂发现生产的化纤发黑。班长和厂长来现场了解情况,下令整顿停工查明原因。班长推断导引化纤进入橡皮桶的铅滑轮可能出现故障,致使滑轮上的铅沾到化纤上去了;厂长则推断是原料出了问题。后来经过仔细查验表明:两个人的推断都是错误的。他们之所以会出现这样错误,就在于他们连使化纤发黑的物质是什么都没有搞清楚。后来总工程师来了,用切开发黑化纤进行检验的方法,了解到化纤发黑只是表面,并不是里外都发黑,而发黑的物质是碳黑,并不是铅。这样一来,寻找原因的范围大大缩小了,缩小到找碳黑的来源。使化纤发黑的碳黑是从哪里来的呢?于是,有人就想到附近有个锅炉房,锅炉房的烟尘冒出的烟有碳黑。然而令人生疑的是,这家工厂有6间厂房,只有一间厂房生产的化纤发黑,且生产发黑化纤的时间并不长,只有一二个小时。后来经过若干天排除终于查明原因,是由于当天凌晨三四点的时候有辆烧煤的机车在化纤发黑的那间厂房外面停留了一阵子,机车冒出的烟飘进了这间厂房的入气口所致。所有的人员终于长长地松了口气。

从上述的例子中我们注意到,若仔细地查看问题有助于揭示真正的问题,如果厂方能按照以下的方案行事是可以避免走弯路的。

知识链接

仔细地查看问题——化纤为什么会发黑

● 认明有用信息:该工厂生产出了发黑的化纤,且仅表面为黑色。

● 重温基本原理:导致化纤发黑的原因有哪些,尽可能详细地罗列所有可能产生的因素。

● 搜集遗漏的信息:在正常生产的过程中有否特殊情况发生,比如机械、人员、环境、材料等方面的诱因。

● 进行量的计算:黑色的化纤大致占当天总产量的百分之几,大致在哪个时间段产生该种产品。

● 假设并想象:假设生产设备有问题,设想在该设备处于问题运转下会生产出什么样的产品?假设是原料有问题,设想劣质的材料投入生产后的状况?假设除了设备和原材料还可能有什么东西会导致化纤发黑,等等。

● 猜测结果:可能问题出在机械设备上?也可能问题出在材料上?也可能出在附近的烟囱上?(如果解题者能从结果推导就会立刻排除上述原因,因为若是设备、材料、烟囱上的因素,那么就不会仅出现某车间、某个时间段的产品出问题的现象)

● 回忆过去的问题、理论和有关的经验:回想过去是否有类似事情发生。

● 收集更多的数据:对黑色化纤进行仔细检查后表明——实际上黑色物质是碳。(如若在调查之初就捕捉到了这一数据则事先完全可以排除设备、材料上的问题)

③确认“现在状态”与“期望状态”的完全吻合

所谓“现在状态”是解题者对目前所遇到的困难,给出的描述,“期望状态”是对解题目标的描述。一个真正的问题必定是“现在状态”与“期望状态”的完全吻合,困难与解决方案的完全对应。因此,“现在状态”“期望状态”相互吻合的方法将帮助我们想象:我们在哪里?我们要去哪里?怎么样使我们找到适当的路,并且能实际地从这里到那里。

在做这类吻合性分析时,不妨拿起纸和笔,将“现在状态”与“期望状态”写下,在一一对应中找准问题的症结。在写“期望状态”时,切忌使用像“最好的”、“最小的”、“最便宜的”、“在合理的时间内”、“最有效的”等含糊的和不确定的字或词,因为这些用词对不同的人有不同的涵义。例如，"儿童游乐场在花费不超过 10 万美元的前提下，必须在 1994 年 7 月 1 日完成"，而不是"游乐场应该以最少的花费在合理的时间内完成"。若用后者的表述，那么金额数与日期就无法确定，失去了陈述信息的可靠性。为了使"现在状态"陈述与"期望状态"陈述对口，对于"现在状态"考虑到的每一点，在"期望状态"中也应该讲到。再则，"期望状态"不应该包括"现在状态"没有涉及的问题的解决。需要指出的是，我们所说的对口是指完全的吻合，不允许许多可供选择的解存在，一旦出现多解就意味着未能抓住问题的关键，增加了未达到真实的问题陈述的可能性。下列的例子详细论述了运用"'现在状态'与'期望状态'的完全吻合"认准问题的过程：

知识链接

击中有问题的部位

第二次世界大战中，许多飞机在参加对德国的轰炸任务中被击落。也有许多飞机带着子弹和炸弹留下的洞，奇迹般地安全返航。每架飞机受伤的部位非常相似。于是对该问题的解决方案设定为："用较厚的装甲板，加厚受伤的部位"

现在的状态	期望的状态
许多炸弹和子弹	较少的飞机被击落

论述：现在状态和期望状态不一一对应。

现在的状态	期望的状态
许多炸弹和子弹穿透飞行器	较少的弹洞

论述：两种状态是对口的，但是，现在状态和期望状态之间的区别不十分明显。可能一发炮弹击中飞机的关键部位就把它击落了。

现在的状态	期望的状态
许多炸弹和子弹穿 穿透关键部位和非关键部位	较少炸弹和子弹 穿透关键部位

论述：现在这两种状态是对口的，并且他们之间的区别也很明确，打开了许多解题思路。比方把操纵机械装置移到保护得更好的地方，提供备用的重要部件等。

显然，如果按照原来下达的指令"用较厚的装甲板，加厚受伤的部位"是徒劳的，因为返航飞机的受伤部位根本不是关键部位，这样的做法不会对飞机的安全性产生任何效果。

④对认准的问题予以评估

依照上面所述的方法推断出了问题的症结,然而并不意味着认准问题的活动已大功告成、万事大吉,为了提高解题效率,有必要对"问题"进行评估,从而准确无误地告诉自己——这就是我要解决的真正问题。下面的核实表会对你的评估有所帮助。

● 你确实了解该问题的所有部分吗?
● 你将该问题的所有有用信息都烂熟于心吗?
● 你确定没有遗漏有用信息吗?
● 对于该问题的假定和信息你确定没有质疑吗?
● 有他人的意见左右你的判断吗?

矛盾的普遍原理告诉我们,在复杂的社会生活中,不同类型问题的产生、发现、认识和解决是推动事物发展的普遍规律。发展就会遇到困难和问题;成才就会遇到挫折和考验;有问题就意味有希望。只要敢于正视问题、解决问题,就可以不断前进。如果希望"没有问题",试图回避问题,那恰恰是最大的问题。若想成为一名成功的解题者,主动的探询问题、发现问题将有助你迈开成功解题的第一步。正如,美国通用汽车公司的管理顾问查尔斯·吉德林曾说过:把难题清清楚楚地写出来,便已经解决了一半的问题。

游戏与活动

(1)巧解密码

下列算式中上、中、下三行各是一个人名:

$$
\begin{array}{r}
DONALD \\
+ GERALD \\
\hline
ROBERT
\end{array}
$$

已知:D=5

任务要求:①把字母换成数字;②字母换成数字后,下面一行数字答案必须等于第一行和第二行之和。

(2)游戏

游戏名称:杀人游戏

游戏目的:

杀手不用语言,只用眼睛杀人;平民运用逻辑推理和直觉判断,寻找杀手;参与者都可以为自己的清白而辩解。这一游戏可以提高参与者的观察能力、辩解能力和综合素质。

游戏准备：

方案一：参加游戏人数共11人,准备11张纸片。抽到 ："□"的为平民——9人,"X"的为杀手——1人,"○"的为法官——1人。

方案二：参加游戏人数共12人,准备11张纸片。抽到："□"的为平民——9人,"×"的为杀手——2人,"○"的为法官——1人。

实验内容：在法官的主持下,当大家闭上眼睛后,杀手用眼睛看谁,就等于告诉法官该人被杀,剩下的平民们要及时找出杀手,否则就会被再杀一人,直至杀光。平民们可能会怀疑自己内部的人,错杀了平民而放走了杀手,这种冤假错案是很难避免的。这也是游戏趣味性所在。

本游戏可以选择方案一,也可以选择方案二。当游戏参与者站成一圈后,主持人(或者是参与者中的一人)拿出有"符号"的纸片,让大家秘密抽取,由抽到法官的参与者主持接下来的游戏。

实验步骤或提示：游戏参与者站成一圈;法官说:黑夜来临了,请大家闭上眼睛;等大家都闭好眼睛后。法官又说:杀手请睁眼,请杀手杀人。杀手用眼睛看谁,告诉法官杀掉这位平民。法官说:杀手闭眼,天亮了,请大家睁眼。法官宣布谁被杀了,聆听遗言,指认杀手。被怀疑者为自己辩护,可再指认一个杀手。由法官主持大家举手表决,选出并杀掉嫌疑犯。如果被杀者是真正的凶手,游戏结束,平民胜利。如果被杀者不是杀手,游戏继续,从头开始。当最后剩下两人时,杀手仍活着,杀手获胜。

游戏点评：在游戏中,最主要的矛盾就是杀手和平民之间的矛盾了,杀手杀人但是要掩护好自己,不动声色,不要让平民怀疑到自己身上,而平民被杀要找出凶手,并也要保护好自己不要被当成凶手误杀。是一场生存与反生存的游戏。

课外思考题

(1)如何发现问题? 哪些是有研究意义的方向?

(2)举出在你亲身经历中因为错误的定义了问题而走弯路的一个实例。

(3)除了文中介绍的,你还有哪些正确定义问题的经验?

(4)一种用于气袋系统的推动用的燃料是:叠氮化钠与氧化剂混合压入小丸,被保存于钢或铝制的罐中。遇到冲击强化丸的叠氮化钠燃烧产生氧气充满气袋。如果它接触酸或重金属(例如铅、铜、水银和它们的合金),会形成有毒的和敏感的爆炸物。结果在汽车废弃之后出现了一个严重的问题:当一辆带有免爆气袋的汽车被送到汽车场压紧扯成碎片后,在那里他们可能与重金属接触。对于在汽车场里工作(先把它变成碎片然后使它成为有用的设备)的人来说存在很大的危险。

请针对上述情况应用本章节中所述的认准问题的方法予以分析。

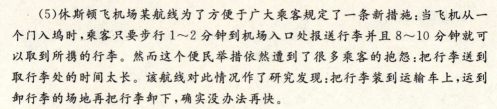

(5)休斯顿飞机场某航线为了方便于广大乘客规定了一条新措施：当飞机从一个门入坞时，乘客只要步行1～2分钟到机场入口处报送行李并且8～10分钟就可以取到所携的行李。然而这个便民举措依然遭到了很多乘客的抱怨：把行李送到取行李处的时间太长。该航线对此情况作了研究发现：把行李装到运输车上，运到卸行李的场地再把行李卸下，确实没办法再快。

你认为该航线应该用什么方法消除抱怨？

(6)美国 BUG-B-GONE 公司发明出一款灭蟑螂的产品——含 active ingredient 成分的杀蟑药。该产品与传统的杀蟑药剂相比以效果显著、使用方便见长，家庭主妇们不需要再找蟑螂向活体蟑螂喷洒药剂，她们只要将含有药物成分的容器置放于地板或某个角落蟑螂就立刻消失了。该产品在试销给南方几个州家庭中，每个看了试验有效性的人都赞扬该产品，称其为灭蟑螂能手。然而，尽管进行了多次促销活动，传统的灭蟑剂还是比这种新产品畅销的多。

请问是哪些原因导致 BUG-B-GONE 公司的灭蟑产品无法打开销路。

第十一章　解决问题的方法

本章节就"方法的定义"、"解决问题的方法论原则"进行概述,并提出了若干种具有代表性的解题模式。

问题之所以成其为问题,是因为它永远不会自动消失。不仅如此,听任问题发展,极可能导致事态的进一步恶化。对待问题,苦恼、悲伤、抱怨……统统是毫无裨益的。唯一的办法,就是正视它、分析它、进而解决它!而方法是解决问题的根本。对待问题,方法为王。在界定"问题"之后,本章节将进一步对方法的定义解题方法的原则、解题模式作出评述。

第一节　解题方法概述

一、什么是方法

与问题的多义性相似,对于"方法"的理解也具有颇多论断。如,法国经济心理学家 P. 阿尔布根据方法与技术之间的区别,认为"方法"是相当简单的、具有一系列有规律的操作过程,它具有统一性、普遍性、一经制定就一劳永逸的特点;德国哲学家柯·迈纳对方法论进行了较为深入细致的研究后,将"方法"定义为:方法是普遍方法和专门方法的集合,对所有科学都具有指导意义,它的存在必须与辅助手段(物质方式或能力方式,或与物质实体相结合的东西)紧密联系。

概括起来历史上关于"方法"的定义主要有以下几个观点:

(1)方法意指怎样才能完全地认识一个客体的方式;

(2)方法意指与必要规则相联系的行动方式;

(3)方法是对从原则推出一些东西为这样一种方式的一般说明;

(4)方法是手段的统筹安排,通常这种安排将最好地达到目的;

(5)方法是一门科学获得有关其对象的有效判断的方式;

（6）方法是规则的集中体现，根据这些规则，认识或意愿的某种素材在统一看法的意义上基本得到确定和判断；

（7）方法是指为了达到一个目的，对一个对象所采取的任何一种应用方式；

（8）方法是关于认识世界和改造世界的目的、方向、途径、策略手段、工具及操作程序的选择系统。

一般而言，当前的理论界倾向于把"方法"定义为——在给定的前提下，为达到一个目的而采取的行动、手段或方式。形象地说，当一个人基于某种原因而想完成一项任务或从事一件工作时，他会进行三个方面的思考：①他必须弄清楚这样做的目的和要达到的目标；②，他必须思考，哪些东西可以作为前提条件和辅助手段供他使用，也许还要考虑哪些条件易于满足或哪些东西易于做到，哪些条件必须满足或哪些东西必须做到；③他必须思考从前提到目标的途径，这个从前提到目标的途径就是实现目的方法；而这个思考的结果就是"方法"。

二、解决问题的方法论原则

解决问题的方法虽然没有千篇一律的模式，但也不是完全无序，它有一定的规律性。下面给出的几条启发性原则，有助于提高解题方法的摸索，防止不必要地盲目探索。

1. 方法与问题相适应原则

方法与问题相适应原则有两层含义：其一是方法与问题的类型相适应；其二是方法与解决问题的发展过程和水平相适应。第一点，不难理解，有什么问题用什么解法，到什么山头唱什么歌，这是再也简单不过的道理。第二点，从发展的过程来看，在解决问题过程的早期和后期方法会有所不同。初次进入一个陌生的领域，面对一个复杂的问题，精确的计算和严密的推理往往派不上用场，这时就需要解题者用宏观的视角，从整体的角度找出薄弱环节和切入点。从解决问题的水平来看，不同的水平对方法也有不同的要求。以欣赏某部电影作品为例来说明这一点。影视作品的欣赏由低到高可分为以下三个水平或阶段，它们分别要求不同的欣赏方法。低水平的欣赏是感性的，是头脑对欣赏对象的首次经验，结果表现为喜欢或不喜欢；理智的欣赏运用经验，做出比较和判断，判断要经历由初级向高级扩展的过程；评价性的欣赏不是建立在个人感情的基础上，不以个人的爱好作为评判的标准，这种欣赏包括了情感和理解两方面。

坚持"问题与方法相一致"的原则，就要求解题者在解决问题之前对问题进行分类，深入地分析问题的性质，准确地把握问题的类型，防止把一种性质的问题误认为或混同于另一种性质的问题。这一原则还要求解题者从问题出发去寻找解决问题的方法，针对不同的问题选择不同的方法，针对解题过程的发展阶段和发展水平选择与之相适应的方法。

2. 方法与思维对象和思维内容相适应的原则

思维决定方法,方法决定解题的成败。正确的思维活动指引解题者走向宽广的成功之路,错误的思维活动只会把解题者带向死弄堂。众所周知,海森伯在创立矩阵形式的量子力学的历程中,一个关键性的步骤是,他果断地进行了一次方法论的转向,即从基于力学原子模型的思维方法向基于可观察量的思维方法的转换。这是一个摆脱直观的机械模型思维,采用抽象的数学思维的过程。在完成了这次转换之后,他借助可观察原则和对应原理,打开了量子力学的大门。

坚持"方法与思维对象和思维内容相适应"的原则,就是要求解题者根据思维对象和思维内容的特点选择思维方法。准确地选择合适的思维对象和思维方法,防止把方法的得出寄托在错误的思维活动之上。另外,方法的得出可能不单单依靠一种思维模式,尤其是对那些具有难度的问题而言,在已有的方法不适用时,就要求解题者能及时地转换方法,创立新的方法。

3. 方法互补的原则

历史和逻辑告诉我们,每一种方法都有其适用范围,有其局限性,没有万能的方法。正如前面"创造技法"章节中我们曾介绍过的"头脑风暴法",这种方法要求解题者以会议讨论的方式,通过自由联想达到创造知识互补、思维共振、相互激发、开拓思路从而收到思考流畅、思维领域扩大、获得题解的效果。并且,对解题者的数量也具有一定要求,通常,人数要求在 5~20 人之间。显然这种方法不适应于单枪匹马类的解题群体。由此可见,每一种方法都有其独特的视角和出发点以及途径与方法。

俗话说得好"三个臭皮匠,顶个诸葛亮"。

个别思维形式和方法的局限性必然要求解题者把不同的思维形式和方法互补起来,使之取长补短、扬长避短。方法互补的原则必然要求解题者,充分发挥每一种思维形式和方法的作用,掌握多种思维形式和方法,根据实际情况和所面临的问题及时调整思维形式和方法,变换思维角色。

第二节　解题过程的模式

俗话说:"授人以鱼,不如授人以渔",即教人解决一个问题的方法,不如教人解决问题的方法。关于解决问题的过程,不少中外学者从不同角度、不同领域、不同学科对其进行了考察,提出了多种模式。其中有二阶段模式、三阶段模式、四阶段模式、五阶段模式和六阶段模式,以及其他模式。

一、二阶段模式

最简单的模式是二阶段模式。它把解决问题的过程分为两个阶段:产生想法(或提出假说)和评价想法(或检验假说)。前一阶段运用创造性思维(或产生性思维),后一阶段运用批判性思维(或评价性思维)。这种解题模式存在着过于简单化的缺陷,仅使用于解决日常生活中简单的问题。比如吃饭,通常由人感觉饥饿,然后选择消除饥饿的方法就是吃饭。

二、三阶段模式

三阶段模式中,值得一提的有王国维、邓克尔和彭加勒三位学者提出的模式。

1. 王国维三重境界论

王国维先生在《人间词话》提出了名为"三重境界"的解题模式。这三重境界或三个阶段分别是:

(1)静思冥想(类比为:昨夜西凤凋碧树,独上高楼,望断天涯路);

(2)坚持苦索(类比为:衣带渐宽终不悔,为伊消得人憔悴);

(3)突然顿悟(类比为:众里寻他千百度,暮然回首,那人却在灯火阑珊处);

王国维先生明确指出:这三重境界是古今之成大事业、大学问者必经之三种境界。虽然它未必适用于一般解题者,也未必适用于解决一般问题,但该模式从心理的角度生动形象地刻画了解题者在解决问题时所呈现的行为和心态,对于一个完整的解题模式,它确实是不应缺少的。

2. 彭加勒模式

法国著名数学家、科学哲学家、约定主义代表人物彭加勒把创造性地解决问题的过程分为如下三个阶段:

(1)有意识的工作阶段。在这一阶段解题者收集证据,明确问题,做一些解决问题的尝试。

(2)无意识的工作阶段。在这一阶段,解题者让观念自由组合并选择有用的和丰富的组合,排除无用的组合。

(3)对所选择的假设进行有意识的加工阶段。由于选定的假设提供的仅仅是一个必须遵循的提示或指导,而不是完整的结构,也没有充足的证据,因此,解题者还需要花很多时间和精力去解决各种不同的难题:搜集证据、进行论证、构造模式、建构理论系统,等等。

彭加勒模式重视无意识加工在形成假设和选择假设中的作用,这与现代认知心理学或认知神经科学时隐性思维加工的观点有暗合之处。

3. 邓克尔三层次论

德国心理学家邓克尔的三阶段模式把解题过程(图 11.1)分为三个阶段或三个层次:一般解法;可能解法;特殊解法。

(1)一般解法。是指对待解决的问题进行表述并探索可能的解决方向或解题角度。

(2)"可能解法"。是指,改造并缩小解题的一般范围。

(3)特殊解决法。是对可能的解决作具体化和特殊化的处理,这一阶段直至问题的最终解决或无法解决为止。

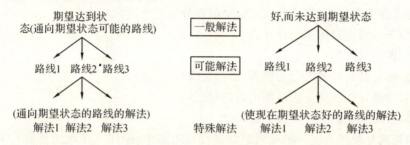

图 11.1　邓克尔图解

邓克尔模式对于解决经验问题、具体的问题和可操作性强的问题是有效的,具有很强的启发性和指导性的。但它对解决目标不明确、条件不充足的问题和涉及不可直接观察现象的问题效果就未必好。

三、四阶段模式

G·华莱士提出了四阶段模式。四阶段模式把解题过程分为四个阶段:准备阶段;酝酿或孕育阶段;明朗阶段;验证阶段。

(1)准备阶段。在准备阶段,解题者已明确了所要解决的问题,他往往会以联想的方法将一系列与该问题相关的信息在脑海中展开排查,并试图用一些可用的术语来表达它。这个阶段往往很快消融成明朗和验证阶段。

(2)酝酿式孕育阶段。"酝酿或孕育阶段"出现在"准备阶段"和"验证阶段"之间。其时间差异很大,少则几分钟,多则数月、甚至几年,其性质也各不相同,各有妙处。在这一阶段,人们常常在一段紧张思考之后,暂时搁置问题,让信息处于孕育状态,让其逐渐成熟。在这一阶段,虽然解题者没有对问题进行有意识的加工,但由于潜意识的参与往往能产生重大的突破,甚至迅速地解决。

(3)明朗阶段。"明朗"是指发现了解决问题的途径与方法,形成了解决问题的初步假设,找到了问题的答案或得出了结论。问题的明朗化可以是突发的、跳跃的,也可以是渐进的、连续的;可以是直觉的,也可以是逻辑的。这一阶段获得的观念可能是正确的,也可能是错误的。

(4)验证阶段。"验证阶段"是最后的主要阶段。在这一阶段,解题者对提出的解决方法和方案进行详细、具体的叙述并加以运用和验证。如果假设得以确证,则予以进一步完善;如果假设被证伪,则全部或部分重复解题过程。

该模式关心的是一般的或普遍的创造性问题的解决过程,较好地反映了问题解决的几种不同的认知状态。

四、五阶段模式

美国哲学家、教育学家杜威把解决问题分为5个阶段:

(1)开始感受到问题的存在;

(2)识别出问题;

(3)收集材料并对之分类整理,提出假设;

(4)推断这些解决方法可能出现的结果:

(5)接受其中的一种解决方法;

该模式是根据人实际解决问题的过程提出来的,是建立在理论思辨与实践描述相结合的基础上。它把发现问题和解决问题分开处理,把发现问题作为解决问题的起点,这不仅仅在逻辑上是清楚的,而且从方法论和认识论上看,更有助于揭示各自的内部结构和认知识过程。另外,该模式把推断各种解决方法可能出现的结果作为一个独立的阶段或步骤,强调提出种种可能的解决方法,充分显示其重视逻辑思维在解决问题过程中的作用,对解决数学问题具有指导意义。

五、六阶段模式

如果说杜威主要是立足科学研究活动来提出解决问题的五阶段模式。那么约瑟夫·罗斯曼则是从发明的角度提出他的六阶段模式的。他把解决问题过程分为以下6个阶段:

(1)观察到有一种发明的需要或遇到了困难;

(2)明确地表述问题;

(3)对现有信息进行普查;

(4)批判性地考察种种问题解决的方法;

(5)系统地形成各种新观念;

(6)检验这些新观念,并接受其中经得起检验的新观念;

这种解题模式,强调批判性思维在解决问题过程中的作用。主张系统地阐明新观念,这对发明活动是有明显实际意义的,而且这一提法暗示了逻辑思维和系统思维在发明过程中有用武之地。然而,该模式并没有提到新观念、新思想的诞生过程,因此具有一定的局限性。

六、七阶段模式

以提出"头脑风暴法"而闻名世界的发明理论家奥斯本把创造性解决问题的过程分为 7 个阶段:

(1)定向:强调某个问题;

(2)准备:收集有关材料;

(3)分析:把有关材料分类;

(4)观念:用观念来进行各种各样的选择;

(5)沉思:"松弛",促使启迪;

(6)综合:把各个部门结合在一起;

(7)估价:判断所得到的思维成果。

强调综合在创造性解题过程中的作用,这是奥斯本模式的一个显著特点。这可能与他以发明活动为主要考察对象有关。对发明活动来说,取百家之长,融为一体,是一种非常重要的创新方式。

八、现代认知派的模式

自皮业杰的认知理论面世和认知心理学产生以后,人们热衷于从认知的角度来解释人类解决问题的过程。将人类解决问题的过程划分成了一个一个阶段,但是,他们的描述并非仅仅停留在对表面现象的描述之上,而是在认知的层次上,使用诸如"认知结构"、"图式激活"、"问题表征"等术语对问题解决的各阶段进行更深入的描述,更真实地描述了人类解决问题的动态过程,对解题技能的培养和教学具有更好的指导意义。

1. 奥苏贝尔等人的模式

奥苏贝尔和鲁宾逊以几何问题的解决为原型,于 1969 年提出了一个解决问题的模式(见图 11.2)。这个模式表明,解决问题一般要经历下述四个阶段:

(1)呈现问题情境命题。

(2)明确问题的目标和已知条件。学生利用有关的知识背景使问题情境与他的认知结构联系起来,从而理解面临问题的性质与条件。这样一方面规定解题过程的目标或终点,另一方面明了问题的最初状况,提供了进行推理的基础。

(3)填补空隙。填补空隙是解决问题的核心。学生看清了"已知条件"(他当时的状况)和目标(他必须达到的地方)之间的空隙和差距之后,便利用有关背景命题,根据一定的推理规则和解题策略来填补问题的固有空隙。

(4)解答之后的检验。问题一旦解决,通常便会出现一定形式的检验,查明推

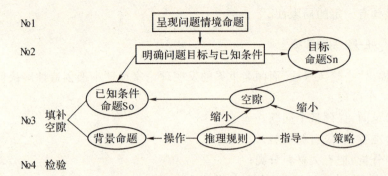

图 11.2　奥苏贝尔解决问题的模式

理时有无错误、空隙填补的途径是否简捷,以及可否正式写下来供交流之用等。这一模式的特点是不仅描述了解题的一般阶段,而且指出了原有认知结构中各种成分在解决问题过程中的不同作用,为培养解决问题的能力指明了方向。但是,这一模式是以数学中的问题解决为原型的,并不完全适于其他学科,因而缺乏一般性。若将其用于一般性问题的解决,需要解题者仔细甄别。

2. 格拉斯的模式

根据格拉斯 1985 年的观点,可以把解决问题的过程划分为互相区别又互相联系的四个阶段(图 11.3)。

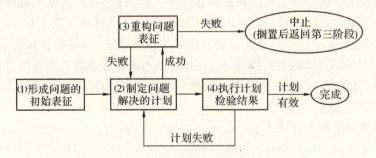

图 11.3　格拉斯解决问题模式

(1)形成问题的初始表征。问题的表征阶段也就是问题的理解阶段。在解决问题之前,首先要把问题空间转换到工作记忆中,即在工作记忆中对组成问题空间的种种条件、对象、目标和算子等进行编码,建立表征。

(2)制订计划。当对问题建立起表征后,就要制订解决问题的计划。制订计划就是从广阔的问题空间中搜索出能达到目标的解题方法,也就是说从长时记忆中搜索出与解决问题的方法有关的信息。在搜索过程中,如果发现了过去解决同类问题的办法,那么,利用这种办法就可能成功地解决当前的问题,否则,可能要探索其他方法才能解决问题。

（3）重构问题表征。如果第一阶段建构的表征对于执行计划是不充分的，就必须重构问题表征。重构的问题表征与建立的初始问题表征在许多方面有相似之处，但有时需要摒弃初始问题表征，而建构新的表征。

（4）执行计划和检验结果。把解决问题的方法实施到实际中去的过程，就是执行计划的过程。我们可以把第二阶段制定的解决问题的方案看作一个可操作的程序，如果程序只包含几个可以具体计算出来的步骤，计划就会很快得到执行。但在大的程序中，不仅程序的结构本身较为复杂，而且每执行一步就有可能出现顾此失彼的现象。

对操作程序执行的结果必须给予评价或检验，这个过程也是反馈过程。解决问题者把问题的答案同初始的问题表征相匹配，如果利用操作使问题的初始状态转变成了目标状态，问题解决就是成功的。特别是当解决此问题的程序系统对于解决其他问题同样有效时，就把它存储在长时记忆中，以解决其他的同类问题。当然，通过检验可能发现结论是错误的，这就要返回来修订计划，甚至摒弃原来的计划，采取新的解决问题的方法。

问题解决的这 4 个阶段有机地联系起来，形成了问题解决的过程。另外，在问题解决的每一阶段都有可能发生新的问题，因此，问题解决的过程是迂回曲折的、而不是线性发展的。

3. 基克等人的模式

基克等人根据对解决问题策略的研究，认为一般性的解决问题的策略包括四个阶段（图 11.4），并在此基础上提出了一种有助于一般性问题解决策略教学的模式。

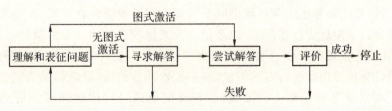

图 11.4　基克解决问题模式

（1）四个阶段

①理解和表征问题。理解和表征问题包括找出相关信息，忽略无关的细节，准确理解问题中每一个句子的含义，并且集中问题的所有句子，达到对整个问题的准确理解。对于许多问题，运用图形表征可能更有助于我们理解整个问题。

从解决问题过程的模式中，我们看到问题表征阶段有两个主要的结局。第一种，如果你对问题的表征，能使你联想起一个即时的顿悟式的解决方案，那你就能解决这一个问题了。根据格式塔心理学的顿悟说,这就是顿悟式地解决问题,即对问题进行突然的重新组织或重新归类,从而明确了问题、联想起了一个可行的解决方法。用认知心理学家的话说,你已经激活了一个适当的图式,解决方法跃然而出。在某种意义上说,你并没有真正解决一个新问题,你只是再认了一个新问题,只是把这个问题看成你过去解决过的旧问题的一个"伪装"版本而已。这就是所谓的图式—驱动问题解决,即在问题情景与你头脑中的解题系统之间进行匹配。这样,你按"图式激活"的捷径,直接进入尝试解答阶段。第二种,如果并没有一个现在的图式能使你联想起一个即时的解答,你就得遵循寻求解答的路线。很明显,这条路径并不如前面那条途径有效,但有时,这是一条唯一的路。

②寻求解答(选择或设计解决方案)。寻求解答时,可能存在算法式和启发式这样两种一般的过程。常用的启发式有手段目的分析法、逆向反推法、爬山法以及类比思维等。如果寻求解答失败,就要退回到第一阶段对问题重新进行表征。

③尝试解决方案(实施计划)。当表征某个问题并选好某种解决方案后,下一步就要执行计划、尝试解答。在执行计划时,要保证每一个步骤的正确,防止出现系统的故障。

④评价结果。当选择并完成某个解决方案之后,就要对结果进行评价。如果成功,问题解决就停止,否则,就退回到前面几个阶段。

(2)模式的特点

①将解决问题的尝试错误说和顿悟说有机地结合在一起。在表征问题阶段,如果能激活一个已有的图式,突然重新组织或重新归类当前的问题,就能导致一个可行的解决方案。如果未能激活一个图式,就要寻求各种解决方案。

②将启发式和算法式两种解决问题的过程有机地结合在一起,在寻求解决方案时,既可以采用算式过程,也可以采用启发式过程而采用一定的策略。但是,任何启发式的方案最终都要通过算法式实施。这就好比计算机解决复杂的数学问题,不管计算机采用什么启发式方法,如手段目的分析法,最终都要落实在一步一步的加、减以及逻辑运算上。因此,在解决问题的过程中这两种过程都是很重要的。

③这一模式能合理地解释专家和新手在解决问题上的差异。专家解决问题,更多地在理解和表征问题阶段激活已有的图式,是对当前问题的再认,是一种"顿悟式"直觉。在专家的记忆系统中存储着许许多多的图式。而在新手的头脑中可资利用的图式非常有限,新手解决问题,更多的是利用尝试错误寻求解决方案。因此,专家的工作主要在理解和表征问题阶段,而新手的工作主要在寻求解答阶段。

④这一模式和教学实际比较接近,能有效地指导问题解决的教学。但是,对于每一阶段的具体过程、影响每一阶段效率的因素以及专家和新手在每一阶段中的

差异等等,还有待于进一步探讨。

从以上三种模式可见,现代认知派模式基本上都认为,解决问题就是把问题划分成诸多成分,从记忆中激活旧有的信息,或寻找新的信息。如果失败了,人就可能退后,另找方法,或重新定义问题或寻求解决问题的方法。这种问题解决不是线性的,问题解决者可能跳来跳去,跨步或联合一些步骤。

九、吉尔福特的智力结构解决问题的模式

众所周知,吉尔福特是以其智力结构模型而闻名于世的,他假定人的智力由这样三个维度组成:

(1)内容(视觉、听觉、符号、语义和行为);

(2)操作(求同思维、求异思维、评价、记忆保持、记忆记录和认知);

(3)产品(单元、类别、关系、系统、转换和蕴涵),因为人的任何操作都要针对一定的内容会导致一定的产品。

由此,人的智力可以划分为 180 种(5 个内容×6 个操作×6 个产品。他试图在其智力结构模型的基础之上,探讨人类问题解决过程和创造性思维。1986 年,他在《创造性才能》一书中,以智力结构模式为基础,提出了智力结构问题解决的SOIIPS 模式。

在 SOIPS 模式中,记忆贮存是其他一切心理运演活动的基础。记忆贮存不仅为每一项心理运演提供已有的信息,而且始终不断地记录着问题解决过程中正在出现的各种情况。图 11.5 中,与记忆贮存相连的箭头表明了记忆贮存是如何运演的。在 SOIPS 模式中,各决策阶段朝下指向记忆贮存的箭头,表明我们所采取的各种步骤,都可能被贮存在记忆中,至少是暂时性的贮存。因为,要使问题解决活动进行下去,并对这些活动做出评价,如果不把这些步骤贮存下来,难免会一次又一次地犯同样的错误。

解决问题的过程,始于来自环境和身体内部的输入。输入进入这个流通系统后,首先要经过一个过渡的过程,为的是不让所有外来信息都进入大脑,记忆贮存参与这一过程。这一步涉及两个重要的认知活动:认识到问题的存在和对问题的性质的认识。接着就到了发现问题解决办法的阶段。来自记忆贮存的许多信息在沿途中受到评价。因此,在获得理想的问题解决办法之前,可能会有一系列这样的循环往复。

吉尔福特的模式(图 11.5)以其智力结构模型为基础,结合学习的信息加工过程(即从外部刺激开始到感觉登记、工作记忆和长时记忆再到反应的过程)而提出的,这是对问题解决过程在更微观层次上的描述,不失为一种新的角度。并且,根据智力结构模型提出问题解决的创造性来自求异思维和转换两大因素,使问题解

决和创造性有机地联在了一起。但是,他的这一理论模式似乎对已有经验的作用未能给以足够的重视。如何利用这一模式促进对问题解决研究的讲一步深入开展,培养实际问题解决技能,还有待于进一步研究。

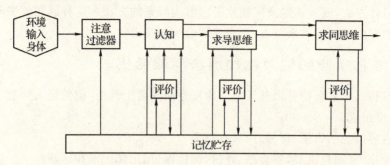

图 11.5 吉尔福特的智力结构解决问题的模式

将解决问题的过程分成若干个模式,并不是一成不变的,关键在于解题者根据自身的经验提高解决问题的有效思路。对于解决的具体问题来说,上述的若干种方法只是形,解题者之心才是其神。拥有一套良好的解题方法,谁说你不能从重重难题中脱颖而出。

游戏与活动

游戏名称: 称重游戏

实验目的: 游戏通过引导参与者运用逻辑分析,进行方案选优,旨在训练参与者的数字概念、组合思维及对方案的排列、可行方案的评价与选择,提高参与者对方案分析的熟练程度。

实验概况: 现有 12 个外形完全相同的球,其中 11 个重量相同,一个与其他 11 个重量不同。试用一架天平最多使用 3 次天平找出重量不同的球。

实验条件:

——地点:教室。

——小组成员:1～5 人,班级参与可以通过班级分组、小组推荐、个人代表等形式参与。

——实验器材:12 个外形完全相同的球,其中一个重量不同;一架天平(无砝码,不能直接称重量);若没有上述工具,可以在纸上拟订称重方案。

实验步骤或提示: 在学生实验困难以至出现课堂气氛不活跃的情况下,可以提供相关提示:"把 12 个球分 3 组,每组 4 个。先把其中两组球放入天平的左右盘,则天平要么平衡,要么倾斜,两种情况分开讨论:第一种情况为平衡,说明球在……;若不平衡,说明这两个球中有一个为要找的球……"

结果评价：用三次天平找出重量不同的球,时间最短的小组为优胜,时间最长者为劣

附：参考答案

把12个球分3组,每组4个。先把其中两组球放入天平的左右盘,则天平要么平衡,要么倾斜,两种情况分开讨论。

第一种情况为平衡,说明球在剩下的4个中。从中拿出两个放入天平的左右盘,若不平衡,说明这两个球中有一个为要找的球,从剩下两个球中任拿一个与它们中的一个交换,平衡,则被交换的球为重量不同的球,不平衡,则没有被交换的球为重量不同的球;若平衡,说明球在剩下的两个当中,拿出其中一个与天平里的任一球交换,不平衡,则它就是要找的球;平衡,则剩下的一球为重量不同的球。

第二种情况为不平衡,说明要找的球在天平上的8个球中。从天平左右盘各拿两球组成一组,再从任一盘中拿一球与3个标准组成一组进行第二次称重,若不平衡,则与3个标准球在一起的球为要找的球;若平衡,说明要找的球在剩下的3个球中,从左右盘各拿一个与两个标准球进行第三次称重,若不平衡,则剩下一球为要找的球;若平衡,则通过观察天平的倾斜方向可以找出重量。

课外思考题

(1)前述诸解题模式中,你认为哪一种解题模式最合理、最有效?

(2)根据上述介绍的几种模式,你能否结合根据自身经验建立起自己行之有效的解题过程。

第十二章 解决问题的技巧

本章重点

> 解决问题仅仅依靠实打实地死拼是远远不够的,所以在本章将教给解题者怎样用技巧解决问题。

解决问题的技巧是解题者品格、毅力、智力、创造性、素质等各方面因素的综合。学会找准薄弱点、化繁为简、创新观念、善于模仿、集思广益、举一反三、持之以恒、尽心尽责,问题总是会变得比想象中小得多。

第一节 先找问题的薄弱点

问题的薄弱点是问题最容易解决的部分。解决问题应该先从最容易解决、最有把握的部分做起。这就好比是士兵在战场上,一旦找到了敌人防线的"突破口",就会形成"势如破竹"的局面,而敌军一方则是"兵败如山倒"了。解决问题也是一样,先找到最容易的部分,由易到难,于是"难题"也就"不难了"。再举个简单的例子,我们每个人不论在童年还是成年,在习得语言的过程中,肯定是先从单音节的字开始学起(比如"妈"、"呀"、"啊"、"哦"、"A"、"B"、"C"、"D"),然后慢慢地学会说一个多音节词语、(比如,"爸爸"、"妈妈"),再到可以完整地说某个句子,甚至是更长篇幅的话语。

我国古代著名战例——赤壁之战,正是个"找准薄弱点解题"的成功范例。

曹操八十三万人马下江南,气势汹汹要灭吴吞蜀,但是他们的北方兵有一个致命弱点,就是不谙水性。诸葛亮与周瑜利用了这个弱点,先苦打黄盖,让曹操采用连环船计,最后借东风用火攻,一举打败曹操,以少胜多。

选择薄弱点并不意味着避重就轻。解决问题是一个循序渐进的过程,我们先做最有把握的事情,这样由易而难,在整个过程中就会对这项任务越来越熟悉,心里自然会树立一种信心,下一步会更加得心应手。即使困难越来越大,我们也能够沉着应付不失方寸。如果一上来就要做最困难的事情,那么很容易遭受失败的挫折。正如一位名人所言:"从一个易于成功的对象开始,成功就显得容易了"。无论解决什么问题,我们先从一个易于成功的点开始,逐渐推展到较为困难的部分往往会比一开始从事高难度的工作成功几率要高得多。即使你在某一个领域培养出高难度的技巧也应该抑制自己冒进的欲望,把你的目光稍微放低一些,先做最有把握的事情,以轻松的心情把最有把握的事情做好,才是最有效的办法。

另外,在解决问题的过程中时常会出现,到达某个进程后再用功也无法获得更多进步的局面,即所谓的"停滞点"。这时解题者也不妨尝试下"先找问题的薄弱点"的方法。你可以稍微放松地做些容易的事情,若是硬逼着自己冲过这个"停滞点"很可能产生紧张、困难等感觉,甚至形成恶性循环——越想解决越解决不了的局面。

举重世界冠军占旭刚在平时训练中经常会遇到某个重量无法逾越的困境,这时他会采取减轻负荷的方式练习些易举的重量,从而达到能力的提高。阿尔伯特,世界打字速度冠军的多年保持者,每当他达到"停滞点"时,他就练习一些"慢打"用比平时慢一半的速度打字。

先从最容易的、最有把握的事情做起,这是一个提高解题能力的重要方法。

第二节　化繁为简

在解题的过程中,解题者时常会被一些问题的复杂性所吓倒,但你是否尝试过将这个吓倒你的烦琐的大问题分解成为一个个简单的小问题来解决呢?迪卡儿说过:为了易于解题起见,把你所研究的每个问题尽你所能、尽你所需要地分解成若干部分。例如,万里长城不是一夜之间造成的,而是一天一天地逐步修建的;功能再强大的计算机软件也不是一蹴而就的,而是通过一个个小部分程序组成的。有耐心地从局部问题入手,不知不觉你会发现全局问题已经被解决了。杰出的数学家约翰·冯·诺伊曼的成功经验值得鉴戒。

知识链接

约翰·冯·诺伊曼的处事秘诀

约翰·冯·诺伊曼是20世纪最杰出的数学家之一,在《约翰·冯·诺伊曼传》中有这样一段话:

1954年10月,由总统任命约翰·冯·诺伊曼为美国原子能委员会委员。若干年后他的老朋友斯特劳斯这样评价约翰·冯·诺伊曼为该委员会服务的情况:

"从他被任命到 1955 年秋,约翰干得很漂亮。他有一种使人望尘莫及的能力,最困难的问题到他手里都会被分成一件一件看起来十分简单的事情,而我们所有的人都奇怪为什么自己不能像他一样那样清楚地看透问题的答案。用这样方法,他大大地促进了原子能委员会的工作"。

问题化繁为简过程包括目标的分解、方法(手段和途径等)分解两部分。

曾两度荣获世界马拉松冠军的日本选手山田本一在谈到他取胜的秘诀时说:每次比赛前,他都要乘车把比赛的线路仔细看一遍,并把沿途比较醒目的标志画下来,一直画到赛程的终点。比赛开始后,他就以百米的速度奋力地向第一个目标冲去,等达到第一个目标之后,他又以同样前速度向第二个目标冲去。40 多公里的赛程,就被他分解成若干个小目标轻松地跑完了。起初,他并不懂得这个道理,而把目标定在终点线上的那面旗帜。结果他跑十几公里时就疲劳不堪了。

山本田一这种分段实现大目标的方法,实质上就是一种分解问题的做法。虽然相对简单,但也是一个思维分解,并分段实施解决的活动。其基本思路可供其他类型的问题分解借鉴。是的,我们也许没有能力一次性取得巨大的成功,但可以积累无数个小成功,不管哪种看似是无法解决的困难被分解之后解决起来就会相对地轻而易举。

第三节　观念创新

思路决定出路,观念成就成败。许多解题者,苦在观念里,他们因为想不到,所以做不到,因为想不通,所以做不通。不同的观念产生不同的效果。

两个农民进城寻求发展机会,看到一杯水需要两元钱。一个想:在农村,水是不要钱的,这里连水都要钱,看来在这里不好生活,还是回去好;另一个却想:在我们农村,水是不值钱的,在这里却连水都能卖钱,看来在这里好生活,我应该留下来。结果,走的还是农民,留下的成了企业家。

前者把持着自然经济的陈旧观念,认为水是天然资源,不能作为商品,不能接受商品经济的新观念。而另一个农民则接受了商品经济观念,认为商品经济比自然经济好,接受商品经济的挑战。面对同一事悠扬,不同的观念成就了完全不同的结果,因此从这个意义上说,是否解题成功还取决于观念是否更新,落后的观念只能把解题者引向死路。

"贝塔斯曼"的直销创新之路

"贝塔斯曼"在欧美是一家以零售直销为定位的大公司,在全球拥有庞大的客户群。然而,来到中国却因为付款和运输上的问题导致生意惨淡一度难以打开市场。

就付款方式讲,当时的中国人普遍都不习惯用信用卡,人民认为最普遍、最方便、最为客户接受的方式就是用邮政汇款。假设客户在江苏一个小城市里,那么邮政汇款到达商家的期限是5~7天时间。整个流程大致如下:到当地邮局填写电子汇款单,然后传递上海的总局,在传到商家当地的支局,支局交给商家,最后在输入电脑。至于运输,商家拿到汇款单后再发货。接下来就是运输流程,发货可能可以还需要排队,具体安排还有看邮局业务量如何,如果是年底,可能还需要排好几天。运货的时候,从上海火车站运到江苏火车站又是几天。从整体流程上来说,从顾客下单到拿到包裹,可能至少需要14天左右的时间。所以付款和运输的流程周期成了"贝塔斯曼"中国发展中遇到的最大难题。

"贝塔斯曼"作图书的零售,利润本来就不高,由于基础设施和外部资源造成的问题,在有限的资源中怎么样来克服? 负责中国市场的首席运营官艾弥尔首先想到解决的是汇款时间的问题,可以不可以直接拿到电子信息呢? 如果是可以的话,这个时间就可以节省了。但是经过调研,邮局说,你们个人不可以,邮局是可以的。第二个,就是运输时间,"贝塔斯曼"的包裹可以不可以不去上海总局排队,直接去火车站? 邮局方面给出的回应是,不可以,邮局的包裹都需要先到分发中心。经过研究邮局的内部流程后,他们发现如果申请一个独立的邮政编码就可以成立一个专门属于它们的邮局的话,这两个问题就都能迎刃而解。于是,"贝塔斯曼"首创性的向中国邮政局申请了一个专门属于它们的邮局,并且聘请专业的邮政人员从事邮件的分拣工作。跳出资源限制后,收单和分单就直接放在"贝塔斯曼"公司里,最短只需一个小时,最长3~7天,等于每个订单都节省了3~7天的时间,邮局汇款的订单两天就可以直接发货到火车站。解决了这个两个难题后的"贝塔斯曼"很快在中国打开了市场,并且他的成功方案成了其他直销企业竞相模仿的典范。

新的办法是永远也想不完的,正是因为那些永不满足、不断探索的创新者的存在,在寻找新方法的过程中从不停步,才有了社会的不断进步与发展。

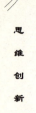
第四节　模仿成功的办法

　　汲取他人的解题经验,在理解、创新之后将其变成自己的解题方法,可以说是一种借鉴他人经验来获得自身成功的又一有效的解题方式。或许有人会质疑,创新与模仿间的矛盾性是否意味着本章节中的内容对成功的解题没有丝毫意义。其实不然,模仿本身就是创新的手段之一,创新并不排斥模仿。从成本与效率的角度看,创新中应该包含模仿,有创新性的模仿本身就是一种创新。

　　沃尔玛连锁百货公司的创始人山姆·沃尔玛曾经说过:"其实我做每一件事情的方法都是从别人处学来的。"潜能开发权威安东·罗宾也曾说过:"在我看来,模仿是通往卓越的捷径。也就是说如果我看见有人做出让我羡慕的成就,那么只要我愿意付出时间和努力也可以做出同样的结果来。"的确,很多人能解决问题或是获得成功,都是在模仿的基础上进行创新,在他人的基础上,加入自己独特的元素从而获得了自己的解题方法。

知识链接

一个针孔价值百万美元

　　在20世纪80年代,美国制糖公司每次把糖输送到南美时砂糖都会在海运过程中变得潮湿损失很大。为了克服这个缺点,他们花费了很多时间和金钱,虽然邀请专家从事研究但始终不能找出一个良好的办法。该公司有个工人他希望能够想出一个简单的防潮湿的办法,后来他终于发现,在糖包装盒的角落上撮个针孔使它通风就能达到防潮的目的,为此获得了十分丰厚的回报。

　　一位在打火机厂工作的先生从上述事件中获得了模仿的冲动,他希望自己能以此为启发获得某个专利。于是他从打火机上入手,经过上百次的实验后他发现:在打火机的火芯上钻个小孔很有价值,能防止油的挥发,若普通打火机注一次油可以维持10天左右,打孔之后就能一次注油保持50天左右。他马上向政府申请专利,然后开始大量生产这样的打火机,结果销路极佳赚取了大量的财富。

"构盾施工法"

　　1820年前后,英国要在泰晤士河河底建造隧道。由于土质条件差,河底松软,渗水,易塌方,用传统的开挖法行不通,施工产生了极大困难。负责这项工程的工程师布鲁尔内感到一筹莫展,十分着急。有天,他在室外行走时,无意中发现有只小虫使劲地往坚硬橡树皮里钻洞。忽然间,使他恍然大悟:河下施工为什么不能用这小虫子的掘进技术呢？用一个保护机构，一边向前挖掘，一边跟着将它推进，终于发明了"构盾施工法"——用空心钢筒打入河底，以此为"构盾"，边掘进边延伸，人们可以在构盾的保护下进行施工。

莫尔斯有线电报

19世纪30年代，美国发明家（原为画家）莫尔斯发明有线电报和莫尔斯电码，但在实用上遇到了困难：由于信号在传递中衰减，无法用于远距离通信。怎么办？他为此作了种种尝试，就是解决不了。有一天，他搭乘驿车从纽约到巴尔的摩，乘坐马车，途中观察到，邮车每到一个驿站就要更换拉车的马。这，顿时启发了他，使他想到，如果在电报通路沿线设置若干信号放大站，使每转一站所衰减的信号都能经过放大而得到恢复，这一来，远距离传输问题不就解决了吗？果然，这一创造性设想后来得到了实现，有线电报不久就一度成了远距离传输信息的通讯工具。

从上面几个例子，可以看到，通过嫁接性模仿，原本风马牛不相及的事物是可以触类旁通，取得创造性成果的。然而需要指出的是，模仿别人已有的成功办法也是要结合自己的实际情况的，不能生搬硬套，不然就成了"东施效颦"、"邯郸学步"。正如齐白石先生教育学生时说过的："学我者生，似我者死"。下面的这则寓言故事充分地告诫我们：解决问题的窍门在于你会不会把别人的正确方法正确地拿来使用，生搬硬套的模仿只会是弄巧成拙。

知识链接

一个人到树林里砍倒一棵树并动手把它锯成木版。他在锯树的时候，把树干的一头搁在树墩上，自己骑在树干上，还往锯开的缝隙里打一个锲子然后再锯，过了一会儿又把锲子拔出来再打进一个新地方。一只猴子坐在一棵树山看着他干这一切，心想：原来伐木如此简单。

这人干累了，就躺下来打盹。猴子见是机会，从树上飞快地爬下来也骑到树干上，模仿着人的动作锯起树木。可是，当猴子要拔出锲子时，树一合拢夹住了他的尾巴。猴子疼得尖声大叫，它极力挣扎把人给吵醒了，最后被人用绳子捆了起来。

成功的模仿要针对具体问题，对前人经验灵活地选取，同时不能只满足于模仿，更重要的是通过模仿循序渐进的创新。

第五节　善于集思广益

成功不能只靠自己单枪匹马,成功也需要集体的智慧,需要他人的依靠。即使你是"天才",凭借自己的创造力,也许可以获得一定的成功。但如果你懂得让自己的创造力与他人的创造力结合,让彼此各显其能、各尽其才,充分发挥他们的创造性,就定然会获得更加大的成就。众所周知,我们每个人的"心智"都是一个独立的"能量体",而我们的潜意识则是一种磁体,当你去行动时,你的磁力就产生了并将创造力吸引过来。但如果你一个人的心灵力量与更多"磁力"相同的人结合在了一起,就可以形成一个强大的"磁力场",而这个磁力场的创造力将会是无与伦比的。

大剧作家萧伯纳曾说过:"假如你有一个苹果,我也有一个苹果,两人交换的结果每人仍然只有一个苹果。但是,假如你有一个设想,我有一个设想,两个交换的结果就可能是各得两个设想了"。同理,当你独自研究一个问题时,可能思考 10 次,而这 10 次思考几乎都是沿着同一思维模式进行。如果拿到集体中去研究,从他人的发言中,也许一次就完成了自己一人需要 10 次才能完成的思考,并且他人的想法还会使自己产生新的联想。

日本企业的经营管理是以团队精神著称。"二战"后日本经济之所以迅速发展,除了有利的国际条件之外,还有一个重要的内因,便是日本企业非常重视团队成员间合作与智力互补。值得一提的是,集思广益的思维方法在当代社会已被越来越多地广泛使用(它能填补个人头脑中的知识空隙,通过互相激励、互相诱发产生连锁反应,扩大和增多创造性设想)一些欧美财团采用群体思考法提出的方案数量,比同样的单人提出的方案多 70%。

在解决的问题的过程中,要重视集思广益的作用,广泛地伸出我们的学习触角,和广大的能够为我们的决策提供智力支持的团队结合,去吸收更丰富的成功知识和经验来提供赖以迅速成长的养分,而不必耗费能量独自盲目的钻牛角尖。

问题永远难不倒人,只有人才会难倒人。当问题降临时,只要积极面对诚恳地向他人寻求帮助,虚心接受别人的建议,你就会发现:有那么多乐于帮助你的人,工作中的问题总能顺利地迎刃而解。

第六节　有毅力才能啃动硬骨头

问题的解决,自然不会经常是一帆风顺,必然会有这样那样的硬骨头让我们抓耳挠腮、百思不得其解。面对这样的情况,就需要解题者具有百折不挠、坚持到底、竭尽全力、不达目的不罢休的毅力。"精诚所至,金石为开"、"车到山前必有路"等谚语,都说明了毅力和忍耐力在解决问题中的重要作用。

知识链接

诺贝尔经过若干年的刻苦钻研发明炸药

诺贝尔从小在他父亲的影响下热衷于改进炸药的研究。可是他的父母并不赞成,因为搞炸药太危险了。但是诺贝尔却坚信改进炸药将会给人类创造极大的财富。父母被他执著追求的坚强意志所感动,只好默认了。

1862年初,诺贝尔开始研究利用硝化甘油来制造可控制的烈性炸药。他想:硝化甘油是液体,不好控制,如果把它与固休的黑色火药混合起来,不就便于贮存、控制了吗?他试着用10%的硝化甘油加入黑色火药之内,制成的混合炸药其爆炸力确实大大增强,但他不久就发现这种炸药不能长期贮存,放置几小时以后,硝化甘油就全被火药的孔隙所吸收,燃烧速度随之减慢,爆炸力大大减弱,因此没有实用价值。为了研制成一种可控制的高效能炸药,诺贝尔日以继夜地进行着大胆的试验和细心的观察。

1862年初夏,诺贝尔设计了一个引爆硝化甘油的重要实验:把一个小玻璃管硝化甘油放入一个装满黑色火药的金属管内,安上导火索后将金属管口塞紧;点燃导火索,把金属管丢入深沟。霎那间,轰隆一声,发生了剧烈的爆炸,这表明:里面的硝化甘油已完全爆炸。从中,诺贝尔认识到:密封容器内少量黑色火药的爆炸,可以引起分隔开的硝化甘油完全爆炸。第二年秋天,诺贝尔在斯德哥尔摩的海伦坡建立了他的第一个实验室,专门从事硝化甘油的研究和制造。开始,他用黑色火药作引爆药,效果还不十分理想,以后他又改用雷酸汞制成引爆管(现称雷管),成功地引爆了硝化甘油。1864年他取得了这项发明的专利权。

初步成功的喜悦尚未过去,接踵而来的却是一次沉重的打击。1864年9月3日,为进一步改进雷管的性能,制造更高效的炸药,他们进行一次新的试验。只听得轰的一声巨响,实验室被送上了天,地下也炸出了一个大坑。当人们跑来把诺贝尔从废墟中救出来时,满脸血迹的诺贝尔嘴里还在不停地说:"试验成功了,我的试验成功了!"是的,新炸药的威力是巨大的,然而,损失是惨重的:他的实验室完全被摧毁,诺贝尔的弟弟埃米被炸死,父亲重伤致残,哥哥和他自己也都受了伤。

事故发生以后,周围的邻居十分恐慌,当局也禁止他们在城内从事炸药生产或实验。结果,诺贝尔只能把设备搬到3公里以外马拉湖内的一只平底船上。但这丝毫也没有动摇诺贝尔制造新炸药的决心。几经周折,终于获得政府批准,于1865年3月在温特维根建造了世界上第一座硝化甘油工厂。诺贝尔生产的炸药,很受采矿业的欢迎。除了瑞典以外,在英、法、德、美各国也都取得了专利权。然而,新炸药的性能仍不够稳定,在运输中经常发生事故:美国的一列火车,在途中因颠簸而引起炸药爆炸,变成了一堆废铁;"欧罗巴"号海轮,在大西洋上遇到狂风,船体倾斜,导致硝化甘油爆炸,船沉人亡。

一连串的事故,使人们对硝化甘油又产生了疑惧,有些国家甚至下令禁运。面对这种艰难的局面,不少人劝诺贝尔不要再搞危险的炸药试验了,但诺贝尔不达目的誓不罢休,他考虑的是在不减弱爆炸力的同时,一定使硝化甘油炸药变得很安全。诺贝尔接连做了一系列试验,希望用一些多孔的物质,如木炭粉、锯木屑、水泥等吸附硝化甘油,以减少爆炸的危险,但结果都不令人满意。有一次一辆运输车上的一个硝化甘油罐不慎打破了,硝化甘油流出来和旁边作为防震填充料的硅藻土混在一起,却没发生事故。这给诺贝尔很大的启示,经过反复试验,终于制成了用一份硅藻土吸收三份硝化甘油的固体炸药。这种炸药无论运输或使用都十分安全,这就是诺贝尔安全炸药。然而此时的诺贝尔并没有停止他不断创造的角度,他再接再厉继续改进他的炸药。他把一份火棉(低氮量硝酸纤维素)溶于九份硝化甘油中,得到一种爆炸力更强的胶状物——炸胶,1887年,他又把少量樟脑加到硝化甘油和火棉炸胶中,发明了爆炸力强而烟雾少的无烟火药。直到今天,军工生产中普遍使用的火药,仍属这一类型。

然而需要指出的是,并不是所有的问题都会有确定的解法,解决问题还需要有一定权变性,要具体情况具体分析、因地制宜、因时制宜,撞了南墙还要懂得回头,才是明智的解题者应有的素质。记住:成功人士追求事业发展的方式往往是迂回曲折的,有时需要适当放弃眼前的、短期的利益去获得更有效的解决方法和更好的发展空间。

第七节　做"智慧型"的解题者

面对同样的难题,有的人可以应对自如,而有的人还没有开始就时不时出现这样或那样的屏障无法逾越。其中的关键就在于前者用大脑在解题。的确,办法是想出来的,想办法才会有办法。在解题时多动脑筋、勤于思考、善于用脑必定会使你脱颖而出。

草船借箭

诸葛亮在推动孙刘联盟的建立和运筹对曹军作战的方略中,所表现出的远见卓识和超人才智,使器量狭小的周瑜妒火中烧。为解除诸葛亮对他的威胁,周瑜设下置诸葛亮于死地的圈套。

周瑜的如意算盘是:一方面以对曹军作战急需为名,委托诸葛亮在 10 日之内督造 10 万枝箭;一方面吩咐工匠故意急工拖延,并在物料方面给诸葛亮出难题,设置障碍,使诸葛亮不能按期交差。然后,周瑜再名正言顺地除掉诸葛亮。圈套布置好的第二天,周瑜就集众将于帐下,并请诸葛亮一起议事。当周瑜提出让诸葛亮在 10 日之内赶制 10 万枝箭的要求时,诸葛亮却出人意外地说:"操军即日将至,若候 10 日,必误大事。"他表示:只须 3 天的时间,就可以办完复命。周瑜一听大喜,当即与诸葛亮立下了军令状。在周瑜看来,诸葛亮无论如何也不可能在 3 天之内造出 10 万枝箭,因此,诸葛亮必死无疑。

诸葛亮告辞以后,周瑜就让鲁肃到诸葛亮处查看动静,打探虚实。诸葛亮一见鲁肃就说:"3 日之内如何能造出 10 万枝箭? 还望子敬救我!"忠厚善良的鲁肃回答说:"你自取其祸,教我如何救你?"诸葛亮说:"只望你借给我 20 只船,每船配置 30 名军卒,船只全用青布为幔,各束草把千余个,分别竖在船的两舷。这一切,我自有妙用,到第三日包管会有 10 万枝箭。但有一条,你千万不能让周瑜知道。如果他知道了,必定从中作梗,我的计划就很难实现了。"鲁肃虽然答应了诸葛亮的请求,但并不明白诸葛亮的意思。他见到周瑜后,不谈借船之事,只说诸葛亮并不准备造箭用的竹、翎毛、胶漆等物品。周瑜听罢也大惑不解。诸葛亮向鲁肃借得船只、兵卒以后,按计划准备停当。可是一连两天诸葛亮却毫无动静,直到第三天夜里四更时分,他才秘密地将鲁肃请到船上,并告诉鲁肃要去取箭。鲁肃不解地问:"到何处去取?"诸葛亮回答道:"子敬不用问,前去便知。"鲁肃被弄得莫名其妙,只得陪伴着诸葛亮去看个究竟。

当夜,浩浩江面雾气霏霏,漆黑一片。诸葛亮遂命用长索将 20 只船连在一起,起锚向北岸曹军大营进发。时至五更,船队已接近曹操的水寨。这时,诸葛亮又教士卒将船只头西尾东一字摆开,横于曹军寨前。然后,他又命令士卒擂鼓呐喊,故意制造了一种击鼓进兵的声势。鲁肃见状,大惊失色,诸葛亮却心底坦然地告诉他说:"我料定,在这浓雾低垂的夜里,曹操决不敢贸然出战。你我尽可放心地饮酒取乐,等到大雾散尽,我们便回。"

曹操闻报后,果然担心重雾迷江,遭到埋伏,不肯轻易出战。他急调旱寨的弓弩手 6000 人赶到江边,会同水军射手,共约 1 万余人,一齐向江中乱射,企图以此阻止击鼓叫阵的"孙刘联军"。一时间,箭如飞蝗,纷纷射在江心船上的草把和布幔之上。过了一段时间后,诸葛亮又从容地命令船队调转方向,头东尾西,靠近水寨受箭,并让士卒加劲地擂鼓呐喊。等到日出雾散之时,船上的全部草把密密麻麻地排满了箭枝。此时,诸葛亮才下令船队调头返回。他还命令所有士卒一齐高声大喊:"谢谢曹丞相赐箭!"当曹操得知实情时,诸葛亮的取箭船队已经离去 20 余里,曹军追之不及,曹操为此懊悔不已。

船队返营后,共得箭 10 余万枝,为时不过 3 天。鲁肃目睹其事,极称诸葛亮为"神人"。诸葛亮对鲁肃讲:自己不仅通天文,识地利,而且也知奇门,晓阴阳。更擅长行军作战中的布阵和兵势,在 3 天之前已料定必有大雾可以利用。他最后说:"我的性命系之于天,周公瑾岂能害我!"当周瑜得知这一切以后,大惊失色,自叹不如。

看似无法解决难题因奇思妙想就这样轻而易举地迎刃而解。练就智慧的头脑,死结也会容易解开。在当下的现实生活中,类似的例子还不胜枚举。

知识链接

小颜色解决大问题

1952 年,由于遭受经济危机的影响,日本的东芝电器公司积压了大量的电风扇销售不出去。为此,公司的有关人员绞尽脑汁,然而销量依旧没有气色。

一天一位职员在街上看到很多小孩子拿着许多五颜六色的小风车在玩,头脑里突然想到:为什么不把风扇的颜色改变一下呢?这样既受年轻人和小孩子的喜爱,也让成年人觉得彩色的电扇能为屋里增光添彩啊。想到这样,小职员急忙跑回公司向总经理提出了建议,公司听了这个建议后非常重视,特地召开了大会仔细研究并采纳了小职员的建议。

第二年夏天,东芝公司隆重推出了一系列彩色电风扇,一改当时市场上一律黑色的面孔,很受人们的喜爱,掀起了抢购狂潮,短短时间内就卖出了几十万台,公司很快摆脱了困境。

思维,是人类特有的能力。在解题中,若仅仅只一味的蛮干是远远不够的,任何时候都要做一个用头脑努力去想办法、主动寻找方法的智慧型解题者。

第八节　学会反向思维——另辟蹊径

当传统的方法已经不能解决问题时,我们应该学会反向思维,另辟蹊径。实际上,促成人类社会进步的一切科技发明,起因都是解决问题过程中的"另辟蹊径"。比如,鲁班为了解决"怎样才能把树木砍得刀口匀齐"的问题而发明了锯,如果他仅限于传统的方法——把砍刀磨得更快,而不是想着去创造另外一种方法,那么他的名字永选不会与锯联系在一起。记住,上一次解决问题的办法,这一次不一定最适用,我们可能还有其他的办法,也许还有比传统的办法好上百倍千倍的办法。

宋代大臣司马光幼年时就聪明过人,"破缸救人"为后人传为佳话。

据记载,有一天他和许多小孩子在一起玩耍,忽然有个孩子掉进了盛满水的大缸里,要是不马上救他出来,就会被淹死。其他孩子急得手足无措,又哭又叫,不知怎么才好。这时司马光急中生智,取来一块大石头,用力砸破了水缸。缸破水流,孩子得救了。

司马光聪明在哪里呢? 为什么说他那么做就可以称得上聪明呢? 他聪明在善于另辟蹊径。一个人掉进水里,要想得救,只要使人与水分离便可。但要使人与水分离,却有两个途径:一是"让人离开水";二是"让水离开人"。人们平时遇到、见到、听到人掉进了塘里、井里、河里、湖里,用的都是把人从水中拉出来的办法,即"让人离开水",从来没有见过,甚至听都没有听到过,把塘、井、河、湖翻个身把人倒出来的。这种常识、经验,使人形成了一种固定的思维模式:"让人离开水"就成了救人出水的唯一办法。为什么当时许多小孩子都急得手足无措,束手无策呢? 就因为他们的脑袋被这种思维定势框住了。司马光则善于反向思维,觉得在这种情况下(人掉进缸里,而不是溏里、井里),可以用"让水离开人"的办法来救同伴的命。他的成功是反向思维"帮了他的忙"。

常规性的思维,是就是是,非就是非,有就是有,无就是无,正如恩格斯所指出的形而上学的思维方法就是"是—是","非—非","非此即彼"。实际上,在一定的条件下,是与非,有与无,都是可以转化的,所谓"亦此亦彼","亦是亦非"。

向不穿鞋的人卖鞋

美国和英国的两个制鞋企业同时向太平洋某岛派出销售人员去销售鞋子。由于两位销售人员的观念不同,第二天各自发回了一份电报。英国人向老板报告说,这里的百姓从不穿鞋,终年光脚板,因此这里不可能有订单,我准备马上离岛返回。而那位美国销售人员却向老板报告说,当地的人一双鞋还没有,这里是一个极大的潜在市场,请马上寄100双礼品鞋来。在英国营销员看来:这里不穿鞋,因而没有市场;而在美国营销员看来,这里现在不穿鞋,但可以让他们穿上鞋,因而将是个大市场。美国营销员先把100双礼品鞋送给当地的上层贵族头面人物,让他们感到穿鞋的好处,引发了消费体验,同时又激起了当地众多百姓的好感和羡慕,一时成了岛国的新闻热点。不久,大批美国鞋运到,即刻形成热销浪潮。穿过鞋的人知道了穿鞋的好处,没穿过的人早就想挤入"有鞋阶层",以抬高一下自己的"身价"。美国鞋商赚了大笔的钱,英国鞋商则空跑了一趟。

　　每一次成功的背后,都有"另辟蹊径"的创意,它是解决问题的"加速器"。许多时候,换一个角度考虑问题,情况就会改观,新的创意就会产生。所以,我们的思维要活跃起来! 当原来的路走不通时,要学会另辟蹊径!

第九节　责任激发潜能

　　责任是最根本的人生义务,只有承担责任,人才会变得强大。社会学家戴维斯说:"放弃了对社会的责任,就意味着放弃了自身在这个社会中更好生存的机会。"同样,一个解题者如果放弃了责任,也就放弃了成功解题的机会。在解决问题过程中,责任常常与能力一样重要。

活力来自于责任感

　　科学家们做过这样一个试验。巨大的铁丝网里关着狼的一家:公狼、母狼和小狼。试验一开始,科学家们首先把公狼放了出去,母狼和小狼仍然囚禁着。在此后的两个月内,时常看到公狼在铁丝网的外围徘徊,它皮包骨头,精神委顿,有气无力。按试验的原计划,下一步应该把小狼也放出去。然而,几位科学家对这个问题产生了分歧,很多人主张不要放走小狼,因为公狼的状态看起来很不好,恐怕活不了几天了,小狼交给公狼,弄不好"两狼俱损",试验的前期投入也将付之东流。但主持这个试验的科学家却坚持把小狼放走,他相信,试验的结果会印证他原先的预想。于是小狼被放到铁丝网外,此后的一段时间内,公狼和小狼消失在人们的视野中。终于有一天,公狼带着小狼又回来了,两只狼都很健壮,毛色油亮。原来,公狼承担了哺育小狼的责任,便一下子打起了精神,积极地捕猎食物,所以两只狼的健康都改善了。但它们仍然惦记着母狼,所以总待在铁丝网周围,不肯远走。最后,人们把母狼也放了,从此,三只狼再也没了踪影。科学家们说,公狼、母狼现在不仅共同承担养育后代的责任,而且也要互相承担责任,它们一定自由而快乐地生活自己的天地中。

这个试验告诉我们一个生物界的共有原则:活力来自于责任感,承担责任,才能激发个体的活力。责任给我们带来活力,使我们大脑中的思考从不停顿,当解题者的大脑处于"高速搜索"的状态,解题者就不难打开思路,拓宽眼界,增强工作的预见性和主动性,前进道路上的一切问题就会迎刃而解。自然,解题的前景也会"充满阳光"!正如耐基说过:"有两种人绝对不会成功:一种是除非别人要他做,否则绝不会主动负责的人;另一种则是别人即使让他做,他也做不好的人。而那些不需要别人催促,就会主动负责做事的人,如果不半途而废,他们将会成功。"

知识链接

沃尔玛创始人沃尔顿的成功之路

油漆工的儿子沃尔顿,不仅努力读书,假日也常常跟着父亲去给人刷油漆。他考上了美国著名的耶鲁大学,但家里拿不出足够的学费。他决定去打工挣钱上学。凭着他精湛的油漆技术,他接到了一个工程,负责油漆一栋房子的门窗。主人对他讲究质量的认真负责精神十分赞赏。可就在他支起刚刷好最后一次油漆的一扇门时,一不小心,门倒在一面墙上,雪白的墙上划出了一道漆痕。沃尔顿把墙上的漆痕刮掉,再拿涂料补上。可是,补上的涂料之处,与整面墙有轻微不协调。于是,他再买来涂料,将整面墙重新粉刷一遍。可这样一来,这面墙又与整间房子的其他墙有些不协调。虽然不细心看不出来,但为了墙面颜色一致,他将全部内墙全部粉刷一遍。他向主人说明了情况,请主人预支钱给他买涂料,并表示,这涂料钱从工钱里扣。主人很欣赏沃尔顿的认真负责精神,问道:"这样,你就没剩多少工钱了。"他回答说:"这是我的作品,不能留下让人指点的瑕疵。"这房子主人是个老板,叫迈克尔,他资助沃尔顿读完大学,还将女儿嫁给沃尔顿。十年后,他将公司交给沃尔顿经营。沃尔顿接手公司以后,不断扩张,使这个从美国中部阿肯色州的本顿维尔小城崛起的企业,发展到连锁店达 4000 多家,不仅遍布全美,而且遍布世界各地。这就是名列世界 500 强的沃尔玛零售公司。

责任感可以创造奇迹

几年前,美国著名心理学博士艾尔森对世界 100 名各个领域中杰出人士做了问卷调查,结果让他十分惊讶——其中 61 名杰出人士承认,他们所从事的职业,并不是他们内心最喜欢做的,至少不是他们心目中最理想的。这些杰出人士竟然在自己并非喜欢的领域里取得了那样辉煌的业绩,除了聪颖和勤奋之外,究竟靠的是什么呢?带着这样的疑问,艾尔森博士又走访了多位商界英才。其中纽约证券公司的金领丽人苏珊的经历,为他寻找满意的答案提供了有益的启示。苏珊出生于中国台北的一个音乐世家,她从小就受到了很好的音乐启蒙教育,非常喜欢音乐,期望自己的一生能够驰骋在音乐的广阔天地,但她阴差阳错地考进了大学的工商管理系。一向认真的她,尽管不喜欢这一专业,可还是学得格外刻苦,每学期各科成绩均是优异。毕业时被保送到美国麻省理工学院,攻读当时许多学生可望而不可及的 MBA,后来,她又以优异的成绩拿到了经济管理专业的博士学位。如今她已是美国证券业界风云人物,在被调查时依然心存遗憾地说:"老实说,至今为止,我仍不喜欢自己所从事的工作。如果能够让我重新选择,我会毫不犹豫地选择音乐。但我知道那只能是一个美好的'假如'了,我只能把手头的工作做好……"艾尔森博士直截了当地问她:"既然你不喜欢你的专业,为何你学得那么棒?既然不喜欢眼下的工作,为何你又做得那么优秀?"苏珊的眼里闪着自信,十分明确地回答:"因为我在那个位置上,那里有我应尽的职责,我必须认真对待。""不管喜欢不喜欢,那都是我自己必须面对的,都没有理由草草应付,都必须尽心尽力,尽职尽责,那不仅是对工作负责,也是对自己负责。有责任感可以创造奇迹。"艾尔森在以后的继续的走访中,许多的成功人士之所以能出类拔萃的反思,与苏珊的思考大致相同——因为种种原因,我们常常被安排到自己并不十分喜欢的领域,从事了并不十分理想的工作,一时又无法更改。这时,任何的抱怨、消极、懈怠,都是不足取的。唯有把那份工作当作一种不可推卸的责任担在肩头,全身心地投入其中,才是正确与明智的选择。正是这种"在其位,谋其政,尽其责,成其事"的高度责任感的驱使下,他们才赢得了令人瞩目的成功。从艾尔森博士的调查结论,使人想到了我国的著名词作家乔羽。最近,他在中央电视台艺术人生节目里坦言,自己年轻时最喜欢做的工作不是文学,也不是写歌词,而是研究哲学或经济学。他甚至开玩笑地说,自己很可能成为科学院的一名院士。不用多说,他在并非最喜欢和最理想的工作岗位上兢兢业业,为人民做出了家喻户晓、人人皆知的贡献。"热爱是最好的教师"，"做自己想做的事"，这些话已经是句耳熟能详的名言。但是，"责任感可以创造奇迹"，却容易被人忽视。对许多杰出人士的调查说明，只要有高度的责任感，即使在自己并非最喜欢和最理想的工作岗位上，也可以创造出非凡的奇迹。

责任会给你一双发现问题的慧眼，给你进取的力量，使你总能想出别人想不到的好办法。所以，要杜绝敷衍、推卸、不求甚解、嫁祸他人等一切不良行为，做个积极承担责任、勇于面对问题的人。

游戏与活动

(1)九点连线

实验目的

当遇到问题的时候，有没有更好的解决办法？不知不觉我们会为自己设置一些障碍，从而阻挡了对新观念、新思维和新方法的认可和接纳。实验的目的在于打破成规，突破限制，鼓励创意思考。你会发现解决问题的途径原来是很多的。

实验准备

——环境：教室

——形式：人数不限

——材料：每人一份纸和笔

——时间：20分钟

实验内容

首先，参与者要在规定的时间内用一笔把九个点连起来，线与线之间不得断开；然后，询问有多少人成功地解出了这道题，请他们谈谈解题的思路，探讨更多的解题方法；参与者经过启发，尝试找出更多的解题方法，总结自己解题的经验/教训，写下心得体会。

实验步骤

——让大家看一下由9个点组成的图形(如图)。请他们照原样把这9个点画在纸上，要求用一笔、4条直线把9个点连起来，线与线之间不得断开。

——给学员几分钟时间，让他们试着画一下。然后问有多少人成功地解出了这道题，并请一位自告奋勇的学员走到前面，画出正确答案。

——统计有多少种连接9点的方法和大家分享，交流解题的思路。

——鼓励学员发散思维，想出更多的解题方法。

——总结自己解题的经验/教训,写下心得体会。

结果评价

——现有图形的框架会影响我们的判断和思考,单一的思维方法会限制问题的出路。

——解这道题的关键是如何跳出我们自己或他人为我们画的框框。

——自主的创新和不断的学习,让我们解决的方法总比问题多。

附:参考答案

——可以一笔画出 3 条直线来把 9 个点连起来。第一条直线从上排左端那个点的上缘开始,向右下方延伸,穿过上排中间的点的中心和上排右端的点的下缘。第二条直线折返回来,穿过中排的 3 个点,从右至左,逐渐向下方延伸。最后一条线是再从左至右穿过下排的 3 个点。

——把纸折起来,让这 3 排点靠得尽可能近,这样画一道粗铅笔线就能同时盖住这 9 个点。

——拿一把画刷,只需在纸上刷一下,就可以把 9 个点同时连接起来

(2)智猪博弈。猪圈里有两头猪,一头大猪,一头小猪。猪圈的一边有个踏板,每踩一下踏板,在远离踏板的猪圈的另一边的投食口就会落下少量的食物。如果有一只猪去踩踏板,另一只猪就有机会 抢先吃到另一边落下的食物。当小猪踩动踏板时,大猪会在小猪跑到食槽 之前吃光所有的食物;若是大猪踩动了踏板,则还有机会在小猪吃完落下的食物之前跑到食槽,争吃一点残羹。

问题:两只猪各会采取什么策略?

(3)过河。一个人要带一只狗、一只鸡和一颗白菜过河,而船上除人外,每次只能带一样东西,问该如何运它们过河,才能使鸡吃不掉白菜,而狗吃不掉鸡。

课外思考题

(1)除书列举的 9 种技巧以外,你还能总结出哪些解题技巧?

(2)你认为"创新"与"模仿性创造"这两个解题技巧相互矛盾吗? 为什么?

(3)责任是激发潜能的唯一必要条件吗?

第五篇

创造型人才的自我塑造

创造力的发挥离不开创造性人才。而创造性人才的核心是人体创造素质的培养。通过对创造性人才内涵、知识结构、思维开发路径以及特质人格等要素的研究，我们进一步明确创造性人才的培养目标与方向，提升创造人才的自我修炼水平。

第十三章　创造型人才及其创造力测评

本章重点

本章首先从创造型人才的支持系统对创造型人才内涵进行解析,提出了创造型人才的知识和能力四维度结构,在对创造型人才与个人创造力内在关系分析的基础上,简要介绍了创造型人才个人创造力测评的四个代表性的测评工具。

有一句名言说道:"创造不是老师教出来的,而是靠自己'悟'出来的,即从实践和参与中得到的。"有创造性的人和没有创造性的人,是完全不一样的;有创造性的人生和没有创造性的人生,是完全不一样的。同是一轮天边明月,阴晴圆缺各不同。如果我们开发了自己的创造潜能,激发了自我的创新精神,你的人生就可能会迥然不同,你对人生的体验就可能会进入一个新的境界。

第一节　创造型人才的内涵

安邦治国需要政治家,保家卫国需要军事家,发展科技需要科学家,繁荣经济需要企业家。实际上,人们需要的是能根据变化莫测的政治、科技、军事、经济形势,作出创造性决策的创造型人才。美国英才教育委员会曾尖锐地指出:"日益增多的平庸之辈在威胁着我们国家和民族的未来。"曾任哈佛大学 10 年校长的陆登廷博士认为:"地球上最稀缺的资源是经过人文教育和创新性培训的智力资源。当智力资源对社会的发展比其他资源所起的作用重要时,智力资源的稀缺性就会表现得尤为明显。一个人是否具有创造力,是一流人才和三流人才的分水岭。"江泽民民同志曾经讲过:"创新是一个民族进步的灵魂,是国家兴旺发达的不竭动力。"培养创造型人才是科学界、教育界乃至整个社会的共识。

那么,什么是创造型人才呢? 一般认为:只有那些具备优良品质、突出才智、雄伟胆魄、坚强意志,富有创造意识,具有创造精神,熟悉创造原理,掌握创造方法,在各种社会实践活动中，以自己的创造性思维和创造性劳动去认识世界并改造世界，从而为人类的和平幸福、社会的繁荣昌盛和科学的进步发达做出贡献的人，才是创造型人才。其中，起关键作用的是创造性思维和创造性劳动。因为，无论是较低水平的发明创造，还是较高水平的发明创造，都不是简单重复性劳动，都是向新的知识、新的领域所进行的艰苦探索和顽强进军。

人是创造活动的主宰者和实施者，是创造过程的原点与核心。创造的成果是创造者在一定的社会环境条件下，将自己的品德、才智、胆魄和毅力等特殊物质付诸创造实践的体现，是创造者智慧、道德和意志等多种心智活动在除旧创新水平上的高度发挥。由此可见，

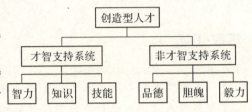

图 13.1　创造型人才支持系统

创造型人才具有由知识、智力和技能组成的才智支持系统以及由品德、胆魄和毅力组成的非才智支持系统，其构造关系如图 13.1 所示：

创造是人们的才智高度活动的结果，是人们才智能动性的反映，而才智是新思想的体现、新时代的标志。拿破仑曾说："世界上只有两种强大的力量，即刀枪和思想；从长远来看，刀枪总是被思想战胜的。"爱尔维修也曾说："世界上再没有比智慧更令人敬仰的东西了！"人们崇尚才智、追求才智，那么，什么是才智呢？它与创造型人才的关系又是如何呢？

才智是指人们认识世界、改造世界的才能和智慧。它通常包括一个人的知识、智力和技能，其中最重要的因素是人的知识结构和思维方法。拥有大量思路广阔、头脑清晰、精力充沛的杰出才智者，是一个国家、一个民族、一个企业的宝贵财富，但才智并不等于创造。因为才智是由一个人的知识、智力和技能构成的，以知识的广度和深度为主；而创造则是一个人的才智支持系统（包括知识、智力、技能）和非才智支持系统（包括品德、胆魄、毅力）综合作用的结果，它以思维的方向和方法为主。才智高不代表创造性高，所以评价一个人是否是创造型人才，不是看他才智的大小、文凭的高低，而是看他能否独立地发现问题、创新地解决问题。美国丹拿威大学教育家占士·克鲁斯和他的研究小组，在对 1217 名在事业上卓有建树的人员进行调查分析后，发现其中有很大一部分人在小时候的智力并不高，有些人的智商甚至接近"弱智"或"低能"之列，但这并没有影响他们在日后的工作、学习、发明和创造中大放异彩。巴斯德、达尔文、爱因斯坦、爱迪生、柴柯夫斯基，这些举世闻名的大科学家、大发明家、大音乐家，在早年曾被人们认为是智力平平的人，没什么出息，不料他们后来在科学和艺术创造领域内取得了惊人的成就。中国的天文学家张衡、郭守敬，数学家祖冲之、刘徽，物理学家钱学森、钱伟长、钱三强，地理学家竺

可桢、李四光,经济学家罗以宁,教育家陶行知等也都是创造型人才。这说明才智并不是决定一个人是否是创造型人才的主导因素。所以单靠才智高或者学历高,以为创造就有了保证,就可以成为创造型人才,实在是一种极大的误解。

不过,才智也确实与创造有一定因果联系。丰富的知识是发展智力、提高技能的基础和条件,而才智反映出人们掌握和运用知识与技能,去发现问题、解决问题的能力。这种能力经有意识、有目的的训练与培养,就可以发展成为高层次的思维能力、高水平的实践能力、高档次的创造能力。苏联著名物理学家、诺贝尔物理学奖金获得者兰道在 1962 年曾提出"兰道三角理论",就形象地说明了这个问题。兰道把科技工作者分成四类:

① 正三角形 △:代表头脑敏锐、且基础知识雄厚;

② 菱形 ◇:代表头脑敏锐、但基础知识薄弱;

③ 对顶三角形 ⧓:代表头脑迟钝、但基础知识扎实;

④ 倒三角形 ▽:代表头脑迟钝、且基础知识薄弱。

显然,第一类科技工作者属于突出的创造型人才,可以作出重大的发明创造;第二类科技工作者属于较好的创造型人力,可以作出较大的发明创造;第三类科技工作者属于普通的工作型人才,可以完成指定的科研任务;第四类科技工作者则不适合做科学研究,更谈不上做创造型人才。

目前,国际创造学界流传着三句名言:"智力比知识更重要;素质比智力更重要;觉悟比素质更重要。"尽管未来社会需要综合运用多种才能的通用型人才,但创造型人才却在社会发展中起着举足轻重的作用,他们能推动社会的进步,更能适应未来多变的社会对人才的需求。

第二节　创造型人才结构

联合国教科文组织出版的《学会生存》一书曾经指出:"未来的文盲不再是不识字的人,而是没有学会怎样学习的人。"实际上,学习是一种基本素质的培养,它关系到人们知识体系的构筑与人才结构的建立。一个人创造能力的形成和发展,主要因素并不在于他所拥有的知识量的大小以及信息量的多少,而在于他能否建立一个基础雄厚、布局合理的人才结构。青年时期,是最富于创造性的时期,从表13.1 可以看出中外历史上一些杰出人物在青少年时期的重大成就和贡献。

表13.1　杰出人物青少年时期重大成就

姓　名	年龄	成　　就
伽里略	17	发现钟摆等时性原理
爱迪生	21	取得第一项发明专利
爱因斯坦	26	建立狭义相对论
费米	33	利用中子辐射发现新的放射性元素
李政道	29	发现宇宙不守恒
杨振宁	34	
居里夫人	35	发现镭
马克思、恩格斯	29	写出《共产党宣言》
列宁	31	创办全俄第一张马克思主义报纸《火星报》
曹禺	23	创作出《雷雨》
郭沫若	27	创作《女神》
白居易	17	创作《赋得古原草送别》

　　不同的人才,要求有不同的人才结构。因为不同的人才结构对培养和造就各种类型的创造性人才具有不同的功能和作用。在此我们可以举例说明:

　　英国著名作家柯南道尔在《血字的研究》一书中曾用如下一张表来描述大侦探福尔摩斯的知识结构。

　　福尔摩斯的学识范围:

　　①文学知识——无;

　　②哲学知识——无;

　　③天文学知识——无;

　　④政治学知识——浅薄;

　　⑤植物学知识——不全面,但对于莨蓿制剂和鸦片却知之甚详。对毒剂有一般常识性的了解,但对于实用园艺学却一无所知;

　　⑥地质学知识——偏于实用,但也有限。不过他一眼就能分辨出不同的土质。他在散步回来后,可根据溅在他裤腿上泥点的颜色和坚实程度说明是在伦敦什么地方溅上的;

　　⑦化学知识——精深;

　　⑧解剖学知识——准确,但无系统;

　　⑨惊险文学——很广博。他几乎对近一个世纪中发生的一切恐怖事件都深知底细;

　　⑩拉得一手好提琴;

⑪善使棍棒,也精于刀剑拳术;

⑫对于英国法律,他具有充分实用的知识。

从以上的描述不难看出,福尔摩斯并不是一个上通天文、下晓地理、三教九流无所不知、奇门遁甲无所不会的博学之士,而是一个有着自己特定知识结构的人。这种特定的知识结构能使福尔摩斯成为举世闻名的神探,而不能使他成为思想家、理论家或文学家。

实际上,知识结构的关键是"结构",因为知识本身仅仅只是组成这种结构形式的材料。那么怎样才算合理的知识结构呢? 我们认为:合理的知识结构应该具有以下两个基本特征,一是结构的完整性;二是结构的有序性。知识结构的完整性是指组成知识结构的各种学科知识具有足够的覆盖面,在空间范围内能满足人们开展本职工作的正常需求。在日常生活中,有些人知识面很广,甚至被誉为知识渊博的学者,但在完成本职工作的正常任务时,每每不能令人满意。 由此可见,知识结构的完整性是有客观标准的,这就是社会的平均发展水平。

培养创造型人才,首先要了解其人才结构,也就是要了解创造型人才所必须具备的条件。根据大批人才成功的经验和失败的教训,创造型人才结构可归纳为"四个基本",如图 13.2 所示。

基本知识与专业理论是创造型人力结构中的重要组成部分,但对造就创造型人才起着重大作用的却是基本素质和科学方法。没有基本素质,一个人就不可能成为创造型人才,好比"巧妇难为无米之炊";但是一旦培养对象掌握了科学方法,反过来可以提高并改良其基本素质,正所谓"先天不足后天补"。美国科学家谢皮罗教授就是由于正确运用相似论的科学方法,从拔掉浴池塞子放水时,水的旋涡总是向左旋转而推断出"北半球的台风总是逆时针方向旋转,而南半球的台风总是顺时针方向旋转,在赤道的台风不会形成旋涡"的结论写出了著名的论文。

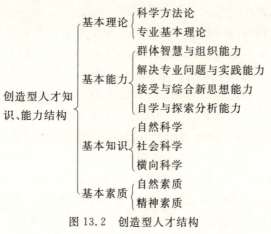

图 13.2　创造型人才结构

基本素质中的自然素质在一定程度上是由遗传和体质所决定的。自然素质包括：记忆力、观察力、好奇心、兴趣、爱好等。这些素质是可以培养并提高的。画家莫尔期 42 岁时，在一次横跨大西洋的航行中有幸观看了科学家杰克逊的电学实验，莫尔斯怀着极大的好奇心和浓厚的兴趣仔细地观察了电磁铁如何被吸住及掉下的过程，在当天晚上就根据观察与思考的结果，画出了收发报机的草图。

基本素质中的精神素质主要是毅力与动力。毅力是献身精神与责任感；动力则是爱国主义与事业心。精神素质是创造型人才结构的核心，没有优良的精神实质就不能成为创造型人才。精神素质是可以后天培养的。因此，从理论上说，任何人都有造就成为创造型人才的可能。数学家欧拉为了计算出谷神星的运行轨道，废寝忘食、夜以继日地工作，把眼睛都累瞎了，经过坚韧不拔的努力，终于取得了成功。由此可见，具有献身精神是登达胜利彼岸的起码条件。但是科学方法将使成功的效率更高、概率更大。例如数学家高斯运用高次方程来计算谷神星的运行轨道，只花了一个小时，就得到了与欧拉同样的结论，真可谓事半功倍。显然科学方法在此起到了智力加速器的极其重要的作用，所以科学方法与精神素质相辅相成、缺一不可。

创造型人才的素质要求因时代和环境不同而存在差异。创造型人才的素质是在先天秉赋的基础上，在环境与教育的影响下所形成的身心发展的水平，是先天发展的自然性和后天实践的社会性的辩证统一。

第三节　创造型人才的个人创造力测评

一、创造型人才与创造力

1. 什么是创造力

创造力是人类特有的一种综合性本领。一个人是否具有创造力，是一流人才和三流人才的分水岭。它是知识、智力、能力及优良的个性品质等复杂多因素综合优化构成的。创造力是指产生新思想，发现和创造新事物的能力。它是成功地完成某种创造性活动所必需的心理品质。创造新概念、新理论，更新技术，发明新设备、新方法，创作新作品都是创造力的表现。创造力是一系列连续的复杂的高水平的心理活动，它要求人的全部体力和智力的高度紧张，以及创造性思维处在最高水平上。

真正的创造活动总是给社会产生有价值的成果，人类的文明史实质是创造力的实现结果。对于创造力的研究日趋受到重视，由于侧重点不同，出现两种倾向：一是不把创造力看作是一种能力，认为它是一种或多种心理过程，从而创造出新颖和有价值的东西;二是认为它不是一种过程,而是一种产物。一般认为它既是一种能力,又是一种复杂的心理过程和新颖的产物。

有人认为,根据创造潜能是否得到充分的实现,创造力较高的人通常有较高的智力,但智力高的人不一定具有卓越的创造力。图13.3显示了创造力与智力之间的关系,整个三角形表示智力与创造力之间的正相关趋势,智力低者,创造力必然低,而智力高者,并不意味着创造力很高,因此智力是创造力发展的必要条件而非充分条件。根据西方学者研究表明,智商超过一定水平时,智力和创造力之间的区别并不明显。创造力高的人对于客观事物中存在的明显失常、矛盾和不平衡现象易产生强烈兴趣,对事物的感受性特别强,能抓住易为常人漠视的问题,推敲入微,意志坚强,比较自信,自我意识强烈,能认识和评价自己与别人的行为和特点。

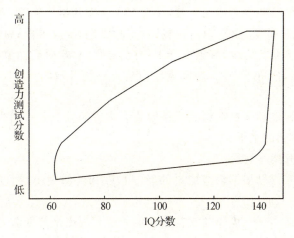

图 13.3　创造力与智力的关系

创造力与一般能力的区别在于它的新颖性和独创性。它的主要成分是发散思维,即无定向、无约束地由已知探索未知的思维方式。按照美国心理学家吉尔福德的看法,发散思维当表现为外部行为时,就代表了个人的创造能力。

2. 创造力的构成

创造力构成可归结为三个方面:

(1)对知识的处理能力。作为基础因素的知识,包括:吸收知识的能力、记忆知识的能力和理解知识的能力。吸收知识、巩固知识、掌握专业技术、积累实践经验、扩大知识面、运用知识分析问题,是创造力的基础。任何创造都离不开知识,知识丰富有利于更多、更好地提出创造性设想,对设想进行科学的分析、鉴别与简化、调整、修正;并有利于创造方案的实施与检验;而且有利于克服自卑心理,增强自信心,这是创造力的重要内容。创造力与一般能力有一定的关系,研究表明,智力是创造能力发展的基本条件,智力水平过低者,不可能有很高的创造力。

(2)以创造性思维能力为核心的智能。智能是智力和多种能力的综合,既包括敏锐、独特的观察力,高度集中的注意力,高效持久的记忆力和灵活自如的操作力,也包括创造性思维能力,还包括掌握和运用创造原理、技巧和方法的能力等。智能是构成创造力的重要部分。

(3)创造个性品质,包括意志、情操、人格特征等方面的内容。创造个性品质是在一个人生理素质的基础上,在一定的社会历史条件下,通过社会实践活动形成和发展起来的,是创造活动中所表现出来的创造素质。优良素质对创造极为重要,是构成创造力的又一重要部分。优良的个性品质如永不满足的进取心、强烈的求知欲、顽强的意志、积极主动的独立思考精神等是发挥创造力的重要条件和保证。

创造力与人格特征也有密切关系,综合多人研究的结果表明,高创造力者具有如下一些人格特征:兴趣广泛,语言流畅,具有幽默感,反应敏捷,思辨严密,善于记忆,工作效率高,从众行为少,好独立行事,自信心强,喜欢研究抽象问题,生活范围较大,社交能力强,抱负水平高,态度直率、坦白,感情开放,不拘小节,给人以浪漫印象。

总之,知识、智能和优良个性品质是创造力构成的基本要素,它们相互作用、相互影响,决定创造力的水平。

3. 创造力的分类与层次

美国心理学家泰勒根据创造成果的新颖程度和价值大小,把创造力分为 5 个层次:

①表达式创造力——少年儿童在日常生活中表现出来的创造力。

②生产式创造力——生产过程中表现出来的一般创造力。

③发明式创造力——通过发明成果表现出来的创造力。如设计新产品、发明新工具等。

④革新式创造力——对旧事物进行较大的变革和创新所表现的创造力。如改革工艺流程、完成技术改造等。

⑤高深创造力——在科学、技术、生产、文化、艺术等领域获得重大创造发明成果,产生深远影响的创造力。

我国一些学者倾向于根据创造成果的价值和意义,把创造力分为 3 个层次:

①低层次创造力——仅对创造者本人的个体发展有意义,一般不体现社会价值的创造力。也有人把这种创造力称为类创造力。

②中层次创造力——具有一般社会价值的革新或创造所体现的创造力。

③高层次创造力——对人类和社会产生巨大影响,具有很大社会价值的创造发明所体现的创造力。

美国心理学家马兹罗根据创造者的情况和创造力的作用,把创造力分为两种类型:

①特殊才能的创造力——体现科学家、发明家、艺术家、文学家等杰出人物特殊才能的创造力。其创造成果对于人类社会来说是前所未有的。

②自我实现的创造力——普通人在创造活动中体现自身价值的创造力。其创造成果对于创造者自己而言是前所未有的。

根据获取(含可能获取)创造成果的新颖程度,将创造力分为相对创造力和绝对创造力两类:相对创造力是指导致创造者超越本人在某一领域原有认识或实践水平的创造力;绝对创造力是指导致超越人类有史以来在某一领域最先进认识或实践水平的创造力。相对创造力一般可由创造者自己来判断,而绝对创造力的确定则必须经过社会检验,即其创造成果的新颖程度必须得到社会承认。从相互关系来看,绝对创造力必然是相对创造力,而相对创造力不一定是绝对创造力。绝对创造力包含于相对创造力之中,绝对创造力只是相对创造力中创造成果的新颖性超过历史最高水平的那一部分。因此,只有在不断开发相对创造力的基础上,才有可能发挥出越来越多的绝对创造力。

4. 创造力与创造型人才

创造型人才前提是要有一定的创造力。但有创造力不一定就是创造型人才,关键要看其创造力大小及发挥程度。一个人创造力的发挥和创造力的大小,首先取决于他是否具有良好的创造意识和创新精神。创造意识和创新精神是创造型人才所必备的基本素质之一,也是创造型人才的重要标志。没有创造意识和创新精神的人,他就不可能有创造力,不可能成为创造型人才,也不可能在知识经济的大潮中搏击奋进。创造意识的关键和核心是创造思维,本质上是一种求异思维,是一种怀疑精神。大胆地怀疑一切,不刻板地遵从前人所言,是走向创造的重要环节。创造意识的另一个重要方面就是创造心理。有创造思维而没有能力胆识、冒险精神和坚强的意志,是不可能完成创造过程的,自然也就不会有所创造。

当然仅仅有良好的创造意识、创造心理,并且提出了新问题,瞄准了创造方向还远远不够,还要有实现创造的良好方法。一般来说,方法选择是否得当决定着创造能否成功。方法有一般方法,也有创新方法。方法的创新本身就是一种创造。凡是成功者,他们都有良好的方法伴随创造过程,他们都是方法利用或方法革新的成功者。同时,一个人创造力的发挥和大小还与他的其他能力有关,它是建立在其他能力基础之上的。

一个人要拥有高创造力,首先要具有一般能力,包括认识能力、实践能力(生产劳动、操作)、社交能力、适应和超越环境的能力;二是要具有多种能力有机结合而成的专业技术能力;三是要具有个人为国家、为集体、为社会创造财富的能力。

对于创造型人才的界定说法不一,较为普遍的看法是坚持有效地吸收人类文明中的有用信息、知识,具有一定智能,是知识和信息的合格载体;能从事创造性劳动,能自觉地服务于人类的正义事业。

二、创造型人才的个人创造力测评

对创造力的测量至今仍是心理测验中的一个难点。创造力的概念在 19 世纪才开始使用,最初是应用于艺术领域,创造者与艺术家是等同的。直至 20 年代,"创造"一词才开始应用于整个文化领域,具有"新奇"的含义。创造力是人的高级能力,正是"创造"才有了今天的世界。不少科学家对个人创造性水平的量化研究做了大量工作。具有代表性的测评工具有:南加利福尼亚大学创造力测验、托伦斯的创造性思维测验、芝加哥大学创造力测验、沃利奇—凯根测验等。还有兰格、霍尔和沃德等人关于音乐、建筑、数学、科学方面的创造力测验等。

1. 吉尔福特的南加利福尼亚创造力测验

美国心理学家吉尔福德(J. P. Guilford)在 20 余年因素分析研究的基础上于 1967 年提出了智力三维结构模型理论(图 13.4),认为智力结构应从操作、内容、产物三个维度去考虑。智力活动就是人在头脑里加工(操作过程)客观对象(内容),产生知识(产物)的过程。智力的操作过程包括 5 个因素,即认知、记忆、发散思维、聚合思维、评价;智力加工的内容包括图形(具体事物的形象)、符号(由字母、数字和其他记号组成的事物)、语义(词、句的意义及概念)和行为(社会能力)四个因素;智力加工的产物包括 6 个因素,即单元、类别、关系、系统、转换、蕴含。

这样,智力便由 4×6×5=120(种)基本能力构成。

1971 年,吉尔福特把内容维度中的图形改为视觉和听觉,使其增为 5 项,智力组成因素变为 150 种。1988 年,他又将操作维度中记忆分为短时记忆和长时记忆,使其由 5 项变为 6 项,智力结构的组成因素便增加到 5×6×6=180(种)。吉尔福德认为每种因素都是独特的能力。例如学生对英语单词的掌握,就是语义、记忆、单元的能力。又如,说出鱼、马、菊花、太阳、猴等事物哪些属于一类,回答这类问题进行的操作是认知,内容是语义,产物是类别。

吉尔福特将其上述智力结构模式推荐为认知心理学的参考系统。吉尔福特的智力结构论中引人瞩目的内容之一是对创造性的分析。他把以前曾被从智力概念中忽略的创造性与发散性思维联系起来;还将发散性思维与聚合性思维相对应。他认为发散性思维具有流畅性、变通性和独创性三个维度,是创造性的核心。吉尔福特还提出人格是由态度、气质、能力倾向、形态、生理、需要和兴趣 7 种特质组成的一个统一的整体。它是一个七角形的交互体,从不同角度可以观察到 7 种不同的人格特质。

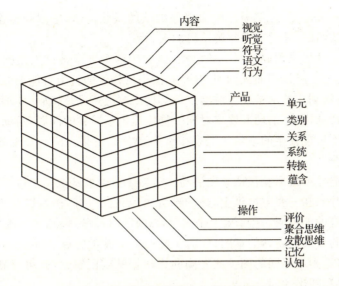

内容
视觉
听觉
符号
语文
行为

产品
单元
类别
关系
系统
转换
蕴含

操作
评价
聚合思维
发散思维
记忆
认知

图 13.4　吉尔福德智力三维结构模型

南加利福尼亚大学创造力测验测量的是吉尔福特智力结构模型理论中与发散思维有关的那部分内容。吉尔福特认为发散思维是创造力的外在表现,由此他将该测验发展为一套创造力测验。该测验由言语测验和图形测验两部分组成,共 14 个项目。言语部分有 10 个项目:字词流畅、观念流畅、联想流畅、表达流畅、多种用途、解释比喻、效用测验、故事命题、推断结果、职业象征。图形部分包括 4 个项目:作图、略图、火柴问题、装饰。如提供一个字母,要求被试尽量写出包含该字母的单词(词语流畅);给出一类事物的总称,要求尽量列举出具体事物;要求尽可能多地列举事物的用途(效用测验)等。

2. 托伦斯的创造性思维测验

托兰斯创造性思维测验是目前应用最广泛的发散思维测验。该测验是由美国著名的创造学家、教育家托兰斯(E. P. Torrance)在教育情境中发展起来的,与南加利福尼亚大学测验在方法上类似,设计了一套按照标准化程度进行测验的方法——《创造性思维测验》(简称 TTCT)、包括:问与猜,产品改进,非常用途,合理设想,图像测验等内容,从流畅性、灵活性、独特性、精确性四个方面进行评分。

该测验的任务是要求被试对言语或图形刺激给出多个反应。托兰斯创造思维测验分为言语创造思维测验、图画创造思维测验以及声音和词的创造思维测验三套,每套都有两个复本,以满足在实际研究中对创造力进行初测和复测的需要。在声音和词的测验中,全部指导语和刺激都用录音磁带的形式呈现。在这三套测验中,记分分别从不同的方面进行。言语测验从流畅性、灵活性和独特性三方面记分;图画测验除以上三方面外,还对精确性进行记分;声音和词的测验只记独特性得分。值得一提的是,托兰斯测验为消除被试的紧张情绪,把测验称作"活动",并用游戏的形式组织,适合于各年龄阶段的人。

言语创造性思维测验包括 7 项活动,前 3 项活动要求被试人根据所呈现的图画,列举出他为了解该图而欲询问的问题、图中所描绘的行为可能的原因及该行为可能的后果;活动 4 要求被试人对给定玩具提出改进意见;活动 5 要求被试人说出普通物体的特殊用途;活动 6 要求对同一物体提出不寻常的问题;活动 7 要求被试人推断一种不可能发生的事情一旦发生会出现什么后果。测验按流畅性、灵活性和独特性记分。

图画创造性思维测验包括 3 项活动。活动 1 要求被试把一个边缘为曲线的颜色鲜明的纸片贴在一张空白纸上,贴的部分由他自己选择,然后以此为出发点,画一个非同寻常的能说明一段有趣的振奋人心的故事的图画;活动 2 要求利用所给的少量不规则线条画物体的草图;活动 3 要求利用成对的短平行线(A 本)或圆(B 本)尽可能多地画出不同的图。此套测验皆根据基础图案绘图,可得到流畅性、灵活性、独特性和精确性四个分数。

声音词语创造性思维测验是后发展起来的测验,两个分测验均用录音磁带实施。第一个活动为音响想象,要求被试对熟悉及不熟悉的音响刺激做出想象;第二个活动为象声词想象,对十个诸如"嘎吱嘎吱"等模仿自然声响的象声词展开想象。两个活动皆为言语性反应,对刺激作自由想象,并写出联想到的有关物体或活动。根据反应的罕见性,记独特性分数。

1965 年,托兰斯编制了创造性人格自陈量表《你属于哪一类人》,通过测试,可获得被试创造性人格特征以及创造性水平,因其简便、易行、有效而应用甚广。

知识链接

托兰斯创造性人格自陈量表

下面是托兰斯创造性人格自陈量表中的例题。在完成该测试后,被试者根据与自己相符合的情况,在每项后面的括号内打"对"或"错"。

①办事情,观察事物或听人说话时能专心致志。

②说话,作文时能经常用类比的方法。

③能全神贯注的读书,书写,绘画。

④完成老师的作业后,总有一种兴奋感。

⑤敢于向权威挑战,

⑥习惯于寻找事物的各种原因。

⑦能仔细观察事物。

⑧能从别人谈话中发现问题。

⑨在进行创造性思维活动时,常忘记时间

⑩除日常生活外,平时大多数时间都在读书学习。

⑪能主动发现问题,并能找出与之相关的关系

⑫对周围事物总持有好奇心

⑬对某一问题有新发现时,精神上总感到异常兴奋。

⑭通常能预测事物的结果,并能正确地验证这个结果

⑮即使遇到困难和挫折,也不气馁

⑯经常思考事物的新答案和新结果

⑰具有敏锐的观察力以及提出问题的能力

⑱在学习中,有自己选定的独特的研究课题,并能采取自己独有的发现的方法和研究方法。

⑲遇到问题时,能从多方面探索可能性,而不是固定在一种思路或局限在某一当面。

⑳总有新的设想在脑子里涌现,即使在游玩的时候也能产生新的设想。

评价标准:符合上述标准的打对的给一分,最后算出总分,就可知道创造人格优势。

分数	0~9	10~13	14~17	18~20
等级	差	一般	好	很好

3. 芝加哥大学创造力测验

美国著名心理学家吉尔福特认为创造性思维与发散思维有十分密切的关系,他以此为依据设计了一套评价创造力的测验方法。后来芝加哥大学的两位心理学家盖策尔斯和杰克逊借用吉克福特的一些想法,又根据他们的研究提出从5个方面测量创造力的方法。

(1)词汇的联想。要求被试者对普通的单词说出尽可能多的定义。

(2)物体的用途。要求被试者尽可能多地说出某一普通物品的用途。

(3)隐藏的图形。给被试者一张画有简单几何图形的卡片,要求他找出加一个更复杂的隐藏起来的图形。

(4)寓言的解释。给被试者几个短寓言都缺最后一行,要求他们对每个寓言作出三种不同的结尾:一个"道德的"、一个"诙谐的"、一个"悲伤的"。

(5)问题的组成。在一个情景中,给被试者几篇复杂的短文。每篇短文包含一些数字说明,要求被试者根据已知的材料尽量组成许多数学问题。该测验的记分标准——反应数量、新奇性、多样性分别对应于流畅性、独特性和灵活性。

4. 沃利奇-凯根测验

该测验由沃利奇和凯根在 20 世纪 60 年代中期编制,侧重于联想方面的发散思维测验,其评价程序主要源自吉尔福特的工作,但有两点不同。其一是测量的内容只限于观念联想的生产性和独创性;其二是施测时无时间限制,以游戏形式组织,施测气氛轻松。这套测验一共包括 5 个分测验,其中 3 项是言语的,包括列举例子、多种用途、找共同点;两项是图形的,包括模式含义和线条含义。该测验从反应数目和独创性两方面记分。

5. 使用创造力评价工具时需要注意的问题

创造力评价和测量工具是被用来对个体进行测评的,其本身无好坏之分,影响测量的准确性和科学性的关键是如何正确使用这些工具。对个体创造力的测评是一个包括各个环节的标准化的程序。只有本着科学性、客观性的原则才能使测评结果具有可信度,从而发挥其应有的作用。如何正确利用测评工具,需要注意以下几个问题:

(1)选择适宜的测评工具。每一个创造力测评工具都有其理论背景和适用范围。使用者首先应了解这些测评工具的理论构想、所测的具体内容、结果说明什么、信效度资料以及这些测评工具适用群体等,才能正确选用所需要的工具,有效地鉴别个人创造力发展水平及特点。

(2)综合使用测评工具。创造力的表现多种多样,如果仅用一二个创造力测评方法作为工具,结果可能会不准确。因此将各种方法结合起来进行综合评价,可以使结果更为可信。

(3)选择适宜的测评者。测评工具的选择、施测、记分和解释都必须由经过专门训练的人来进行,尤其是个别施测的情况下,更是如此。由于存在个体差异,不同的测评者对同一个体创造力的评价很可能是不同的,因此,应尽可能选择有相同专业背景的测评者,以达到较高信度的评定结果。

(4)客观解释结果。测量工具不是万能的,测量分数也不是绝对可靠的依据,而是一种参考。更何况创造力是可以培养的,即使有的人没有被测量出高创造力,也并不意味着他终身没有创造力;即使有的人在某一方面没有表现出创造力,可能在其他方面有创造力。

游戏与活动

1. 威廉斯创造力倾向测量表

本测试把创造力分成冒险性、好奇心、想象力、挑战性 4 个要素,共 50 道测试题。

①冒险性:具体指勇于面对失败或批评、勇于猜测、在杂乱的情境下完成任务、

为自己的观点辩护。

②好奇心:具体指富有追根问底的精神、主意多、乐意接触暧昧迷离的情境、肯深入思索事物的奥妙、能把握特殊的现状,观察结果。

③想象力:具体指视觉化和建立心像、幻想尚未发生过的事情、直觉的推测、能够超越感官及现实的世界。

④挑战性:具体指寻找各种可能性、了解事情的可能与现实间的差距、能够从杂乱中理出秩序、愿意探究复杂的问题或主意。经过测试,我们不但可以了解我们在每个创造力要素上的强弱,同时还可以知道我们的创造力的总体表现。

下面是一份帮助你了解自己创造力的练习。在下列句子中,如果你发现某些句子所描述的情形很适合你,则请在答案纸上"完全符合"的选项内打勾;若有些句子只是在部分时候适合你,则在"部分适合"的选项内打勾;如果有些句子对你来说,根本是不可能的,则在"完全不合"的选项内打勾。

注意:

● 每一题都要做,不要花太多时间去想。

● 所有题目都没有"正确答案",凭你读完每一句后的第一印象填答。

● 虽然没有时间限制,但尽可能地争取以较快的速度完成,愈快愈好。

● 切记:凭你自己的真实感觉作答,在最符合自己的选项内打勾。

● 每一题只能打一个勾。

测试题:

①在学校里,我喜欢试着对事情或问题做猜测,即使不一定都猜对也无所谓。

②我喜欢仔细观察我没有见过的东西,以了解详细的情形。

③我喜欢变化多端和富有想象力的故事。

④画图时我喜欢临摹别人的作品。

⑤我喜欢利用旧报纸、旧日历及旧罐头等废物来做成各种好玩的东西。

⑥我喜欢幻想一些我想知道或想做的事。

⑦如果事情不能一次完成,我会继续尝试,直到成功为止。

⑧做功课时我喜欢参考各种不同的资料,以便得到多方面的了解。

⑨我喜欢用相同的方法做事情,不喜欢去找其他新的方法。

⑩我喜欢探究事情的真假。

⑪我喜欢做许多新鲜的事。

⑫我不喜欢交新朋友。

⑬我喜欢想一些不会在我身上发生过的事。

⑭我喜欢想象有一天能成为艺术家、音乐家或诗人。

⑮我会因为一些令人兴奋的念头而忘记了其他的事。

⑯我宁愿生活在太空站,也不喜欢住在地球上。

⑰我认为所有的问题都有固定答案。

⑱我喜欢与众不同的事情。

⑲我常想要知道别人正在想什么。

⑳我喜欢故事或电视节目所描写的事。

㉑我喜欢和朋友在一起,和他们分享我的想法。

㉒如果一本故事书的最后一页被撕掉了,我就自己编造一个故事,把结果补上去。

㉓我长大后,想做一些别人从没想过的事情。

㉔尝试新的游戏和活动,是一件有趣的事。

㉕我不喜欢太多的规则限制。

㉖我喜欢解决问题,即使没有正确的答案也没关系。

㉗有许多事情我都很想亲自去尝试。

㉘我喜欢唱没有人知道的新歌。

㉙我不喜欢在班上同学面前发表意见。

㉚当我读小说或看电视时,我喜欢把自己想成故事中人物。

㉛我喜欢幻想200年前人类生活的情形。

㉜我常想自己编一首新歌。

㉝我喜欢翻箱倒柜,看看有些什么东西在里面。

㉞画图时,我很喜欢改变各种东西的颜色和形状。

㉟我不敢确定我对事情的看法都是对的。

㊱对于一件事情先猜猜看,然后再看是不是猜对了,这种方法很有趣。

㊲玩猜谜之类的游戏很有趣,因为我想知道结果如何。

㊳我对机器有兴趣,也很想知道它里面是什么样子,以及它是怎样转动的。

㊴我喜欢可以拆开来的玩具。

㊵我喜欢想一些新点子,即使用不着也无所谓。

㊶一篇好的文章应该包含许多不同的意见或观点。

㊷为将来可能发生的问题找答案,是一件令人兴奋的事。

㊸我喜欢尝试新的事情,目的只是为了想知道会有什么结果。

㊹玩游戏时,我通常是有兴趣参加,而不在乎输赢。

㊺我喜欢想一些别人常常谈过的事情。

㊻当我看到一张陌生人的照片时,我喜欢去猜测他是怎么样一个人。

㊼我喜欢翻阅书籍及杂志,但只想知道它的内容是什么。

㊽我不喜欢探寻事情发生的各种原因。

㊾我喜欢问一些别人没有想到的问题。

㊿无论在家里或在学校，我总是喜欢做许多有趣的事。

答案纸

题目	完全符合	部分符合	完全不符	题目	完全符合	部分符合	完全不符
①				㉖			
②				㉗			
③				㉘			
④				㉙			
⑤				㉚			
⑥				㉛			
⑦				㉜			
⑧				㉝			
⑨				㉞			
⑩				㉟			
⑪				㊱			
⑫				㊲			
⑬				㊳			
⑭				㊴			
⑮				㊵			
⑯				㊶			
⑰				㊷			
⑱				㊸			
⑲				㊹			
⑳				㊺			
㉑				㊻			
㉒				㊼			
㉓				㊽			
㉔				㊾			
㉕				㊿			

评分方法：

本量表共50题，包括冒险性、好奇性、想象力、挑战性4项；测验后可得4种分数，加上总分，可得5项分数。

冒险性：包括①、⑤、㉑、㉔、㉕、㉘、㉙、㉟、㊱、㊸、㊹等11道题。其中㉙、㉟为反面题目，得分顺序分别为：正面题目，完全符合3分，部分符和2分，完全不符和1分；反面题目：完全符合1分，部分符合2分，完全不符合3分。

好奇性：包含②、⑧、⑪、⑫、⑲、㉗、㉜、㉞、㊲、㊳、㊴、㊼、㊽、㊾等14道题。其中⑫、㊽为反面题，其余为正面题目。计分方法同冒险部分。

想象力：包含⑥、⑬、⑭、⑯、⑳、㉒、㉓、㉚、㉛、㉜、㊵、㊺、㊻等13道题。其中㊺题为反面题，其余为正面题。计分方法同冒险部分。

挑战性：包含③、④、⑦、⑨、⑩、⑮、⑰、⑱、㉖、㊶、㊷、㊿等12道题，其中④、⑨、⑰为反面题，其余为正面题。计分方法同冒险部分。

2.创造性思维测验

该测验由郑日昌和肖蓓玲编制，全套题目从流畅性、灵活性、独特性三个方面记分，以上三个分数加起来合成练习总分。

创造力以多种心理特质为基础。它的智力因素有观察能力、记忆能力、思维能力（吉尔福德研究表明，创造力的思维特点为发散思维，具有流畅性、灵活性、独特性的特点）、想象能力等；非智力因素包括个人的兴趣、情绪、意志、性格及道德情操等。创造力不等同于智力，但存在正相关关系，智力低者，创造力必然低，但智力高者，创造力并不一定高。

该测验的目的在于学习使用创造性思维测验，重点掌握量表的使用技能，了解创造性思维测验的特点。

测验方法和程序：

(1)在全班选两个学生，一个做主试，一个做主试助理，其他学生做被试，集体施测。

(2)先由主试分发创造性思维练习和草稿纸。让被试准备好笔。主试在让学生做此套练习时，一定要保持和蔼可亲的态度。

(3)分发好后，主试说："同学们，今天我们请大家来做一套创造性思维练习，先请大家把第1页上方的项目依次填好。"

"现在大家看说明（朗诵说明）"

让我们先做第一道练习：词语联想。大家看，练习上有这样的格子（把"词语联想"中的一个表格画在黑板上，亦可预先画好），这道题中每个小题的题目只有一个字，比方说，"同"字（把"同"字写在黑板上），则你们要在格子的第1格中写一个以"同"字开头的两个字或两个以上的词，可以写"同学"（把"同学"填在第1格里），也可以写"同乡"或"同志"等等,再在第2格里填一个以第1格的词末尾一个字开头的词,第3格里填一个以第2格的词末尾的字开头的词,依此规则继续写下去,速度越快越好。如,刚才这道题可以继续写下去:

同学	学生	生产	产品	品德	德育	育才	才能	能力	力气
气体									

第一行写满了则写第二行。若万一碰到写不下去的情况,如,写到"品德"时,想不起以"德"字开头的词,则可重新以"品"字组一个词,再继续下去。如:

同学	学生	生产	产品	品德	品行				

注意:若能连续联想下去,则不要去重复以某词头一个字来组词。不会写的字可用拼音代替。

现在大家作一个预备练习。在"预备题"这一栏填写。(在黑板上写"预备题"三字),注意!(在"预备题"三字后写"文"字,一写完立即对同学说)开始!(练习两分钟停止)

"大家都懂了吗?"(若无问题则往下进行)。

在以下的①、②、③、④、小题中,我也是每题写一个字,你们在联想时,尽量避免在①、②、③、④小题中出现同样的词。

(4)在黑板上依次写出:人,开,中,正,每写完一个小题的刺激字后,过两分钟再写下一个小题的刺激字。严格控制时间,每个练习的时间为两分钟。第4个小题做完后要求同学立即把第1、2页交上来,最好有秩序地由后往前传。

(5)稍等片刻待大家情绪安定后,说:"请接着下面的题,请大家仔细看清题,自己独立完成吧!画图时,要求不使用尺子、三角板、圆规等画图的工具,随手画就行。注意写好自己的名字。从现在起计时,再过40分钟收试卷。"

(6)还剩20分钟、10分钟、5分钟时提醒同学注意时间分配。

(7)40分钟到后,同桌同学相互交换练习答卷。主试分发创造性思维测验手册。按照测验指导手册给同桌同学评分。得到评分结果。

(8)老师对评分结果进行解释,进行心理输导。

结果与讨论:

(1)报告测试结果

(2)被试总结受测体会和评分体会,主试则总结主试体会。

(3)对测试结果进行评价,看看是否符合自己的实际情况。

创造性思维测验记分表

	流畅性	变通性	独创性	总　计
一				
二				
三				
四				
五				

3.普林斯顿的创造力测试

测试说明：下列题目是美国普林斯顿"人才开发公司"的测试题。该公司要求在进行测试时,被试者必须以最忠实而又最迅速的口气回答"是"或"否",不能模棱两可,更不能用猜测性的口气回答。

具体测试题目包括如下 25 个项目：

①我的兴趣总比别人的发生得慢?

②我有相当的审美能力?

③有时我对事情过于热心?

④我喜欢客观而又有理性的人?

⑤"天才"与成功无关?

⑥我喜欢有强烈个性的人?

⑦我很注重别人对我的看法和议论?

⑧我喜欢一个人独自深思熟虑?

⑨我从不害怕时间紧促、困难重重?

⑩我很讲究自信?

⑪我认为既然提出问题,也就要彻底解决?

⑫对我来说,作家使用艳词只是为了自我表现?

⑬我尊重现实,不去想那些预言中的事情?

⑭我喜欢埋头苦干的人?

⑮我喜欢收藏家的性格?

⑯我的意见常常令别人厌恶?

⑰无聊之时正是我某个主意产生之时?

⑱我坚决反对无的放矢?

⑲我的工作不带有任何的私欲?

⑳我常常在生活中碰到一些不能单纯以是或否判断的问题?

㉑挫折和不幸并不会使我对热衷的工作有所放弃?

㉒一旦责任在肩,我会排除困难完成?

㉓我知道保持内心镇静是关键的一步?

㉔幻想常给我提出许多新问题、新计划?

㉕我只是提出新建议而不是说服别人接受我的这种新建议?

评分标准:

每题答案"是"记 4 分,答"否"不记分,然后将总分相加。

诊断结果:

80~100 分:你是个富有创造力的人,大约只有 0.7% 的人能达到这个水平。

60~76 分:你是个比较富有创造力的人,达到这一水平的人有 70% 左右。

0~56 分:你是个创造力水平较低的人,处于这一水平的人大约有 30% 左右。

课外思考题

(1)对自己的创造力开发现状做出实际评估,并寻找妨碍自身创造力开发的主要心理障碍。

(2)如果你住的屋子房门被锁住了,除了使用破坏性手段,你还可以用什么方法将门打开?

(3)一只球,使它向前滚了一段距离后停住,然后自动朝相反的方向行进。为什么?

(4)南来北往的两个人,相遇于一个只容一人穿过的过道里,谁也不退回去,有办法过去吗?

(5)你的一位下属为解决某问题,进行了 1000 次试验,结果都以失败而告终,十分沮丧。你作为他的上司,请用一句话帮助他回复信心。

(6)如果你是一位著名画家的助手,画家要画一幅大壁画,他搭起了一个三层高的脚手架,画家站在上面完成了这幅巨作。有一天,画家正站在脚手架上全神贯注的审视着自己的作品,他一边看一边往后退,直到退到了脚手架边缘,可是他自己一点也没有察觉。你虽然看见了,但也不敢出声,担心会因此惊吓画家。你该如何解救画家脱离危险?

第十四章 思维潜能的开发

本章重点

创新思维是创造能力结构的最高层次。创造环境、创造动机和创造教育是创造型人才思维潜能开发的基础条件。创造型人才思维潜能的开发重点可以从展开联想、激发灵感和探索潜能三个方面寻求突破。

创造能力被视为智慧的最高形式,它是一种复杂的能力结构。在这个结构中创新思维处于最高层次,它是创造型人才的重要特性。著名物理学家劳厄谈教育时说:重要的不是获得知识,而是发展思维能力,教育无非是将一切已学过的东西都遗忘时所剩下来的东西。大量的事实表明,古往今来许多成功者既不是那些最勤奋的人,也不是那些知识最渊博的人,而是一些思维敏捷、最具有创新意识的人,他们懂得如何去正确思考,他们最善于利用头脑的力量。古希腊哲人普罗塔戈说过一句话:大脑不是一个要被填满的容器,而是一支需要被点燃的火把。其实,他说的这个火把点燃的正是人们头脑中的创新思维潜能。

第一节　创造型人才开发的环境与条件

一、创新意识与创新精神

创新首先要有强烈的创新意识和顽强的创新精神。创新意识就是推崇创新、追求创新、以创新为荣的观念和意识。创新精神就是强烈进取的思维。一个人的创新精神主要表现为:首创精神、进取精神、探索精神、顽强精神、献身精神、求是精神(即科学精神)。要创新就必须认同两个基本观点,即创新的普遍性和创新的可开发性。创新的普遍性是指创新能力是人人都具有的一种能力。如果创新能力只有少数人才具有,那么许多创新理论,包括创造学、发明学、成功学等就失去了存在的意义。

人的创造性是先天自然属性,它随着人的大脑进化而进化,其存在的形式表现为创新潜能,不同人之间这种天生的创新能力并无大小之分。创新的可开发性是指人的创新能力是可以激发和提升的。将创新潜能转化为显能,这个显能就是具有社会属性的后天的创新能力。潜能转化为显能后,人的创新能力也就有了强、弱之分。通过激发、教育、训练可以使人的创新能力由弱变强,迅速提升。

创新思维是创新能力的核心因素,是创新活动的灵魂。开展创新训练的实质就是对创新思维的开发和引导。有句古语说:"有什么样的思路有就什么样的出路。"一个人的创新能力,特别是创新思维能力的强弱,将决定他将来的发展前途。有人对自己的创新能力总是持怀疑态度,这严重地影响了创新潜能的开发。其实,早在1943年,我国的创新教育先驱、著名教育家陶行知先生在其《创新宣言》等论著中,就对"生活太单调不能创新、年纪太小不能创新、我太无能不能创新"等错误观点进行了批判。

一个人的创新能力,可以体现在方方面面。不要将创新看得过于神秘和高不可攀。比如画月亮有两种画法:一种是在一张白纸上画个圆,这是月亮;第二种是用墨将一张白纸涂得只剩下中间一个空白圆,这也是月亮。有两种画法,其中有一种就是创新了。我们也该明白这样一个现实:恐龙虽然灭绝了,但哺乳动物还存在。它们是接受了变革才存活至今的。

现代管理学大师德鲁克说过:"好的企业是满足市场,伟大的企业是创造市场"。也是讲创新意识的重要性。海尔集团的张瑞敏说过:"中国创造"与"中国制造"是不同的。创造是"人无我有";"制造"是"我有人也有"。创造是根据用户需求进行的。如果不知道用户需求,制造得再好也只能是库存。

中国社会科学院研究生院有位教授用"十"字型人才的概念,说明创新人才与其他人才的不同之处:

● "一"字型人才的知识面比较宽,但缺乏深入的研究和创新;

● "丨"型人才在某一专业知识方面研究比较深,但是知识面太窄,很难将各种知识融汇贯通。

● "T"创造性研究"T"字型人才不仅知识面比较宽,而且在某一点上还有较深入的研究,但是他们不能冒尖,没有创新。

● 而"十"字型人才就是创新人才。人才专家们呼吁,弥补现行人才的缺陷,大量培育创造性人才以应付新经济的挑战,是我们的当务之急。

老师在上课,津津有味地讲着蔷薇。讲完了,老师问学生:"你最深刻的印象是什么?"第一个回答:"是可怕的刺!"第二个回答:"是美丽的花!"第三个回答:"我想,我们应当培育出一种不带刺的蔷薇。"多年之后,前两个学生都无所作为,唯有第三个学生以其突出的成就闻名远近。这就是创新意识的作用。

二、创造环境

美国心理学家勒温曾提出一个关于人类行为的公式：

$$B = f(P, E)$$

式中：B 表示行为；f 表示函数；P 展示个人（个体）；E 表示环境。

人的行为是个人与环境交互作用的结果。良好的"环境"和"气候"对创造活动来说是重要条件。

不管是科研部门、工矿企业、政府机关以及事业单位，为了开拓新的局面，都需要创造性地进行工作。而要做到这一点，首先就需要有一个健全的创造集体和良好的创造环境。在一个具有良好气氛的创造集体里，员工的积极性、主动性和创造性就会像火山、喷泉一样地迸发出来。反之，在一个"领导气候"不良，墨守成规，妒贤嫉能，求全责备，缺乏生气的集体里，不仅创造性会受到扼杀，主动性会受到压抑，员工的积极性也会受到挫伤。

例如在学术团体中，良好的环境主要指团体成员之间心理相容和自由探讨，团体领导和下属之间相互尊重的民主气氛，这种目标、志趣的一致，这种和衷共济、团结协作的风气，为团体成员提供了保持良好心境的客观前提，对创造所起的培植和催化作用，有时胜于优越的物质条件。英国医学研究委员会下属的分子生物实验研究所，办公条件十分简陋，房子又小又乱，一些高级研究员挤在一起，大家站在走廊上就可以讨论高深的科研问题，但正是这个研究所培养出 6 位诺贝尔奖获得者。这个所的研究人员说他们在科学上取得的成绩，主要归功于这种类似家庭的平等气氛。

国际商用机器公司董事长小托马斯·沃森有一段著名的言论，被许多企业家引用："世上没有什么东西可以取代良好的人际关系及随之而来的高昂土气。要达到利润目标就必须借助优秀的员工努力工作。但是光有优秀的员工仍是不够的，不管你的员工多么了不起，如果他们对工作不感兴趣，如果他们觉得与公司隔膜重重，或者如果他们感到得不到公平对待，要使经营突飞猛进简直就难若登天。"

现代管理理论认为，成功的领导往往善于创造一种环境或工作气氛，在这种工作气氛中，职工在为实现组织目标作出贡献的同时，也能够达到个人的目标和得到个人需要的满足。行为科学中的"管理方格理论"提出，一个有效的领导者应该是既关心任务（工作），又关心人（员工）的领导者。在工作上严格要求，一丝不苟；对员工体贴关怀，满腔热情。在创造活动中，更需要有这样的领导者。美国心理学家 T. M. 阿迈布丽和她的同事曾做了一项研究，对负责研究与开发的科学家采用访问式的方法，让他们评估与创造有关的几个环境因素，按科学家们提到的因素的百分比排序，得到 9 个促进因素和 9 个抑制因素，见表 14.1。

表 14.1 影响创造力的环境因素

促进创造的环境因素	百分比,%	抑制创造的环境因素	百分比,%
①自由(工作自主)	74	①各种组织上的因素	62
②良好的计划管理	65	②强制力(无工作自主)	48
③足够的资源	52	③组织上的冷漠	39
④鼓励	47	④不良的计划管理	37
⑤各种组织因素	42	⑤评估	33
⑥承认与奖励	35	⑥不充足的资源	33
⑦充足的时间	35	⑦时间压力	33
⑧挑战	22	⑧过分强调现状	33
⑨压力	12	⑨竞争	14

我国近代以来创造力开发明显落后于发达国家。单就诺贝尔奖来说,我国仍然是零。倒不是说我们不能赢得这一奖励就有多失败,而是就此我们应该意识到我们民族一定程度上创造力的欠缺。当然不是我们人种有问题,因为旅居海外的华人杨振宁、李政道、丁肇中、李远哲、朱棣文、崔琦等都获得过这样的桂冠。而且大量研究表明,美国高科技领域里的许多优秀人才属于华人,硅谷就有 1/3 的人是华人。

明朝中叶,皇族世子朱载堉发明以珠算开方的办法,求得律制上的等比数列,具体说来就是:用发音体的长度计算音高,假定黄钟正律为 1 尺,求出低八度的音高弦长为 2 尺,然后将 2 开 12 次得频率公比数 1.059463094,该公比自乘 12 次即得十二律中各律音高,且黄钟正好还原。用这种方法第一次解决了十二律自由旋宫转调的千古难题,他的"新法密律"(即十二平均律)已成为人类科学史上最重要的发现之一。朱载堉在数学上的杰出贡献,也是离不开十二平均律的。他用数学表达式,表述了十二平均律的每一个参数。400 多年前,朱载堉就能把每一个数据都精确到小数点以后的 24 位有效数字。

朱载堉新法密率的发明使中国在明代居于世界律学领域的先导地位,其成果在西方产生了强烈反响,引起了欧洲学术界的赞叹。德国人赫尔姆霍茨说道:"在中国人中,据说有一个王子叫朱载堉的,他在旧派音乐家的巨大反对中,倡导七声音阶。把八度分成十二个半音以及变调的方法,也是这个有天才和技巧的国家发明的。"英国李约瑟博士也说"朱载堉对人类的贡献是发明了将音阶调谐为相等音程的数学方法","平心而论,在过去的三百年间,欧洲及近代音乐确实有可能曾受到中国的一篇数学杰作的有力影响,……第一个使平均律数学上公式化的荣誉确实应当归之中国"。由于朱载堉的发明在欧洲影响巨大,半个多世纪以来,很多人提出朱氏理论启示了欧洲十二平均律的产生。

英国著名生物化学家李约瑟,曾因胚胎发育的生化研究而取得巨大成就,后来他又以中国科技史研究的杰出贡献成为权威,并在其编著的15卷《中国科学技术史》中正式提出了著名的"李约瑟难题":"为什么近代科学和科学革命只产生在欧洲呢?……为什么直到中世纪中国还比欧洲先进,后来却会让欧洲人领先呢?怎么会产生这样的转变呢?"众所周知,中国是享誉世界的文明古国,在科学技术上也曾有过令人自豪的灿烂辉煌。除了世人瞩目的四大发明外,领先于世界的科学发明和发现还有100种之多。美国学者罗伯特·坦普尔在著名的《中国,发明的国度》一书中曾写道:"如果诺贝尔奖在中国的古代已经设立,各项奖金的得主,就会毫无争议地全都属于中国人。"然而,从17世纪中叶之后,中国的科学技术却如同江河日下,跌入窘境。据有关资料,从公元6世纪到17世纪初,在世界重大科技成果中,中国所占的比例一直在54%以上,而到了19世纪,剧降为只占0.4%。中国与西方为什么在科学技术上会一个大落,一个大起,拉开如此之大的距离,这就是李约瑟觉得不可思议,久久不得其解的难题。

古今中外无数科技创新可以说明,中华民族近代以来创造力衰退和匮乏的原因不能归咎于种族素质和遗传基因,我们把目光投向了文化和教育。已经有学者证明,文化环境和创造性之间存在着密切的关系,历史上很多优秀的人才总是在一个时期诞生的,比喻中国春秋战国时代,欧洲的文艺复兴时代,都产生了大量的思想家和哲学家。从创造学的有关理论来看,中国近代以来不合时宜、落后保守的文化观念和习俗束缚了中华民族的创造力。这些阻碍民族创造力发展的消极文化因素主要有:

①封闭保守。长期的小农经济使明代以后的中国形成了牢固的封闭意识和保守心态,在理念上膜拜祖先,尊崇传统,在政治上以天朝上国自居,闭关锁国,淡漠外交;在生产上自给自足,禁绝贸易。

②文化专制。君权政治的特点必然导致文化专制、精神垄断,这种专制自宋明理学之后达到了极至的程度。在文化专制的肃杀氛围中,人们的思想和意志被牢牢地禁锢,不可能产生创新活动所需要的心理安全和精神自由。

③贬抑个性。传统文化在价值取向上注重整体、和谐、均衡、匀称,因此对个性鲜明、棱角凸出、标新立异者向来给予严酷压制和打击。

④中庸之道。取法于中、不偏不倚、无过不及是儒文化追求的一种理想人格,这种中庸哲学导致人们怕冒尖,随大流,不求有功、但求无过,这从根本上扼杀了人们的创造动机。

⑤无为而治。这主要是道文化的思想,引导人们逃避现实,回避矛盾,不思进取,淡漠和遮蔽了人们的创新意识。

上述文化积弊束缚了中国封建社会后期以及近代以来中华民族的创造力,使得在这一历史时期内中西方现代文明差异增大。

知识链接

宽容失败

原北京大学副校长王义遒曾在《中国青年报》(2001年2月25日)上写有《宽容失败》一文,摘登于此。

20世纪70年代末,我们对激光冷却原子感兴趣,在教研室讨论过几次。一位老师提出了一种用随时间变化的脉冲激光来冷却的想法。我思索良久,认为该方案难以说明能量流向机制,不能实现冷却,从而把它"枪毙"了。不久,国内一位学者在著名刊物上发表了几乎相同的冷却设想,还受到了一位国外大师的称道。我心里很不是滋味,对那位老师感到内疚,但还是认为该方案在科学上不合理。思考了几年,想出来一种模型,请研究生作了长篇计算,基本上澄清了能量流向,证明了这种机制不可能产生冷却效应(在科学上,有时"证伪"要比"证真"还难!)。这样,我心中松了一口气,似乎可以向那位老师交代了。差不多就在同时,国外提出了一种利用激光空间变化进行原子冷却的机制,旋即在实验上实现,成为今日激光冷却原子的重要方法之一。回想起来,颇多惭愧。为什么当年自己一门心思只想去证明人家之"错",好摆脱自己胸中的内疚,而不去想一想人家是否有合理之处,拐一个弯,把时间变化改成空间变化,这样,一种重要的冷却机制不就产生在我们中国了吗?

惭愧无济于事,后悔更不足取,重要的是要从这里吸取对科学创新的教训。

我们中国人在当代世界科技中贡献不够大,创见不够多,除了大的宏观环境和条件尚待改善外,还有没有微观的小气候问题呢?我看是有的,至少我周围就有。

似乎有这样一种风气,谁能看出别人学术上的毛病,谁就是高明,就是有学问,有水平。这种"揭短"当然需要本事。但事情不能只停止于此。"揭短"只起消极作用;被揭者灰溜溜,脸上无光;揭人者自鸣得意,以能曝人之破绽而荣耀。这一贬一褒,似乎只比人的高低,对科学、对事业绝无好处。真的与人为善的态度是要从错误、缺点和问题中找出出错的原因,看看这里有没有合理的成分,有没有新的因素;有时候,直接的没有,间接的、拐个弯的、相似的,是否有好东西、新东西。这不仅与人为善,而且于事有补。

科学创新不仅要求宽容的环境,而且需要不断地鼓励,使开始似非而是的见解、学说能大着胆子展示、发表出来。在人人谨小慎微的气氛中,大概是什么新学说、新思想和创见都出不来的。

三、创造动机

创造动机决定了一个人对创造活动的基本态度。动机可以看成是由好奇心、兴趣、需要、情感、意志等因素互相作用而组成的动态系统。在创造过程中,创造动机各个因素都发挥着各自的功能,需要是动机系统中最基本的因素,绝大部分动机产生的基础是需要。

个人动机是相当复杂的,爱因斯坦在《探索的动机》一文中就谈到出于不同动机从事科学研究的几种人。实际上一个人接受一项工作,都不是纯粹出于一种动机。有的人以兴趣为主,兼有想以此证明自己能力超群的动机。有的人以功利为主要目的,但同时对这项工作也有一定兴趣。所以,在个人动机中以兴趣为中心的内在动机和一系列外在动机是同时并存的。

1. 内在动机与创造

内部动机是指人们对活动本身感兴趣,活动能使人们获得满足感,从中得到乐趣、激励和刺激,是对自己的一种奖励和报酬,无需外力的推动。

对混沌学作出重要贡献的科学家费根鲍姆,在他一头钻到当时看来是毫无希望的非线性问题上时,在他的名下只发表过一篇文章,这严重地影响到他的职业,因为在英国的大学,如果你不能每年发表一定数量的文章,便无法被继续聘用,所以他只好从一流大学来到二流大学,连阿格纽都问他,你很聪明,为什么不去解决激光聚变呢? 研究微观粒子的自旋、"颜色"、"味道",确定宇宙起源在科学界是热门而艰难的事,而他却研究难以捉摸的云彩,这不是自讨苦吃吗? 研究云彩应该是气象学家的事,而且前景不明,人们不理解。费根鲍姆撰写的混沌学方面的论文多次被杂志拒绝发表,但是他凭着对混沌现象的内在的极其好奇,始终也没有兴趣把自己的研究集中到任何会迅速得到报偿的问题上。费根鲍姆使用一种简短的行话来评价这些物理学问题:"这种事是显然的",这是指任何熟练的物理工作者通过适当的思考和计算就能够理解的结果。而他所研究的混沌学是"并非显然",这正是创造性工作与常规工作的差异。

美国麻省理工学院的媒体实验室是当今国际社会利用数字化技术的核心,被称为是"创造未来的实验室"。其创始人尼葛洛庞帝教授也谈到,在创立期,他们是一批被正统人士拒之门外的人,这些人或者在学术界眼中太过激进,或者所研究的不容于他人的体系,逼使一些人根本无处容身。他们成立了自己的"落选者沙龙",其成员有建筑师、计算机工程师、电影制作人、图形设计师、作曲家、物理学家、数学家。他们在科学技术和艺术两大领域之间所做的工作不被科学界所认可,一名资深的麻省理工学院的教授认为他们是"江湖骗子"。"当时的电脑界仍然是程序设计语言、操作系统、网络通讯和系统结构的天下。维系我们的并不是共同的学术背景,而是一致的信念:我们都相信,随着电脑日益普及而变得无所不在,它将戏剧性地改变我们的生活品质,不但会改变科学发展的面貌,而且还会影响我们生活的每一方面。"可见,共同的兴趣和内在动机是多么强烈地影响到人们的行为,即使遭到嘲笑和物质上陷入困境也不能把他们吓倒。

内在动机对创造的促进作用主要是因为两个原因:

(1)内在动机使创造者将所进行的创造当作目的,而不是当作一种手段。他会觉得创造体现了他人生的最大价值,再没有其他的价值能够代替。因此这是他的人生观和价值观与行为的高度统一。

(2)在具体的创造过程中动机决定了注意力的指向。动机最重要的功能是控制注意。动机决定着某一待定时刻激发什么等级的活动,动机越是集中于某种目标,对那些与目标无关的方面就关注的越少。人的注意力是十分有限的,而奖赏、评价都可能分散注意,因此,受外部动机推动的人不可能把全部的注意力放在与工作有关的方面。

2. 外在动机与创造

外在动机不是对活动本身产生兴趣而产生动力的,而是由活动以外的刺激对人们诱发出来的推动力。

在某些条件下,外在动机可以促进创造性活动。例如,美国心理学家赫洛克的实验有力地证明了外界鼓励对学习和工作最能发挥鼓舞作用。他把106名被试者分为四组,在不同的激励下每天学习15分钟难度同样的数学题。第一组为表扬组,第二组为批评组,第三组是忽视组,即对他们的练习既不表扬,也不批评,仅仅让他们听其他两组受表扬或受批评,第四组是对照组,单独练习对他们的成绩不向本人提供任何信息。结果受表扬组成绩逐渐上升。但是随着活动的创造性的要求越来越高,越显示出对内在动机的依赖,而在外在动机驱使下,会削弱活动的创造性。

心理学家阿迈布丽在她的专著《创造力的社会心理学》一书中以非常令人信服的方法对这一点作了阐述。她用大量的创造性作业,对儿童和成人进行了实验,这些作业包括拼图、讲故事、作诗和给漫画加标题。阿迈布丽用一种可靠的内在一致评估法对作业的结果进行评价,她发现当被试者具有内在动机时作业最有创造性,而各种外在动机的因素,如评价、现场有外人观察、奖赏等都会降低创造性。在一项有代表性的实验中,让40名女大学生完成一项拼图作业,她们被随机安排在4个组:

第一组,无评价——无观众;

第二组,无评价——有观众,她们被告知有人在看她们做实验,但观众一般不会作评价;

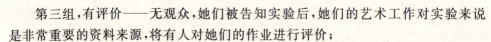

第三组，有评价——无观众，她们被告知实验后，她们的艺术工作对实验来说是非常重要的资料来源，将有人对她们的作业进行评价；

第四组，有评价——有观众，她们被告知在实验室的另一端，通过一个反射镜，4个艺术系的学生在观看她们拼图，估计这些学生会对她们的拼图过程和拼图作业作出评论。

事后，10名艺术家对拼图的创造性做出了评价，他们之间的评价的信度是0.93。实验表明，无评价组被试者所拼图案，更富有创造性，这证实了内在动机的假说。当要求被试者描述他们的焦虑程度时，评价组的被试者要比无评价组的被试者高得多。这说明对评价的注意可能会对创造性产生强制性的有害影响。

阿迈布丽通过实验，对评价期待、追求奖赏、榜样模仿等外在动机对创造的影响做了以下的归纳：

在需要启发性的工作中，评价期待会降低创造性水平，在创造性的工作转换为规则性工作后，评价期待会提高创造性，即使实际的评价是积极的，由于其导致了未来评价期待，因此有可能对未来的创造性行为造成损害。行为的技巧方面不像在创造性方面那样容易受到评价期待的影响。

为了得到奖赏而参加一项活动，会有损于创造性，即使在创造性活动之前就给予奖赏也会产生消极作用。选择工作和奖赏会产生影响，给没有选择自由的被试者以金钱奖励，能够提高创造性；给被试者金钱奖赏以换取他同意选择这项活动，则会削弱创造性。

在一个人的专业发展中，如果能早期接触到创造性的榜样，这也许有利于较早地获得创造性成就。但从长远观点看，对榜样的进一步模仿会有损于创造性。

人可以受金钱之类的物质利益的需要驱动去从事创造，也可以为职业上的提升去创造，也可出于地位或与他人的交往的需要去创造，但是这时，创造活动与需要之间只有外面的和强制的关系，很可能会因为物质利益、地位、人际关系的变化，而使人丧失进行这项创造的需要，对他们来说创造只是一种手段，不是目的。即创造不是他内在的需要，而是社会外部强加给他的东西。在他看来，仅仅因为这件事有助于他达到目的，他才去做。因此他既可以去创造、也可以不创造，只要目的达到就行了。

3. 内外动机协同的新模式

一个人创造动机的高低，取决于他对这项活动内在动机的初始水平的高低，以及他抵御外部压力的能力。其实，创造动机和行为，内在动机和外在动机相互有着影响。

M. L. 斯坦认为创造性个体主要是在内在动机的激励下进行创造。"这些人专心致志于一个问题是因为他们发现自己是快乐的，即使创造者没有得到很多的报酬,他们也一直就这个问题钻研下去。"美国心理学家默里认为,动机是个人需要(人的特征)和外因(环境的特征)共同起作用的结果,通过对创造过程的研究,阿迈布丽也认为虽然进行高水平的创造活动必须有内在动机的驱使,渴求发奋工作。但也必须摆脱外部压力,强调理智幽默和轻松安逸的环境。因此她也谈到问题的另一方面,外部压力虽然有害于创造性的发挥,但是,也有这样一些人,他们显然是在具有外部压力的环境中能持久地从事创造性的工作。阿迈布丽在经过长期思索之后对原来的观点进行了修正,提出了动机协同的观点。她认为,内在动机和外在动机都具有状态和特质两方面的属性。状态是指动机容易受到环境影响而发生改变,特质是指不易随时间和情境变化而发生改变。某些形式的外部刺激物,如适当的奖赏会增强内在动机。她提出了建立一种内外动机协同的模式,其主要观点是:

①内在动机与外在动机确实是可以结合的。内在动机和外在动机并不是完全分离的,而是一个系统,在内在动机没有发生作用之前,对外在动机的调动要谨慎,因为只有在某种情况下,外在动机才能补充内在动机。

②当内在动机水平达到很高的时候,外在动机更倾向于与内在动机有机协同。

③只有部分外在动机能与内在动机相协同,这些外在动机提供了个体完成任务的信息和结果的价值,不会对选择感兴趣的任务的自由度产生损害。在很好地完成了一项具有挑战性任务的过程中所体会到的那种成就感,是一种能与外在动机更好结合的内在动机。从理论上说,特殊形式的外在动机能与一切形式的内在动机相结合。

④某些外在动机确实有损于内在动机。因此要尽量避免它的影响。那些不能与内在动机协同的外在动机往往导致个体产生被控制和被摆布的感觉。

⑤对工作的满足取决于在工作中所产生的实际动机(既有内在动机又有外在动机)与个人对这一工作的基本的动机准则的匹配程度。

⑥工作的完成(在技巧和内容因素方面)取决于个体的水平和动机类型。具有高水平的技术质量的任务要求高水平的内在动机或外在动机(或两者都高)。而高度新奇设想的产生只能取决于高水平的内在动机。

⑦即使内在动机的初始水平是很高的,但是如果过分强调外在动机,而缺少对内在动机的支持,内在动机也会受到损害。

⑧个人的动机系统是相当复杂的,内在动机与外在动机能恰当地协同,可以导致高水平的创造和多产的工作成果。

四、创造教育

社会主义现代化建设需要大量德才兼备的高素质人才,要提高每个人的品德素质、才智素质、身体素质,全面发展是我们的目标。我们的民族实际上是一个创新能力很强的民族,但是在长期的封建王朝时代中,却又是时时压制创新的。因而长期的封建时代所留给我们民族的历史文化中,就有崇尚经验、反对创新;崇尚权威、反对怀疑;崇尚中庸、反对特异的消极因素。而且,由于崇尚秩序,新的想法、新的思潮、新的物品都可能被当成大逆不道的异端,科技发明被视为"雕虫小技",在这种思想指导下成长起来的人,多数墨守成规,谨小慎微,缺乏独立自主的精神和勇于创新的精神。在计划经济时代,我们对创新问题也一直没有给予充分的重视。受这些历史的及体制的因素的影响,我们对人才的培养一直是"应试型"而非"素质型",培养的是记忆能力而不是创新的能力;提倡的是顺从安份的意识而不是挑战怀疑的意识。有人概括说,我国的小学教育是"听话教育",中学教育是"应试教育",大学教育是"知识教育",研究生教育是"学历教育",而单单没有"能力教育"、"素质教育"等。实际上,我国的教育体制及教育方式在培养个人的创新意识、动手能力和创新能力等方面确实存在着显著的缺陷,同国外其他国家也存在重大差距。这对我们这个民族和国家及我们个人来说是极其危险的。

第二节　想象训练

一、什么是想象

想象是对头脑中已有的表象进行加工改造,形成新形象的心理过程。这是一种高级的认知活动。例如,人们在看小说时,在头脑中产生各种情景和人物形象就是想象活动的结果。

新颖性和形象性是想象的基本特征。想象主要处理图形信息,或者说表象,而不是词或者符号,因此具有形象性的特征。想象是对旧有的表象积极的再加工和再组合,因此具有新颖性的特征。想象不仅可以创造人们未曾知觉过的事物的形象,还可以创造现实中不存在的或不可能有的形象,但它们仍来自现实,来自对人脑中记忆表象的加工,想象的形象在现实生活中都能找到原型,都有其现实的依据。

想象与创造性活动有着千丝万缕的联系。没有想象,就没有创造,想象是创造性活动中的精髓部分。

二、想象与创造性思维

创造性思维是指重新组织已有的知识经验,提出新的方案或程序,并创造出新的思维成果的思维活动。创造性思维是在常规思维基础上发展起来的,创造性思维是人们创造、发明、想象、设计、假设出新的概念、想法或者实物的心理活动。

创造性思维具有以下的特征：敏感性，即容易接受新现象，发现新问题；流畅性，即思维敏捷，反应迅速，对于特定的问题情景能够顺利地做出多种反应或答案；灵活性，即具有较强的应变能力和适应性，具有灵活改变定向的能力，能发挥自由联想；独创性，即产生新的非凡的思想的能力，表现为产生新奇、罕见、首创的观念和成就；再定义性，即善于发现特定事物的多种使用方法；洞察性，即能够通过事物的表面现象，认清其内在含义、特性或多样性，进行意义交换。

瑞典著名演讲家费得里克·阿恩指出：员工中最缺乏的是什么？99％的领导者的答案是缺乏创造性思维。创造力并不复杂，只要你具有知识和信息，把两者有机结合起来，创造就有可能随时发生。

一个很有意思的问题是：你能想象出十个人类做不到的事情吗？在 25 个国家1400 多场同样的测验中，得到的最普遍的答案是飞翔、时光倒流、长生不老、返老还童等等。这些答案虽然正确，但是每个人都知道，因为这是知识，但这并不是想象力。具有知识和信息量的人越来越多，这就意味着知识和信息量的价值正在呈下降趋势。而相反，具有创造力和想象力的人，价值正在上升。爱因斯坦有一句名言："想象力比知识更重要"。

1950 年，美国空军做了一个富有创造力的测验，这个测验的目的就是要决定你是否适合成为一个美国的空勤人员。同样，在雇佣员工的时候，领导者也可以用这个测验去察看候选人的创造力和想象力："你能用砖来做什么？"战争较量的不是知识和信息，因为你能获得这些，别人也可以获得。真正较量的是战斗中灵活的创造力，企业也是如此。

创造力＝人×（知识＋信息）

创造力，等于一个人以一种新的方式结合两个旧的事物。我们往往会遇到一个普遍的问题：不擅长用新的创意结合两个事物。为了能找到更多更好的创意，我们必须敢于忽视我们已经知道的。尤其是在当下，我们生活在一个飞速变化的时代，创造的需求越来越突出。但我们却往往受制于习惯和群体意识的限制，别人做什么我们做什么，而且老是根据自己的习惯做事情，没有大胆的创新。我们常说要大胆创新，但实际往往受到习惯和群体意识的限制。

如果你看到空无一人的游泳池中，有一个人横冲直撞，随心所欲，完全不按照规划好的线路去游，你会觉得别扭吗？想一想，为什么不可以打破习惯，按照自己的意愿，随意的游来游去？

你在何时何地得到最有创造力的想法？没有一个人的答案是在办公室。你在何时何地得到最有创造力的想法？最普遍的答案是在床上休息、卫生间、旅行。爱迪生每次有好想法的时候都是在他钓鱼的时候。但是没有一个答案是在办公室里。

领导者一面要求员工有创造力,要大胆创新,另一面却没有给员工足够的思考空间和时间。而更多企业甚至鼓励员工加班加点,让员工疲惫不堪,认为员工只要在企业中工作,通过时间的延长自然会作出更大的贡献,实际上,这只会让员工的创造能力下降。一个疲劳的人哪有时间和精力去产生灵机一动?因此,培养员工创造力的环境是非常重要的。这里包括企业要真正具有推广创造力的思维,鼓励员工创新,不要扼杀员工的新想法,第二就是给他们一个思想的时空。只要你的企业你的员工比竞争对手多一点创造力,你还需要为如何提高竞争力而发愁吗?

想象力是人脑在感性形象的基础上创造出新形象的过程。创造性想象不是对现成形象的描述,而是根据一定的目的和任务,对已有的表象进行选择、加工和改组,从而产生新形象的过程。领导者在行动之前,在头脑中先已构成了行动结果的"蓝图";在改革之前,已在头脑中构成将要创造的新事物的形象,这些都是创造性的想象。创造性想象的特征在于新颖、新奇、独创。丰富的想象力,对于倡导创新思维具有极大的开发作用。

譬如,如果我们看到一条菜青虫蜷曲身躯从斜面上滚下去,放开联想,我们会想到轮子的功能;人类可以利用一个充气囊从高处往下跳;菜青虫往下滚动同重力的关系,等等。当然,联想和幻想可以无边无际。但最终都要回复到正在学习的内容或正待解决的问题上来,即必须从无限制走回到实际上来。而无论我们的想象是多么的荒诞与不可理喻,如果有助于问题的解决或产生绝妙的创意,那么我们就是成功的。

知识链接

尼龙扣

瑞士发明家乔治·德梅特拉尔带狗去打猎,身上粘了许多刺果,回到家里用显微镜观察,发现有千百个小钩子钩住了毛呢绒面和狗毛,他忽然想到,如果用刺果做扣子,一定举世无双。后来,经过构思、想象、实验,他终于发明了风靡世界的不生锈、重量轻、可以洗的尼龙扣。

谁接董事长的班?

董事长年事已高,想找人接班,可又拿不定是让位给大儿子还是二儿子。

董事长突然有了主意,他告诉两个儿子:前边有两匹马,黑的是大儿子的,白的是二儿子的,谁的马最后到达终点,就由谁来接班。大儿子听后在考虑如何比慢,而二儿子却飞身跨上黑马,迅速赶往终点。结果是二儿子最终接了班。

三、想象训练

培养创新能力,没有想象就没有创新。创新的实质是对现实的超越。要实现超越,就要对现实独具"挑剔"与"批判"的眼光,对周围事物善于发现和捕捉其不正确、不完善的地方。古人云:"学起于思,思源于疑"。质疑问难是探求知识、发现问题的开始。爱因斯坦曾经说过"提出一个问题比解决一个问题更重要。"

在日常生活中经常有意识的观察和思考一些问题,通过这种日常的自我训练,可以提高观察能力和大脑灵活性。

参加培养创新能力的培训班,学习一些创新理论和技法,经常做一做创造学家、创新专家设计的训练题,能收到提高创新思维能力的效果。

积极参加创新实践活动,尝试用创造性的方法解决实践中的问题。只有在实践中人类才有了无数的发现、发明和创新。实践又能够检验和发展创新,一些重大的创新目标,往往要经过实践的反复检验,才最终确立和完善。人们越是积极地从事创新实践,就越能积累创新经验,锻炼创新能力,增长创新才干。创新是通过创新者的活动实现的,任何创新思想,只有付诸行动,才能形成创新成果。因此重视实干、重视实践是创新的基本要求。

拥有跨学科的知识结构比知识结构单一的人更容易产生丰富的联想,因而也更加容易形成新思维。美国诺贝尔物理学奖获得者格拉曾说:"涉猎多门学科可以开阔思路。"宽阔、跨学科的综合知识背景还可以使人克服困难、闭塞,变得更加乐于接受新观点,思路更灵活多变,从而考虑问题时更加具有多样性和变通性。世界上有许多重要的学术成果正是依赖于相关学科之间研究思路的相互启发与研究视角的相互补充。例如,1953 年 DNA 双螺旋分子结构模型的建立便是跨学科智慧结晶。在该模型建立前的约一百年时间里,美国的鲍林、英国的弗兰克林等许多科学家由于局限于自己的专业研究领域,思路单一,没能建立 DNA 模型。美国的沃森和英国的克里克则不同从弗兰克林关于 DNA 的报告中接受了从结晶学角度的研究思路,立意建立分子模型。他们从生物遗传学里推定生物大分子模型应是一个双链模型,又吸收了分子生物学家关于生物繁殖过程中的"信息复制"概念,进而提出了 DNA"自我复制"的假说,建立了 DNA 双螺旋分子模型,开创了生物学史的新篇章。

伽利略在读大学时,就是一个留心观察和注意联想的人。连教堂里吊灯的摆动也引起了他的注意。而这种现象不知有多少人早就看见了,但他们却没有深入思考,以致无所作为。伽利略却没有放过这一现象,他仔细观察吊灯运动的规律,在条件缺乏的情况下,用自己的脉搏计时,发现了摆的等时性,接着又发现了惯性原理。

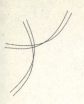

第三节　灵感激发

一、灵感及其特点

灵感(inspiration)是人们思维过程中认识飞跃的心理现象,一种新的思路突然接通。简而言之,灵感就是人们大脑中产生的新想法(new idea)。

灵感具有一系列特点:

(1)灵感的产生具有随机性、偶然性。有心栽花花不开,无意插柳柳成荫。灵感通常是可遇不可求的,至今人们还没有找到随意控制灵感产生的办法。人不能按主观需要和希望产生灵感,也不能按专业分配划分灵感的产生。

(2)灵感产生是世界上最公平的现象,任何能正常思维的人都可能随时产生各种各样的灵感。无论是贫民还是权贵,不论是知识渊博的科学家还是贫困地区的文盲都会产生灵感。

(3)产生灵感几乎不需要投入经济成本,而灵感本身却是可能有价值的。灵感价值的大小也是随机的,不会因为你高贵就让你产生高贵的灵感,也不会因为你低贱就只让你产生低贱的灵感。

(4)灵感具有"采之不尽,用之不竭"的特点。这是灵感最为特殊的特点,愈开发,灵感产生得愈多。

(5)灵感具有稍纵即逝的特点,如果不能及时抓住随机产生的灵感,它可能永不再来。其六,灵感是创造性思维的结果,是新颖的、独特的,人产生灵感时往往具有情绪性,当灵感降临时,人的心情是紧张的、兴奋的,甚至可能陷入迷狂的境地。

二、灵感与创造性思维

灵感是一种宝贵的创新资源,在创新面前人人平等。美国莱特兄弟将飞机试制成功,并飞上了天空,其灵感就是来源于"像鸟一样在天空飞翔……"的朴素创新理想。

不要让现存的世界成为我们思维的桎梏,现存的并不是最好的。在 1968 年以前,跳高有俯卧式和跨栏式两种方式。那时人们认为这两种是最好的跳高方式,如果你想成为跳高冠军,你必须依照这两种跳高方式苦练。但有一天,研究医药学的跳高运动员福斯贝里突然意识到从杆上跳过去的最佳方式不是俯卧式,也不是跨栏式,或许,应该是背跃式。最终在 1968 年墨西哥的奥林匹克运动会上,福斯贝里使用他摸索出来的背跃式一举夺魁。这个故事说明了什么? 为了能找到更多更好的创意,我们必须敢于忽视我们已经知道的东西。

再比如,长期以来,美国的健身产业竞争很激烈,但总体来说,他们抢占市场的方法不外乎两种:一种是提供全套健身和运动设备,地点设在城市的高级地段,让顾客在这里即能锻炼又能社交;另一种是家庭健身计划,包括健身录像、书籍、杂志。他们成本低廉,适于在家庭使用。人们理所当然地认为这个产业中只有这两种商业模式。可是有一天,一种全新的模式出现了:"曲线美"健身俱乐部将地点设在郊区、只招女性会员、半小时完成全套健身运动。结果这种模式大受欢迎,取得巨大成功。"曲线美"和背跃式跳高一样,它们共同的特点都是独辟蹊径、出奇制胜,引发"曲线美"这个创意的最初一定是一个"灵感"。

近年来,人们越来越关注创新,商业人士越来越注重创造性和创新性思维。创造性思维是一项非常有用但又比较稀缺的技能。根据 Economist 对中国主要公司所作的研究,缺乏创造性是中国员工的主要弱点。一个人能得到世界上最好的枪,但是他没有灵感去扣动扳机,他不能打死任何敌人。

灵感是点燃创意的火把,是将"点子"转化为"金子"的引子。不要轻易略过任何一个细小的想法,哪怕它听起来有些不可思议,有些格格不入。你可以赞美或者诋毁,但你唯一不能做的,就是忽视这些想法的存在——用非常规的方式思考。

为了提高创造力,应学一些新鲜的东西。假如你是一位银行家,可学跳舞;如果你是一位护士,去学习一点神话。不妨读一读你知之甚少的一本书;更换你阅读的报纸。新鲜的东西会以新颖的、具有潜在魅力的方式与陈旧的东西进行交流。去注视你头脑中产生的思绪长流,学会抓住并发挥你思维灵感的火花。

知识链接

处处留心皆是金

江西省瑞昌县麻萱纺织厂厂长刘吉生到上海出差时,正巧碰到有个外商正和外贸局的一位干部闲谈,外商随意说到出口的精干麻"包装欠佳,一捆50斤,平时运输装卸十分不便"。说者无意,听者有心,坐在他们身旁的刘吉生开始紧张的思索,新方案很快产生了。回厂后立即组织工人改进"精干麻"包装,由麻包改为麻球,一个只有10斤重,当年仅此一项,就获纯利50多万元。

河南省虞城贸易公司总经理杨瑞祥,从收音机里听到广东湛江地区遭受台风袭击后林木被毁,他敏锐地觉察到这是一个机会,立即整装南下。通过调查得知受台风袭击的大多是大麻黄树,这种树在潮湿的南方易受蚂蚁蛀食,派不上用场,运到气候干燥的北京就值钱了,这样,一来支援了灾区,二是满足了群众盖房的需要。于是他二下湛江,将一批批木材运往商丘市,这一着净赚了许多钱。用他自己的话说:"处处留心皆学问"。

第十四章 思维潜能的开发

三、灵感激发

灵感是创造性认识刹那间在人脑中的反映,它是一种综合性突发的心理现象,是思维与其他心理因素协同活动的结果。如弗莱明发现了盘尼西林(青霉素),他在做实验时,培养了一个实验皿的细菌。但是实验没有成功,因为实验皿中的细菌被别的细菌侵入,长成了绿霉。弗莱明仔细观察后,他注意到这个绿霉杀死了器皿中原有的细菌。在注意到这个霉菌的杀伤力之后,经过分析、判断,弗莱明产生了灵感:他想到这个绿色的霉菌中,包含着可以杀死葡萄球菌的物质。于是,他把盘尼西林霉菌中分离了出来。在弗莱明之前,至少有 28 位科学家报告过霉菌杀死细菌这个事实。但是,由于他们没有产生灵感,没有形成创造性的认识,没有发现盘尼西林,因而总是被看成一个不幸的意外。盘尼西林的发现使人口的死亡率降低一半。

灵感的形成,虽然在一刹那之间,但它与一个人的知识、经验以及分析、综合、判断能力等有直接的关系。因此,它离不开个人长期的积累。而且,在一次灵感形成之后,还要经过验证、充实和完善。

观察分析,实践激发激情冲动、判断推理是激发灵感常用的 4 种基本方法。

1. 观察分析

在进行科技创新活动的过程中,自始至终都离不开观察分析。观察,不是一般的观看,而是有目的、有计划、有步骤、有选择地去观看和考察所要了解的事物。通过深入观察,可以从平常的现象中发现不平常的东西,可以从表面上貌似无关的东西中发现相似点。在观察的同时必须时行分析,只有在观察的基础上进行分析,才能引发灵感,形成创造性的认识。

2. 实践激发

实践是创造的阵地,是灵感产生的源泉。在实践激发中,既包括现实实践的激发又包括过去实践体会的升华。各项科技成果的获得,都离不开实践需要的推动。在实践活动的过程中,迫切解决问题的需要,就促使人们去积极地思考问题,废寝忘食地去钻研探索,科学探索的逻辑起点是问题。因此,在实践中思考问题,提出问题,解决问题,是引发灵感的一种好方法。

3. 激情冲动

积极的激情,能够调动全身心的巨大潜力去创造性地解决问题。在激情冲动的情况下,可以增强注意力,丰富想象力,提高记忆力,加深理解力。从而使人产生出一般强烈的、不可遏止的创造冲动,并且表现为自动地按照客观事物的规律行事。这种自动性,是建立在准备阶段里经过反复探索的基础之上的。这就是说,激情冲动,也可以引发灵感。

4. 判断推理

判断与推理有着密切的联系,这种联系表现为推理由判断组成,而判断的形成又依赖于推理。推理是从现有判断中获得新判断的过程。因此,在科技创新的活动中,对于新发现或新产生的物质的判断,也是引发灵感,形成创造性认识的过程。所以,判断推理也是引发灵感的一种方法。

上述几种方法,是相互联系、相互影响的。在引发灵感的过程中,不是只用一种方法,有时是以一种方法为主,其他方法交叉运用的。

第四节　潜能探索

一、思维潜能

潜能是指人具有的但又未表现出来的能力。正是因为潜能的隐蔽性,许多人并不能够有效地认识和开发自己的潜能。潜能分为生理潜能和心理潜能。人通过提高认识、学习技巧、培养感受力领悟力、坚强意志等方法都能够发挥人的思维潜能。

一般地说,刚出生的婴儿是没有潜能的,即使有也是遗传或者胎教促成的。从鹰飞成功学可以对潜能提出新的理解:潜能即是以往遗留、沉淀、储备的能量。如人一生下来就要学走路,并且每天都在走路,到了 18 岁,即他 18 岁那年的脚走路的潜能就是自他学走路以来所沉淀下来的能量,曾报道有人曾经在逃命时跨越 4 米宽的悬崖,所以在某个环境下,人的潜能就会发挥出来。

一位名叫史蒂文的美国人,他因一次意外导致双腿无法行走,已经依靠轮椅生活了 20 年。他觉得自己的人生没有了意义,喝酒成了他忘记愁闷和打发时间的最好方式。有一天,他从酒馆出来,照常坐轮椅回家,却碰上 3 个劫匪要抢他的钱包。他拼命呐喊、拼命反抗,被逼急了的劫匪竟然放火烧他的轮椅。轮椅很快燃烧起来,求生的欲望让史蒂文忘记了自己的双腿不能行走,他立即从轮椅上站起来,一口气跑了一条街。事后,史蒂文说:“如果当时我不逃,就必然被烧伤,甚至被烧死。我忘了一切,一跃而起,拼命逃走。当我终于停下脚步后,才发现自己竟然会走了。”现在,史蒂文已经找到了一份工作,他身体健康,与正常人一样行走,并到处旅游。一双 20 年来无法动弹的腿,竟然于危在旦夕的关头站了起来。这不禁让我们产生疑问:到底是什么因素使史蒂文产生这种“超常力量”的呢? 显然,这并不仅仅是身体的本能反应,还涉及到人的内在精神在关键时刻所爆发出的巨大力量。著名作家柯林·威尔森曾用富有激情的笔调写道:“在我们的潜意识中,在靠近日常生活意识的表层的地方,有一种‘过剩能量储藏箱’,存放着准备使用的能量,就好像存放在银行里个人账户中的钱一样,在我们需要使用的时候,就可以派上用场。"

美国心理学家马斯洛指出:"实际上绝大多数人,一定有可能比现实中的自己更伟大些,只是缺乏一种不懈努力的自信罢了"。马克思说:"搬运夫和哲学家之间的原始差别,要比家犬和猎犬之间的差别还小得多。"英国的戴维成为皇家学院的著名教授和科学家的时候,法拉第不过是个整天以装订书籍谋生糊口的工人。但后来,法拉弟不仅成为戴维的得力助手,而且取得了比戴维更加卓著的科学成就。梭罗是美国十九世纪的哲学家和文学家,颇有名望,而爱默生当年不过是梭罗雇佣的一个园丁,整天为主人种花养草,打扫庭院。但若干年后,爱默生在哲学和文学上的成就和名望与梭罗相提并论,甚至还有所超过。所有的这些故事都说明,内心充满自信是充分发挥自己潜能的结果。

二、思维潜能与创造力

潜能是人类最大而又开发最少的宝藏。无数事实和许多国内外专家的研究成果表明,人类贮存在脑内的能量大得惊人,大多数人只发挥了极小部分的脑功能。人的大脑分为左脑和右脑两个半球,它们的功能是不同的,通常左脑被称为"语言脑",它的工作性质是理性的、逻辑的;而右脑被称为"图像脑",它的工作性质是感性的、直观的。左脑的工作方式是直线式的,可以说是从局部到整体的累积式;右脑的工作方式则是从整体到局部的并列式。左脑追求记忆和理解,它的学习方法是通过学习一个个的语法知识来学习语言;右脑不追求记忆和理解,只要把知识信息大量地、机械的装到脑子里就可以了。

现代心理学所提供的客观数据让我们惊诧地发现,绝大部分正常人只运用了自身潜藏能力的10%。可以这么说,每个人都有一座"潜能金矿"等待被挖掘。有些同学可能会问,到底要怎样才能成功挖掘自己的潜能呢?假如人类能够发挥一半以上的大脑功能,那么,可以轻易地学会40种语言,背诵整本百科全书,攻读12个博士学位。然而,人类一般只使用了自身脑功能的4%～10%,即使是科研人员,也没人能超过20%。可见,开发潜能是一项刻不容缓的重要任务。

三、个人思维潜能开发

李嘉诚曾经说过:互联网是一次新的商机,每一次新的商机到来,都会早就一批富翁。每一批富翁的早就是:当别人不明白的时候,他明白他在做什么;当别人不理解的时候,他明白他在做什么;当别人明白了,他富有了;当别人理解了,他成功了。

你可曾有过这样的经历。突然记不起以为熟悉的朋友的姓名?何以会有这样的现象?你明明知道哪个人的姓名,可就是当时记不起来了,难道说你笨吗?当然不是,那是你当时处在笨的状态罢了。你可以有舞王佛雷·亚斯坦的典雅,更可以有诺兰·雷恩的体力和耐力以及有爱因斯坦的聪明和才智,然而你一直使自己的身心处在"低落"的状态,就永远别想能够发挥潜能。良好的身心状态是开发个人思维潜能的重要基础和条件。

1954 年,加拿大麦克吉尔大学的心理学家作了一个有名的感觉剥夺实验与适度刺激。首先进行了"感觉剥夺"实验(Experiment of Sensory Deprivation):实验中给被试者戴上半透明的护目镜,使其难以产生视觉;用空气调节器发出的单调声音限制其听觉;手臂戴上纸筒套袖和手套,腿脚用夹板固定,限制其触觉。被试单独呆在实验室里,几小时后开始感到恐慌,进而产生幻觉……在实验室连续呆了三四天后,被试者会产生许多病理心理现象:出现错觉幻觉;注意力涣散,思维迟钝;紧张、焦虑、恐惧等,实验后需数日方能恢复正常。这个实验(当然这种非人道的实验现在已经被禁止了)表明:大脑的发育,人的成长成熟是建立在与外界环境广泛接触的基础之上的。

创造是人的全部体力和智力都处在高度紧张状态下的有益的创新活动。而人的全部体力和智力从松弛状态转入高度紧张状态,需要给予适度的刺激。缺乏刺激的环境,就培养不出杰出的创造型人才。在没有刺激因素的环境中长期生活,人的意志就会衰退,智慧就会枯竭,理想就会丧失,才能就会退化。只有经常给予适度的刺激,才能激发起人的事业心、责任感和惊人的毅力。

因此,对于不同的人才分别给予适度的刺激,是充分发掘他们创造力的一种有效方法。

1. 社会刺激

社会刺激主要包括整个社会的体制、制度、政治、法律,人们的思想、观念、道德规范、社会舆论、心理状况,工作环境和群体的人际关系等等,这一切都应该产生足以"刺激"人才个体充分发挥创造力的强大压力,创造一种开拓进取的社会环境。工作富有挑战性,压力适中,负荷得当,有利于人才奋发进取。压力过轻,会使人能量"过剩",滋生自满情绪;压力过重,又会使人能量"耗尽",产生畏难情绪;唯有压力适度,人才才能恰到好处地发挥和使用自己的创造能量。

2. 自我刺激

自我刺激是通过自我认识、自我鞭策、自我调节、自我控制,最大限度地开发人才创造力的一股重要的内在动力。

3. 物质刺激

物质刺激是人才赖于生存和发展的重要物质基础,它可以激励人才克服保守情绪、怠惰情绪、知足情绪,不断进取,不断开拓,从而使自己的创造力得到充分发挥。

感觉剥夺实验对员工激励的启示：只有通过社会化的接触，更多地感受到和外界的联系，人才可能更多地拥有力量，更好地发展。这也是我们的员工如何培养、员工如何激励的重要启示：作为管理者，一定要更多地为员工提供各种各样的刺激，只要它们利于员工的成长。而目前很多企业里面员工得到的刺激不是太多，而是太少了。

世界是广泛联系的，把广泛联系作为心理潜能激发的第一步。联系是人的需要，感觉剥夺实验并不是完全的感觉剥夺，但已经让人无法忍受。对于绝大多数人，能力发展是不均衡的，潜质也不均衡。每个人各有其特点。发挥自己潜能的前提是认识自己，智慧人生。

第五节　创造型人才的思维训练和培养

一、保护好奇心，激发求知欲

好奇心、求知欲是学生主动观察事物和反复思索问题的强大动力。注意到这一点，既能有效地提高课堂教育的效果，也能很好地培养和发展学生的创造性思维能力。

二、鼓励直觉思维

直觉思维是未经过逐步分析而迅速对问题的答案做出合理猜测的设想或突然顿悟的思维。直觉思维是创造性思维活动的一种表现，它是由自由联想或思维活动在有关某个问题的意识边缘持续活动，当脑功能处于最佳状态时，旧神经联系突然沟通成新的联系的表现。

三、发展语言逻辑思维

语言逻辑思维是遵循思维的规律，有步骤地对事实材料进行分析综合，或依据某些知识进行推理，得出新的判断，形成新的认识的过程。为了帮助学生迅速而有效地学会语言逻辑思维并使之得到发展，教师讲课要严谨系统，合乎逻辑。并引导学生通过自己的分析、综合、抽象、概括，理解概念并运用原理去解决问题，发展学生的语言逻辑思维能力。

四、培养发散思维与集中思维

在创造性活动中，发散思维与集中思维紧密地联系着。一个创造性活动的全过程，要经过从发散思维到集中思维，再从集中思维到发散思维的多次循环才能完成。培养学生的创造性思维,要为他们提供自由思维的空间,开辟思想驰骋的天地。培养学生的集中思维主要是培养学生的抽象、概括和判断、推理能力。学生不仅要有求同思维、顺向思维,而且更为重要、更为关键的是要求学生有求异思维、逆向思维。不仅要有严密的抽象思维,也要有生动的形象思维;不仅会运用收敛思维,而且善于运用发散思维;不仅要有科学的逻辑性,也应有丰富的想象力和创造性。

游戏与活动

(1)六项思考帽(Six Thinking Hats)

①什么是六项思考帽。六项思考帽是英国学者爱德华·德·波诺(Edward de Bono)博士开发的一种思维训练模式,或者说是一个全面思考问题的模型。它提供了"平行思维"的工具,避免将时间浪费在互相争执上。强调的是"能够成为什么",而非"本身是什么",是寻求一条向前发展的路,而不是争论谁对谁错。运用波诺的六项思考帽,将会使混乱的思考变得更清晰,使团体中无意义的争论变成集思广益的创造,使每个人变得富有创造性。

六项思考帽是管理思维的工具,沟通的操作框架,提高团队 IQ 的有效方法。

六项思考帽是一个操作极其简单经过反复验证的思维工具,它给人以热情,勇气和创造力,让你的每一次会议,每一次讨论,每一个决策都充满新意和生命力。这个工具能帮助我们:增加建设性产出;充分研究每一种情况和问题,创造超常规的解决方案;使用"平行"思考技能,取代对抗型和垂直型思考方法;提高企业员工的协作能力,让团队的潜能发挥到极限。

②六项思考帽的有效性。何人都有能力进行以下 6 种基本思维功能,这六种功能可用六顶颜色的帽子来作比喻(图 14.1):

白帽子:白色是中立而客观的。代表着事实和资讯。中性的事实与数据帽,处理信息的功能;

黄帽子:黄色是顶乐观的帽子。代表与逻辑相符合的正面观点。乐观帽,识别事物的积极因素的功能;

黑帽子:黑色是阴沉的颜色。意味着警示与批判。谨慎帽,发现事物的消极因素的功能;

红帽子:红色是情感的色彩。代表感觉、直觉和预感。情感帽,形成观点和感觉的功能;

绿帽子:绿色是春天的色彩。是创意的颜色。创造力之帽,创造解决问题的方法和思路的功能;

蓝帽子:蓝色是天空的颜色,笼罩四野。控制着事物的整个过程。指挥帽,指挥其他帽子,管理整个思维进程。

但我们往往不知道什么时候该戴哪顶帽子。一个团队的成员常常在同一时刻戴着不同颜色的帽子,因此导致我们的大量思想混乱,相互争吵和错误的决策。

"六项思考帽"思维方法使我们将思考的不同方面分开,这样,我们可以依次对问题的不同侧面给予足够的重视和充分的考虑。就像彩色打印机,先将各种颜色分解成基本色,然后将每种基本色彩打印在相同的纸上,就会得到彩色的打印结果。同理,我们对思维模式进行分解,然后按照每一种思维模式对同一事物进行思考,最终得到全方位的"彩色"思考。

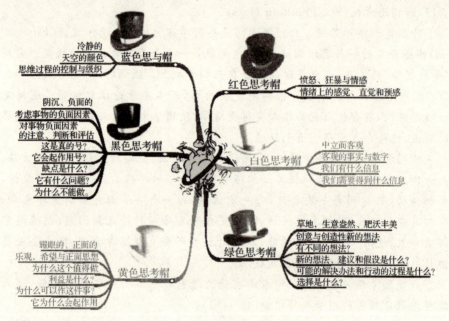

图 14.1 六顶思考帽的图解

③六项思考帽的应用步骤。在多数团队中,团队成员被迫接受团队既定的思维模式,限制了个人和团队的配合度,不能有效解决某些问题。运用六项思考帽模型,团队成员不再局限于某一单一思维模式,而且思考帽代表的是角色分类,是一种思考要求,而不是代表扮演者本人。六项思考帽代表六种思维角色,几乎涵盖了思维的整个过程,既可以有效地支持个人的行为,也可以支持团体讨论中的互相激发。

一个典型的六项思考帽团队在实际中的应用步骤:

● 陈述问题事实(白帽)

● 提出如何解决问题的建议(绿帽)

● 评估建议的优缺点:列举优点(黄帽);列举缺点(黑帽)

● 对各项选择方案进行直觉判断(红帽)

● 总结陈述,得出方案(蓝帽)

④六项思考帽的案例分析。作为思维工具,六项思考帽已被美、日、英、澳等50多个国家政府在学校教育领域内设为教学课程。同时也被世界许多著名商业组织所采用作为创造组织合力和创造力的通用工具。这些组织包括:微软,IBM,西门子,诺基亚,摩托罗拉,爱立信,波音公司,松下,杜邦以及麦当劳等等。例如:

德国西门子公司有 37 万人学习波诺的思维课程,随之产品开发时间减少了30%。英国 Channel 4 电视台说,通过接受培训,他们在两天内创造出新点子比过去 6 个月里想出的还要多。施乐公司反映,通过使用所学的技巧和工具使他们仅用不到一天的时间就完成了过去需一周才能完成的工作。芬兰的 ABB 公司曾就国际项目的讨论花了 30 天的时间,而今天,通过使用横向思维,仅用了 2 天。J. P. Morgan 通过使用六项思考帽,将会议时间减少 80%,并改变了他们在欧洲的文化。麦当劳日本公司让员工参加"六项思考帽"思维训练,取得了显著成效——员工更有激情,坦白交流减少了"黑色思考帽"的消极作用。在杜邦公司的创新中心,设立了专门的课题探讨用波诺的思维工具改变公司文化,并在公司内广泛运用"六项思考帽"。

⑤六项思考帽的实战应用。

● 应用六项思考帽指导大学生创业计划

● 应用六项思考帽策划一项大型活动

● 应用六项思考帽讨论文明班级建设

注释:上述参考资料部分来源于[英]波诺著,冯杨译.六项思考帽——全球创新思维训练第一书.北京:科学技术出版社,2004。

(2)思维导图

①什么是思维导图。英国著名心理学家东尼·博赞在研究大脑的力量和潜能过程中,发现伟大的艺术家达·芬奇在他的笔记中使用了许多图画、代号和连线。他意识到,这正是达·芬奇拥有超级头脑的秘密所在。在此基础上,博赞于 19 世纪 60 年代发明了思维导图这一风靡世界的思维工具。

思维导图就是一幅幅帮助你了解并掌握大脑工作原理的使用说明书。它能够:增强使用者的超强记忆能力;增强使用者的立体思维能力(思维的层次性与联想性);增强使用者的总体规划能力。

为什么思维导图功效如此强大?首先,它基于对人脑的模拟,它的整个画面正像一个人大脑的结构图(分布着许多"沟"与"回");其次,这种模拟突出了思维内容的重心和层次;第三,这种模拟强化了联想功能,正像大脑细胞之间无限丰富的连接;第四,人脑对图像的加工记忆能力大约是文字的 1000 倍。让你更有效地把信息放进你的大脑,或是把信息从你的大脑中取出来,一幅思维导图是最简单的方法——这就是作为一种思维工具的思维导图所要做的工作。它是一种创造性的和有效的记笔记的方法,能够用文字将你的想法"画出来"。

所有的思维导图都有一些共同之处:它们都使用颜色;它们都有从中心发散出来的自然结构;它们都使用线条,符号,词汇和图像,遵循一套简单、基本、自然、易被大脑接受的规则。使用思维导图,可以把一长串枯燥的信息变成彩色的、容易记忆的、有高度组织性的图画,它与我们大脑处理事物的自然方式相吻合。

②思维导图的绘制步骤。在开始思维导图绘制之前,你需要准备好下列工具:A4 白纸一张;彩色水笔和铅笔;你的大脑;你的想象。具体绘图步骤如下:

● 从白纸的中心开始画,周围要留出空白。

从中心开始,让你的大脑思维向任意方向发散出去,以自然的方式自由表达自己。

● 用一幅图像或图画表达你的中心思想。

"一幅图画抵得上上千个词汇"。它可以让你充分发挥想象力。一幅代表中心思想的图画越生动有趣,就越能使你集中注意力,集中思想,让你的大脑更加兴奋!

● 绘图时尽可能地使用多种颜色。

颜色和图像一样能让你的大脑兴奋。它能让你的思维导图增添跳跃感和生命力,为你的创造性思维增添巨大的能量,此外,自由地使用颜色绘画本身也非常有趣!

● 连接中心图像和主要分枝,然后再连接主要分枝和二级分枝,接着再连二级分枝和三级分枝,依次类推。

所有大脑都是通过联想来工作的。把分枝连接起来,你会很容易地理解和记住更多的东西。这就像一棵茁壮生长的大树,树杈从主干生出,向四面八方发散。假如主干和主要分枝、或是主要分枝和更小的分枝以及分枝末梢之间有断裂,那么整幅图就无法气韵流畅。记住,连接起来非常重要!

● 用美丽的曲线连接,永远不要使用直线连接。

你的大脑会对直线感到厌烦。曲线和分枝,就像大树的枝杈一样,更能吸引你的眼球。要知道,曲线更符合自然,具有更多的美的元素。

● 每条线上注明一个关键词。

思维导图并不完全排斥文字,它更多的是强调融图像与文字的功能于一体。一个关键词会使你的思维导图更加醒目,更为清晰。每一个词汇和图形都像一个母体,繁殖出与它自己相关的、互相联系的一系列"子代"。就组合关系来讲,单个词汇具有无限定性,每一个词都是自由的,这有利于新创意的产生。而短语和句子却容易扼杀这种火花效应,因为它们已经成为一种固定的组合。可以说,思维导图上的关键词就像手指上的关节一样。而写满短语或句子的思维导图,就像缺乏关节的手指一样,如同僵硬的木棍!

● 自始至终使用图形。

每一个图像,就像中心图形一样,相当于一千个词汇。所以,假如你的思维导图里仅有10个图形,就相当于记了一万字的笔记!

③思维导图的绘制技巧。就像画画需要技巧一样,绘制思维导图也有一些自己独特的技巧要求。这里所列出的只是最为基本的几点。

● 先把纸张横过来放,这样宽度比较大一些。在纸的中心,画出能够代表你心目中的主体形象的中心图像。再用水彩笔尽任意发挥你的思路。

● 绘画时,应先从图形中心开始,画一些向四周放射出来的粗线条。每一条线都使用不同的颜色这些分枝代表关于你的主体的主要思想。在绘制思维导图的时候,你可以添加无数根线。在每一个分枝上,用大号的字清楚地标上关键词,这样,当你想到这个概念时,这些关键词立刻就会从大脑里跳出来。

● 要善于运用你的想象力,改进你的思维导图。

比如,可以利用我们的想象,使用大脑思维的要素——图画和图形来改进这幅思维导图。"一幅图画顶一千个词汇",它能够让你节省大量时间,从记录数千词汇的笔记中解放出来! 同时,它更容易记忆。要记住:大脑的语言构件便是图像!

在每一个关键词旁边,画一个能够代表它、解释它的图形。使用彩色水笔以及一点儿想象。它不一定非要成为一幅杰作——记住:绘制思维导图并不是一个绘画能力测验过程!

● 用联想来扩展这幅思维导图。对于每一个正常人来讲,每一个关键词都会让他想到更多的词。例如:假如你写下了"橘子"这个词,你就会想到颜色、果汁、维生素C等等。

根据你联想到的事物,从每一个关键词上发散出更多的连线。连线的数量取决于你所想到的东西的数量——当然,这可能有无数个。

④思维导图的应用举例。博赞的思维导图告诉我们:成功不是学来的,成功依靠一种习惯! 学习别人的成功,远不如自己习惯成功;与其天天幻想改变世界,不如从此改变你自己! 这就是"授人以鱼,不如教人以渔"的道理所在。

思维导图,一扇让你走进成功并习惯成功的大门,它将培养你的习惯,革命你的思维,改变你的世界。迈出思维一小步,导向人生远景图。这就是思维导图(图14.2)所要做的事情。

⑤思维导图的实战应用

● 应用思维导图完成迎新年大型文艺晚会的活动策划

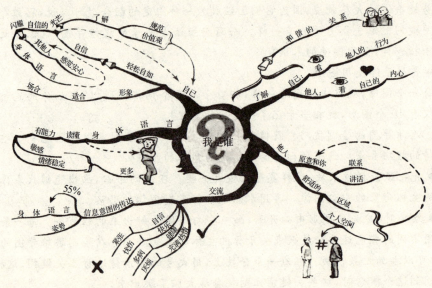

图 14.2　思维导图应用

- 应用思维导图设计个人职业生涯发展规划
- 应用思维导图有效制定个人学习计划

注释：上述参考资料来源于（英）东尼·博赞著，张鼎昆，徐克茹译.思维导图：大脑使用说明书.北京：外语教学与研究出版社，2005；http://mindmap.fltrp.com/index.htm。

课外思考题

(1)论述环境与创造之间的关系。

(2)智商与情商对创造者思维潜能开发的有何影响关系。

(3)评估自己周围的创造环境,顺境与逆境各占多少比例? 设计使自己迅速成才的环境对策。

(4)当目前的环境对创造不利时,你会采用何种策略?

(5)你有习惯性的创造思维环境吗? 它是怎样形成的?

(6)列举你在日常生活和学习工作过程中经历过的具有创造性质的活动与事情,谈谈环境对你的影响。

(7)迄今为止,你做的一件最为不同凡响的事情是什么? 它对你的启发又是什么?

(8)创造者受到冷遇、反对、打击时应如何处理? 你自己碰到过吗? 请举例。

第十五章 创造型人才的培养与塑造

创造能力和创造品格是创造型人才培养和自我塑造的核心。创造能力由观察、记忆、思维、想象、操作和学习能力组成，它们在创造型人才的思维结构和行为结构中的作用各不相同。自信自强、不怕改行、容忍缺点、动手实干、自找目标、不提意见、不发牢骚、重视信息等是做创造强者的诀窍所在。

第一节 创造型人才的能力特征与培养

创造型人才是经过锻炼、培养成才的，创造型人才的创造能力，也是经过锻炼、培养提高的。一般说来，人们的创造能力由观察能力、记忆能力、思维能力、想象能力、操作能力和学习能力所组成，它们在创造型人才的思维结构和行为结构中的作用各不相同。一个人是否是创造型人才，在很大程度上与其创造能力有关，即与其上述各项能力有关，因而培养创造型人才，除精神因素外，具体表现为培养他们的各项能力。

一、观察能力

观察是一种受思维影响，具有系统性、主动性、意识性的知觉活动，是每个人随时都在进行的认识过程。观察与观察能力紧密联系，但又并不相同。通过长期的观察活动，人们掌握了观察方法，养成了观察习惯，积累了观察经验，形成了带有观察者个性特点的观察方式，就成为观察能力。这种能力是一种特殊的知觉能力，能迅速而敏锐地注意到有关事物的各种并不特别显著、却很重要的细节和特征。具有高度的观察能力并非易事，例如在一次国际心理学年会上，与会的心理学专家们正在开会，突然从门外冲进一个人来，紧接着又冲进一个持枪的人，两人在会议室里混战一场，随着"砰"的一声枪响，两人又一起冲了出去。实际上，这是会议精心组织的一次心理测验,虚惊过后,会议主席马上要求参加会议的人写下他们看到的一切。在交上来的 40 篇报告中,只有一篇在主要事实上错误少于 20%,14 篇存在20%～40% 的错误,其余 25 篇都有 40% 以上的错误。特别是在半数以上的报告中都有报告人明显的臆造环节。这次实验的结果发人深省,因为这次实验观察条件很好,经过时间很短,场面印象很深,加上参加实验的人都是心理学专家学者,可为什么观察结果却很差呢? 这个事例告诉人们,如果没有良好的观察能力,观察者不仅会错过显而易见的事实,而且会臆造出许多虚假的情节。

观察是有目的、有计划的知觉过程,它具有探索的性质,人们常说的勘察、侦察、调查、考察等都属于观察的范畴。为了了解观察能力与创造型人才的关系,现从以下几个方面对其进行分析:

1. 观察能力的作用

创造型人才必须具有突出的观察能力,因为良好的观察能力有利于发明创造活动的展开,并有利于发明创造成果的取得。观察能力对创造的能动性的关系主要从四个方面反映出来:

(1)良好的观察能力是科学研究的重要素质。为说明观察能力对科学研究的积极作用,现以我国明代医药学家李时珍编著《本草纲目》为例,看看良好的观察能力对科学研究的重大意义。李时珍出身于医药世家,他的父亲为了行医方便,在庭院中栽种了许多药草。幼年的李时珍经常帮助父亲照管药草,这样他有机会长期仔细地观察它们的发芽、长叶、开花、结实的全部过程,同时也初步了解了这些药草的药理特性。在家庭的熏陶下,李时珍放弃了科举致仕的念头,决心走治病救人的道路。在随父行医以及后来独自行医的过程中,他抓住每一个机会,认真观察自然界中形形色色的动物、植物和矿物,一面观察、一面采集标本,获得了大量有关药物学的第一手材料。李时珍在观察自然和行医实践中,发现前人著作《本草》中有许多弄错和遗漏的药物,于是决心重新整理《本草》。

为了重修《本草》,李时珍博览群书、走访四方,参考历代医药文献 800 余种,足迹遍及大江南北。在观察过程中,他极力做到严肃、认真、客观、细致,不放过一丝一毫有疑问的地方。为了弄清蕲蛇的药理和制备情况,他几次到蕲蛇产地蕲州,冒着生命危险登龙峰山,进狻猊洞,亲眼目睹白花蛇吃石南藤以及人们捕捉它的情景,了解了蕲蛇生长的全过程。李时珍通过细心观察和亲身体验,对药物进行了鉴别考证,他纠正并更改了古籍药书中的错误,收集并整理了民间发现的许多药物,经过 27 年的艰苦劳动,终于著成《本草纲目》全书共 52 卷,190 万字,记载了 1892种药物,从而对药物学、分类学都作出了巨大贡献。

李时珍著述《中草纲目》的过程说明,深入正确的观察是人们认识事物发展规律和客观实质的途径,它能够帮助人们了解真理、辨别错误、澄清疑问、通过有计划、有目的的观察,可以使人们逐步地了解事物发展的过程,深入地掌握事物变化的规律,因而它是科学研究的重要因素。

(2)良好的观察能力是创造科学理论的智力基础。英国思想家培根曾经说过: 科学家的研究是从记录他的观察开始的,如果这些观察正确,它们就会导致同等正确的关个自然的判断和概括。"观察能力是科技工作者搜集科学事实、获得感性认识的基本心理品质。英国生物学家达尔文通过对自然界长期细致的观察,在丰富翔实的科学资料基础上创立了进化论,就是由观察到创立科学理论的例子。

达尔文从小就热爱大自然,喜欢采集动植物标本、请教动植物专家。1831 年,达尔文乘坐"贝格尔"号军舰进行环球旅行,有机会对世界各地的自然资源展开考察。在长达五年的环球考察中他跋山涉水、云游四方,每到一处都要对当地的自然资源进行认真的观察和研究,发现了大量史无记载的新物种,积累了许多生物学知识,为创立进化论打下了牢固的智力基础。

经过多年的观察,达尔文发现生物普遍具有很高的繁殖率,每种生物都有按几何级数迅速繁殖后代的趋势,但在现实的自然界中,有的物种兴旺发达,有的物种萧条衰落,适者生存,不适者被淘汰,万物都要经历严峻的自然选择。1859 年,达尔文在严密观察和细致研究的基础上,发表了《物种起源》一书,提出自然选择说和生物进化论,用有力的证据推翻了神创论和物种不变论,并因此取得 19 世纪自然科学三大发现之一的硕果。

(3)良好的观察能力是创造成败的决定因素。众所周知,不同的人在观察能力上的个体差异性很大,这种差异性可能就是发明家或创造家成功与失败的决定条件。达尔文曾说:"我既没有突出的理解力,也没有过人的机智力,只是在觉察那些稍纵即逝的事物并对其进行精确细致观察的能力上我可能在众人之上。"达尔文的儿子在回忆其父亲时,曾这样描述他父亲的观察力:他渴望从观察中得到尽量多的知识,所以不让自己的观察力局限于实验室针对的那一点,而且他观察到大量事物的能力是惊人的,他头脑中有一种技能,对他做出新发现似乎是特殊可贵的有利条件,这就是从不放过例外情况的能力。"观察能力强的人,能够观察到一般人疏忽的事物细节,把握事物本质内在的联系,因而容易作出科学贡献;而观察能力弱的人,则对发生在眼皮底下的事,也熟视无睹,他们找不到事物独具特色的地方,也就不能发挥观察的能动性,所以不能取得科学研究或发明创造的成果。

(4)良好的观察力是捕捉机遇的心理条件。成功的发明家、创造家,应具有敏锐的观察力,他们应能看出事物与众不同的地方或一丝半点的线索,再经过思维的放大作用,使之成为揭露事物内部信息、发展规律、相互联系的重大突破,科学家贝弗里奇曾说:"我们需要训练自己的观察能力,培养那种经常注意预料之外事情的心情,并养成检查机遇提供的每一条线索的习惯,新发现是通过对每一细小线索的注意而做出的。"英国细菌学家弗莱明在谈到自己由机遇而发明青霉素时,曾自豪地说:"我的唯一功劳是没有忽视观察。"发明创造的历史表明,具有敏锐观察能力的人,他们在心理上始终保持高度的警惕,注意事物在发展过程中异乎寻常的地方,都善于及时捕捉创造的机遇。

2. 观察能力的培养

人们良好的观察能力,并非与生俱来,而是人们在生活与工作中,通过实践培养出来并通过训练加以提高的。以下介绍的一些内容对培养人们的观察能力可起到推动和促进作用:

(1)培养浓厚的观察兴趣。兴趣是观察的向导,好奇是观察的动力,而追求真理、探索科学、献身社会是兴趣产生的源泉,也是兴趣能经久不衰、持之以恒的关键。人们对不感兴趣或兴趣不大的事物很难进行耐心细致长期持久的观察,所以要想对科学领域中发生的现象有所发现,必须先培养起创造的欲望和观察的兴趣。比如,英国科学家威尔逊曾对苏格兰尼维斯山顶的"气体冕状花环"产生浓厚兴趣,特地跑到山上去直接观察了几个星期,终于了解其中的奥秘。回到城里以后,他一头扎进实验室里,千方百计模拟云雾形成的方式并进行增大、转化、带电等实验,从而发明了著名的"威尔逊云室"。

(2)培养良好的观察习惯。首先,要培养有目的、有计划、有选择地进行观察的习惯。发明创造的实践证明,观察需要有明确的目的和严密的计划,需要有观察的中心和观察的范围,并保证把观察的焦点聚焦在所观察的事物上。如果没有明确的观察目的,就会"看山山朦胧,看水水苍茫",毫无头绪;而如果没有严密的观察计划,就会"急来抱佛脚,临时乱烧香",毫无章法,这样就不利于科学观察。其次,要培养重复观察的习惯。重复观察是获得正确观察结论的保证,因为重复观察有利于消除观察误差、强化观察效果。再次,要培养随时观察、随时记录的习惯。观察结果是观察过程和观察行为的产物,理应珍重对待,因此应该采用记录的方式而不是记忆的方式将其保存。内容复杂、细节繁多的观察结果单靠人脑记忆是不可靠的,所以在观察过程中应随时进行全面、准确的记录,以便科学研究之用。

(3)培养优秀的心理品质。观察要求深入,能对观察现象追根溯源;观察要求认真,能对观察方法精益求精;观察要求细致,能对观察结论分析透彻;观察要求持久,能对观察效果锦上添花。而要做到这一切,就需要人们培养优秀的心理品质。优秀的心理品质才能保证人们在观察时,不受主、客观因素的干扰,抓住观察对象的实质性表现,进行正确的观察。所以创造型人才应该努力培养自己过硬的心理品质,并使之在观察实践中逐渐成熟。

(4)培养科学的观察方法。科学的观察方法,可以帮助人们进行合理、客观和正确的观察。因此创造型人才要积极锻炼自己,使自己既具有科学观察的思维特点,又掌握科学观察的实施方法。在观察过程中,既要善于观察事物的全局和整体,也要善于观察事物的局部和细节;既要善于观察电光石火、转瞬即逝的现象,也要善于观察发展缓慢、持续漫长的现象。把建立科学观察的方法作为自己追求的目标,作为提高自己观察能力的重要途径。

(5)培养敏锐的感觉能力。培养人们的感觉能力,以使多种感觉器官都能同时参与活动,这也是创造型人力追求的目标之一。人的感觉包括视觉、听觉、嗅觉、味觉、触觉等等。事实上,人们观察的过程是一个多种感觉器官同时工作的过程。人们的感觉能力越强,对事物的观察就会越全面、越彻底、越准确。提高人们感觉能力的关键在于社会实践,积极参加科技、文体等活动,能够促进感觉能力的发展。因此,有志于提高自己观察能力的人,应该努力投身于火热的社会活动中去,在实践中锻炼自己的意志品质,发展自己的感受能力,尽可能让自己的多种感觉器官参与活动,从而提高自己大脑的综合能力和观察能力。

观察能力是创造型人才必须具备的条件之一,它的培养与提高需要依靠人们的长期努力与实践。人们在提高观察能力的同时,也就使自己逐步成为创造型人才。

二、记忆能力

人们在生活、工作学习中,总会接触外界许多事物,这些事物作用于人们的各种感觉器官,使人们对它们有了感觉和知觉,并引发一系列行为;这些行为能在人脑中留下一些印迹,而这些印迹又可在一定条件下再度出现,作为过去的经验参加到后来的人脑心理活动中去,这个过程就是人们所说的记忆。

从科学的角度看,记忆是人脑对过去经验中发生过的事情的反映。它的基本过程是识记、保持、再认或重现。人们经历过的事情,都可以经过识记,作为经验在头脑中保持下来,并在一定条件下,还可以得到恢复,这就是再认或重现。记忆和感知一样,也是人们对客观事物的一种反映形式。但记忆不是对当前作用于人脑的客观事物的反映,而是对过去经历过的事物,如感知过、思维过、体验或操作过的事物的反映。例如,人们对学习过的词语过目不忘、对思考过的问题记忆犹新、对游览过的景色历历在目、对实施过的技能印象深刻,这些都是记忆在起作用。

记忆具有效果性,人们常用记忆力作为记忆效果的衡量标准,平时所说的所谓记性就是记忆力,记忆力是创造型人才工作学习和发明创造不可缺少的基本条件之一,它是人脑贮存和重现过去经验知识的能力。为了更好地了解记忆的作用和影响记忆的因素,现对其作进一步的阐述。

1. 记忆力的能动作用

记忆力是智力的重要表现,无论是想象、推理还是判断,都需要记忆的参与,从某种意义来说,创造需要记忆,记忆促进创造。一般情况下,记忆力的能动作用主要通过以下方面表现出来：

（1）记忆是认识提高的途径。人的记忆能够对客观感知提供经验，它架起了一座从感知到思维的桥梁。如果没有记忆，人们的知觉就很难形成，更不可能有思维产生。有了记忆，人们才能在不断地认识世界和改造世界的过程中积累经验并运用经验。只有通过记忆这条途径，才能丰富自己的知识储备、提高认识水平。

（2）记忆是知识形成的条件。英国思想家培根曾说："一切知识，不过是记忆。"在自然科学和社会科学的学习过程中，各种学习都是以记忆作为基础的。没有记忆，那么各种学习都会变为狗熊掰玉米——掰一棒丢一棒。正是因为有了记忆，学生们才能掌握老师讲授的知识，徒弟们才能继承师傅传授的技能。通过记忆，学者们把零散的经验整理成系统的理论，专家们将分离的知识汇总成专业的学科。有了良好的记忆力，人们才能迅速及时地吸取科学的营养，保证发明创造的成功。

（3）记忆是思维发展的基础。记忆为思维活动提供了大量的素材，从而有利于人们的思维发展和科学思考。在发明创造过程中，人们通过记忆而储存在大脑里的各种信息，经过联想的方式，转化为人们需要的原则和方法，以使创造问题得到解决。人们可以说，创造性思维和创造性联想是建立在记忆的基础上，因为思维和联想都离不开知识和素材，而知识和素材靠记忆积累。

2. 记忆力的培养训练

人们记忆力的强弱好坏是由后天的培养训练来改善和加强的，在这个过程中，为了满足发明创造活动所需的突出记忆力，人们必须锻炼记忆能力、讲究记忆卫生、掌握记忆技巧，这样才能有所作为。

（1）锻炼记忆能力。要培养锻炼自己的记忆能力，应该从以下几方面做起：

①全神贯注、精力集中。保持高度的注意力是学习和记忆的必要条件，因为学习和记忆时全神贯注、精力集中可使人的大脑兴奋点增多，从而对事物记忆深刻、持久牢固。

②目标明确、步骤具体。记忆的目标越明确、步骤越具体，记忆的效果就越好。因为学习时记忆目标明确，就会使人脑细胞处于高度活跃状态，因而容易接受外部信息，形成清晰的记忆。

③收集信息、加强印象。人脑记忆的过程，实际上是把来源于视觉、味觉、听觉、嗅觉和触觉等多种渠道的信息综合处理的过程，这种多渠道信息刺激可使人们印象深刻，进而使记忆的牢固程度提高。

④积极思维、力求理解。人脑的记忆活动与思维活动密不可分，孔子曾经说过："学而不思则罔，思而不学则殆"。在记忆过程中，多思、多想、记忆效果就会提高。反之，只知死记硬背，不会开动脑筋，记忆的效果肯定很差。

⑤重复训练、巩固提高。重复是记忆之母。这句话说明了复习对增强记忆、防

止遗忘的重要性。重复和复习是巩固记忆的基本途径，马克思有一个良好的读书习惯，就是每隔几年要把书中做了记号的部分重读一遍，其目的是为了巩固记忆，在一定时候对记忆进行必要的修补。

（2）讲究记忆卫生。为了培养突出的记忆能力，人们还要讲究记忆卫生，为此应该做到以下几点：

①勤于用脑、善于用脑。脑科学的研究结果表明，人脑接收、贮存和处理的信息越多，越有利于脑细胞的分化和发育。生理学家们认为，人脑使用的频率越高，脑细胞老化的程度越慢。由此可见，勤于用脑不仅不会给大脑造成负担和伤害，反而能促进大脑功能的加强。但用脑还要讲究科学，只有合理使用大脑，以使大脑皮层的不同部位轮流处于兴奋与抑制状态，才能有助于记忆效果的增强。

②把握时间、增强效果。记忆也有最佳时区，一般说来，早晨和睡前的时间用来记忆效果最好。清晨，一天之计的始发阶段，不存在前面学习材料的干扰，因而利于记忆新东西；傍晚，一天之计的总结阶段，不存在后面学习材料的影响，因而利于巩固老事物。所以要把握时间，使记忆的效果得到改善和加强。

③劳逸结合、身心放松。大脑也同一部精密的机器一样，需要保养和维护。充足的睡眠时间、适当的文体活动都有利于大脑休息和保护。只有在劳逸结合、身心放松的情况下，大脑才能保持良好的记忆能力。

④稳定情绪、提高信心。记忆不但是一种生理过程，也是一种心理过程。稳定的情绪、坚定的信心可以使人们的记忆能力大幅度增加。日本心理学家曾对一批情绪沮丧、信心低落、兴趣索然的人做过记忆实验，发现这些人对所需记忆的东西，20 分钟后忘记的占 40%，两天后忘记的占 66%，六天后忘记的占 75%，大大低于正常水平。这说明情绪、信心、兴趣对记忆的重大作用。

⑤适当营养、合理饮食。据科学家们分析，人的记忆能力与脑细胞的结构和传递信息的神经递质（乙酰胆素）有关，脑细胞的营养通过血糖获得，葡萄糖是脑细胞工作的"燃料"，而制造乙酰胆素的原生物质存在于肉、蛋之类的食品之中，例如蛋黄中就含有大量的卵磷脂和甘油三酯，卵磷酯进入肠道后，经酶的消化作用，释放出乙酰胆素，随血液进入大脑，生成能改善促进记忆能力的乙酰胆素。所以为提高记忆能力，人们应该加强营养、注意饮食。

⑥空气清新、环境良好。新鲜的空气可以保证大脑获得充足的氧气，使人精神振奋、头脑清晰、记忆敏捷、增强记忆力；而混浊的空气则使人头脑昏胀、意识衰退、记忆减弱，妨碍人们对有关事物的记忆。因此在需要记忆时，一定要注意使空气流通，良好的环境，使人心情舒畅、兴趣盎然，能提高记忆效果。

⑦思维锻炼、开发脑力。人脑分左右两半球，左半球支配着右半身的活动，右半球支配着左半身的活动。一般情况下，人们左半脑用得多，而对于主管创造性思

维的右半脑用得较少。为了开发右半脑的潜在功能,应当提倡思维锻炼、开发脑力,这包括做一些脑力体操和特殊训练,只有当左右两半脑都发挥出最大潜力时,人们的记忆能力才会产生质的飞跃。

(3)掌握记忆技巧。科学的记忆方法,能使记忆效果事半功倍,所以创造型人才应该掌握行之有效的记忆方法,同时还需根据个人的特点形成自己独具特色的记忆习惯。下面介绍几种记忆方法:

①协同记忆法。在记忆过程中,看、读、听、写应该多渠道同时进行,交叉化协调发展,这样记忆效果才有保证。人们必须使各种感觉器官都调动起来,使之为记忆的总目标服务。

②歌诀记忆法。歌诀朗朗上口,简洁明快,容易使人产生深刻印象,因而也容易使人记住所需记忆的事物。所以可把记忆的内容编成有趣的歌诀,以引发兴趣、帮助记忆。

③趣味记忆法。记忆的规律告诉我们,感兴趣的东西,人们的印象就深刻、记忆就牢固。因此,可以把某些需要记忆的内容编成容易引起兴趣的故事加以记忆;或通过记忆比赛,引起人们的竞争意识,来提高记忆的效果。

④联想记忆法。把互不相关的事物连成一个前因后果的小故事,能极大地提高记忆效果。

⑤规律记忆法。事物的发展都有一定规律的,找出事物发展的规律,然后按这种规律来记忆,比死记硬背的方法要科学得多,也轻松愉快得多。对于需要记忆内容,要及时复习、巩固记忆。在记忆还没有模糊的时候进行强化,比等到记忆淡忘了再进行修复要省力得多,所以在头脑里要经常进行复习总结。

除了上述几种常见的记忆方法以外,还有强烈印象记忆法、发掘特征记忆法、轮廓骨架记忆法、对比记忆法、数形记忆法、复述记忆法、争论记忆法、改错记忆法、朗诵记忆法、推理记忆法、辨别记忆法、卡片记忆法、分段记忆法、全文记忆法、重点记忆法等等,这些都可供人们在记忆时灵活采用。

三、思维能力

何为思维?按《辞源》解释:思维就是思索、思考的意思。在中文里,思就是想,维就是序;所以思维就是有秩序地思索。前面讲过,思维是一种复杂的心理过程,是一种高级的人脑机能,它是人们对外界客观事物特征和纪律的一种间接的概括和反映。俄罗斯科学家安德列耶夫曾说:"在一切令人惊异和不可思议的事物之中,最令人惊异和不可思议的是人的思维。"人类所创造出的一切物质和精神财富都是人类在实践中,通过思维即智力活动形成或积累起来的,人类自从有反思活动的那一天起,就开始对思维进行探索和认识了。现在人们已认识到,思维并不是冥冥之物,它和感觉以及知觉一样,都是对客观现实的反映。那么什么是思维能力呢?按照思维学的观点,思维能力是人们在进行思维活动时表现出来的个体心理特征,是创造能力的核心部分。它对创造型人才的关键性作用主要通过以下几个方面体现出来:

1. 思维能力的作用

思维能力是创造型人才进行科学发明、技术创造、工艺革新等活动所必须具备的最基本、最重要的心理品质,它对发明创造的作用有以下几点:

(1)通过思维活动,可以指导创造过程。思维能力因素其实包含两个方面的内容:一个是能力,一个是品质。能力又包含思维的分析能力、思维的综合能力、思维的比较能力、思维的抽象能力和思维的概括能力;品质又包含思维广度、思维深度、思维灵活性和思维独立性。

思维的这些能力因素和品质因素对发明创造活动具有极大的指导作用,具体表现如下:科学地决定发明方向和创造路线的具体指导上;明智地构思科学实验和技术设计的有效指导上;慎重地制定创造过程和客观依据的科学指导上;妥善地处理实验结果和相关数据的务实指导上;全面地总结发明对象和创造成果的创新指导上。

(2)通过思维活动,可以抓住事物本质。世界上的好多客观事物,其表现形式错综复杂,其内部联系盘根错节。要对它们进行分析与研究,必须借助于思维活动,才能透过现象看本质,了解事物存在的真实原因,把握事物联系的实际情况,从而获得发明创造成果。例如,俄罗斯化学家门捷列夫发现化学元素周期率就是思维导致创造的明证。1869年,门捷列夫用厚纸片做了63张方形卡片,把当时已经发现的63种化学元素的名称、物理性质、化学性质以及原子量分别填写在卡片上,他面对卡片,进行长期反复地思索,了解到元素的性质随着原子量的增加呈周期性变化,经过科学的思考,他发现了元素周期率。后来,门捷列夫又根据元素周期率把已知的63种元素排列在同一张表里,制成元素周期表。在表中,门捷列夫留下了许多空位,他预言还有很多元素将来会被人们发现,这些空位就是留给那些元素的。关于思维在发现元素周期率中的作用,门捷列夫在一次回答记者提问时说:"这个问题(指元素周期率和周期表)我大约考虑了20年,而您却认为坐着不动,5个戈比一行、5个戈比一行地写着,突然就成了!事情不是这样。"事实上,门捷列夫花了20年时间来进行艰苦的思索,了解到化学元素之间的客观联系,这才取得重大的科学发现。由此可见,积极的思维活动有助于人们抓住事物的本质,促进发明创造的产生。

(3)通过思维活动可以认识客观规律。在认识自然和改造自然的过程中,有些问题人们可以通过感觉、知觉和表象直接认识,但有些问题则无法照此办理,必须通过认真的思维活动才能间接地认识事物的发展规律。比如,在化学反应中由已知反应物质的质量,怎样了解生成物的质量呢?这仅靠感觉、知觉和表象的认识功能是无法解决的问题。这就需要借助于已经掌握的知识（如质量守恒定律、化学方程式以及代数方程式知识），通过思维活动才能把生成物的质量算出来。所以，在利用现有知识与经验的基础上，开展深入的思维活动，可以帮助人们了解未经直接感知或不能直接感知的事物，抓住其发展规律，预见或推测事物的发展过程和结果。

2. 思维能力的培养

思维能力是创造型人才智力结构的核心部分，它在发明创造活动中占据重要地位，起着主导作用和决定作用。因此，有志于发明创造者，都应该自觉地、努力地培养自己的思维能力，而这必须从以下几方面做起：

（1）掌握科学思维的方法。从思维学观点来看，思维的主要形式有：概念、判断和推理；思维的主要方法有：分析与综合、比较与归类、抽象与概括、归纳与演绎、系统化与具体化。这些都是人们进行有效思维所必须依据的基本方法，掌握它们，对培养创造型人才的思维能力有极大的推动作用。此外，人们还应科学地研究思维过程，这有三种途径可循：

①通过学习科学史，来研究前人的思维过程，从中吸取营养，掌握思维科学；

②通过观察周围人们的工作来研究他们的思维过程，探索他们是怎样提出问题、分析问题并解决问题，进而转化为指导自己思维的原则；

③通过回忆自己以往的思维过程，寻找成功的经验与失效的教训，作为借鉴。

（2）培养独立思维的习惯。发明创造是从产生问题开始的，思维也是从产生问题开始的。对于创造型人才来说应该养成独立思考、积极思考的习惯，这才有助于人们发现问题、提出问题，走上发明创造之路，爱因斯坦曾说："发展独立思考和独立判断的一般能力，应当始终放在首位，而不应当把获得专业知识放在首位，如果一个人掌握了该学科的基础理论，并学会了独立地思考和工作，他必定会找到自己的道路，而且比起那种主要以获得细节知识为其培养内容的人来，他一定会更好地适应进步和变化。"

（3）积累深入思维的经验。知识与能力是相互促进、共同提高的。丰富的经验、广博的知识可以推动思维能力的发展。实际上，在思维过程中，人们提出问题与分析问题，提出假设与验证假设都与其知识和经验的积累程度息息相关。丰富的知识和经验可使人产生广泛的联想，从而使思维灵活而敏捷、迅速而决断。例如，经验可以帮助医生有效地诊断病情；可以帮助工人有效地运用技能；可以帮助教师有效地教书育人。在思维实践中，通过深入思考，积累经验，就可以为以后的思维打下基础。

（4）建立合理思维的结构。思维能力的结构体系中，包含着分析能力、综合能力、比较能力、抽象能力、概括能力，这五种能力互相联系、互相制约，组成完整的思维过程。创造型人才要培养突出的思维能力，就必须使这五种能力有机协调、均衡发展,使之形成合理的思维结构。

（5）发展全面思维的品质。思维的基本品质是由思维广度、思维深度、思维灵活性和思维独立性所组成。这四种品质在思维能力中都占据一定地位、都具有一定作用。对创造型人才而言,最具重要性的则要数思维的全面性,即要在前面四种基本品质的基础上,发展创造型人才的全面思维品质,这样才能在发明创造过程中,全面观察问题、全面分析问题、全面解决问题。

四、想象能力

在发明创造活动中,观察能力、记忆能力、思维能力使创造者能有效地获取信息,因而受到人们的重视。另一方面,想象能力由于具有极大的生动性和鲜明性,也得到人们的注意。想象力可以赋予智力或其他因素以活力,可以增进智力或其他因素的效益。

在创造实践中,想象大有作为,特别是创造性想象,更以其潜在能力引起科学家们密切注意。例如,法国著名科幻作家儒勒·凡尔纳,几乎足不出户,却凭借其出神入化的想象力,带领世人一起神游科技时代和未来世界。对一些目光浅薄、讥笑自己的人,儒勒·凡尔纳坚定地回答道:"一个人能产生想象,另一些人就能将这种想象变为现实。"

1. 想象力的能动作用

人们常用一个形象的比喻来说明想象力在发明创造中的作用:发明创造犹如矫健的雄鹰,客观实际是雄鹰的躯体,想象力是雄鹰的翅膀,雄鹰是因为有了凌云的翅膀,才能翱翔于天际、振翅于高空。想象力的能动作用主要表现如下:

（1）想象是引发创造的先导。创造以想象为先导,一般情况下,科技创造者在发明创造开始前,都会通过想象在自己头脑里拟定研究过程的蓝图,并借助想象力在头脑中构成可能达到的目标结果。正如马克思所说:"蜘蛛的工作与织工的工作相类似;在蜂房的建筑上,蜜蜂的本事曾使许多以建筑师为业的人惭愧。但是最劣的建筑师都比最巧妙的蜜蜂更优越的是,建筑师在以蜂腊建筑蜂房以前,已经在他的脑海中把它构成了劳动过程结束时取得的结果,已经在劳动过程开始时,存在于劳动者的观念中,已经观念地存在着了。"

人们的想象力越丰富,它在发明创造活动中引导的道路就越宽广;人们的想象力越强烈,它在发明创造活动中描绘的蓝图就越清晰;人们的想象力越主动,它在发明创造活动中施加的影响就越重要;人们的想象力越新颖,它在发明创活动中提出的设想就越突出。

（2）想象是产生假说的基础。人们在发明创造活动中常常提出假说,假说是创造者想象力的直接产物。德国物理学家普朗克曾说:"每一种假说都是想象力发挥作用的产物,科学家在探索事物的规律时,预先在头脑里作出假定性解释,提出假说。"实际上,创造者在工作中,通过观察获得大量的科学材料,这时候创造者的认识还处在感性认识阶段,由于研究对象复杂性的影响以及创造者自身认识水平的限制,创造者的认识发展必须经历由表及里、由此及彼的逐步深化过程。在由感性认识向理性认识飞跃的进程中,作为科学认识中达到理性认识的阶梯的假说,是想象猜测的产物。借助于想象力的翅膀,假说可以冲破有限科学事实的局级,导致科学的新发现。所以,没有想象这种能够超越事实的功能,就产生不出科学假说。因此牛顿曾说:"没有大胆的猜测,就做不出伟大的发现。"

（3）想象是激励创造的动力。发明创造活动是一种充满艰辛、充满痛苦的长期思考过程,它要求人们在脑力上、体力上、精神上、物质上都付出很大的代价。在发明创造过程中,会遇到各种各样的困难,只有在克服了这些困难以后,才可能取得创造的成功,而激励创造者克服困难的一个重要心理源泉就是想象力。想象力可以转化为一种心理激励力量,人们借助想象力可以预测克服困难的效果,可以设想创造成功的意义,对创造目标的期待、对创造价值的憧憬,能极大振奋创造者的情绪,激发他们的创造力。贝弗里奇指出:"想象力之所以重要,不仅在于引导我们发现新的事实,而且激发我们作出新的努力,因为这使我们看到可能产生的后果。"

2. 想象力的培养提高

现代科学技术的发展十分迅猛,知识更是以惊人的速度在日益增长,随着科技竞争的加剧,智力竞争也愈显重要。因此培养与发展创造型人才的想象能力,进而提高他们的创造能力就成为万众瞩目的事情。创造学界的成功做法如下:

（1）积累丰富的知识和经验。想象力是客观现象在人脑的反映。丰富的知识和经验是想象力发展的基础。如果创造者缺乏必要的科学知识与经验,其想象力就会贫乏、空洞、苍白,甚至会成为漫无边际的胡思乱想,无法发挥想象力在发明创造中的能动作用。创造者拥有丰富的知识与经验,就为其想象力奠定了雄厚的基础。一般情况下,发明创造者的知识越渊博,经验越丰富,其想象力驰骋的范围就越大,其涉及的领域也越广。所以,创造型人才为了发展想象力,就要不断积累知识和经验。需要注意的是,尽管知识和经验对于发展想象力非常重要,但这并不是说知识和经验越多,想象力就自然会发达起来。如果发明创造者缺乏独立思考的态度和能力,满足于已有知识,丧失开拓进取精神、固步自封,也会阻碍想象力的发展,因此法国科学家贝尔纳曾说:"构成我们学习的最大障碍,是已知的东西,而不是未知的东西。"

（2）培养强烈的兴趣和好奇。好奇心和求知欲以及兴趣等等,均是创造性想象的起点。在强烈的兴趣和好奇的驱动下,人们的想象力能够被充分地激发起来。创造型人才要力求发展自己强烈的好奇心和求知欲,提倡科学的怀疑精神,遇事多问几个"为什么?"使大脑里的想象车轮常转不息,使大脑里的想象翅膀常振不止。科学巨匠爱因斯坦曾说:"我没有特别的天赋,我只有强烈的好奇心。"正是这种出类拔萃的好奇心激发了爱因斯坦异乎寻常的想象力。当他只有 16 岁时,在其头脑中就产生了一种想象:"如果我以真空中的光速去追随一条光线运动,那么我就应当看到这条光线好像一个在空间里振荡着而停滞不前的电磁场。"这种想象就是导致狭义相对论产生的导火线。

（3）激发饱满的热情和态度。想象是一种心理功能,因此会受到情绪和态度的影响。人们从长期的创造实践中体会到,情绪可以刺激想象、态度可以调节想象。

一般说来,情绪越丰富,想象也就越丰富;情绪越积极,想象也就越积极。情绪对想象的方向也能施加影响。正向情绪,如愉快、乐观的情绪常使人想象起充满希望、令人兴奋的情景;负向情绪,如抑郁、悲观的情绪则常使人想象起充满沮丧、令人失望的场面。西班牙作家乌阿尔德曾说:"想象力是从人身的热度里产生的。"他所说的热度实际上就是热烈的情绪。这位作家又进一步解释了他的观点,他说:"一个人恋爱时,就会大写情诗、大唱情歌,因为情歌属于想象,而恋爱产生热度,因而也就使想象力提高。"在发明创造活动中,创造者乐观的情绪和积极的态度能够激发自己的创造性想象,也能够丰富自己的创造性想象。所以创造型人才要以饱满的热情和积极的态度投身于发明创造实践中去,这样才能使创造性想象得到发挥。

（4）提高敏捷的反应和思维。创造性想象与创造性思维,常常如同夜空中的闪电一样,稍纵即逝。好的方法和主意有时就像一只狡兔,它在眼前一蹿而过,仅闪现了耳朵和尾巴。为了捕捉它,你必须全神贯注。这就需要人们具有敏捷的反应能力和快速的思维速度。在发明创造过程中,人们常常会在某些因素的激发之下,产生创造性想象,并以新想法、新观念的形式表现出来,但它们往往又很不稳定,很容易在别的因素干扰之下,消失殆尽。面对这些创造性想象或创造性思维的产物,应该迅速准确地记录下来,然后进行思维的深度加工和实践的具体检验,以获得具有实用价值的成果。

五、操作能力

现代科技的发展,需要既能动脑,又能动手的创造型人才,而这种动手能力就是操作能力,它是创造者必不可少的基本素质之一。操作能力是人类改造自然、变革社会的重要因素,对于创造型人才来说,操作能力无论在科学发明、还是技术创造、或是工艺革新活动中,都能起到巨大的作用,因而人们必须给予其高度的注意。

在人类的进化发展过程中,直立行走、取火熟食和其他手脑并用的劳动,改善了人脑的机能,促进了人脑的进化,使人从自然界中脱颖而出,成为智力发达的高级生物。反过来,人的高级智力又优化了生产劳动,使人的操作更加科学、更加合理。现在人们已经了解到,人们双手的复杂动作和敏锐感觉,会迁移影响到思维。人们思维上的精确性和明确性,主要是通过双手的动作和感觉赋予的,它们能帮助大脑进行注意和观察,并能强化记忆。因此,操作能力的培养举足轻重,不能轻视。俄罗斯教育家苏霍姆林斯基曾说:"手的动作,是意识的伟大培育者,是智慧的伟大创造者。"他还说:"儿童的能力和才干可以看成是来自他们的指尖。"这充分说明,通过操作能力的提高可以导致人们智力水平的提高。

在发明创造活动中,有时一个技术问题摆在人们面前,尽管人们已将注意、观察、记忆、思维、想象都参与进去,仍收效甚微,但此时若动手摸一摸、拆一拆、拼一拼、装一装、试一试,然后再画一画、算一算、写一写、想一想、就可能得到启发。因此,苏霍姆林斯基说:"手使脑得到发展,使它更加聪明;脑使手得到发展,使它变成创造的、聪明的工具,变成思维的工具和镜子。"

事实说明,操作能力对创造型人才至关重要,人们必须了解它、掌握它、培养它,才能使它为发明创造的目标服务。

1. 操作能力的作用

人们的操作能力在发明创造活动中的能动作用主要体现在以下三个方面:

(1)诱导作用。操作可以启发创造动机,发现创造对象,确定创造方向。实际上,操作是一种有意识的动作,在动作进行的同时,思维也在紧张进行着。因此,操作成为大脑兴奋的一种刺激物,而大脑在兴奋中会产生一些创造的火花,从而点燃创造之路的引航灯。

(2)转化作用。操作能力是智力物化的有力杠杆,凭借操作可以实现智力向物质的转化。这种转化是一种飞跃,创造型人才的思维、想象、构思、方案等,都是观念形式的东西,必须通过操作才能把它们转化为实实在在的物质成果,也才能用事实证明创造的成功。

创造性设想或创造性思维是否正确、都需要通过某种形式的操作来检验其正确性。这时,操作能力的强弱,直接决定创造的成败。比如,美籍华裔科学家杨振宁在物理学方向的贡献是与李政道一起推翻了宇宙守恒定律,而李—杨理论的确立必须要用实验证明其正确性,才能得到世人的承认。有关的实验方案多达五种,难度十分惊人,最后由著名物理学家吴健雄女士勇承重任,完成关键性的实验,使李—杨理论得以证明。

2. 操作能力的培养

发明创造的目的不仅是为了帮助人们更好地认识世界,而且也是为了帮助人们更好地改造世界,这就要求人们具有实际操作能力。培养操作能力,主要是培养动手能力,并培养有关的智力因素和意志品质,从学校来说,需要加强实践性教学环节和社会实践活动。从个人来说,可以从以下几个方面做起:

(1)重视培养操作能力的自觉意识。操作能力可以促进思维发展。在人们动手的全过程中,始终贯穿着动脑活动。在操作实施前,思维活动主要涉及到操作目的、操作步骤和操作方法;在操作实施之中,思维活动主要表现在解决操作过程中出现的各种问题。人们在操作时,一方面不断修改和补充原有的设想和方案,一方面加深对客观事物的认识,推动思维活动的向前发展。

　　操作活动为发明创造奠定了坚实的基础、开辟了广阔的道路。古往今来,任何发明创造活动都离不开实验、测量、制作等操作活动。由于发明创造本质上是一种求索创新的工作,因此操作活动也不可避免地带有新颖性和独创性,同样也不可避免地带有困难性和探索性。创造型人才如果没有良好的操作能力,就难将自己优秀的设想、出色的方案变成现实;如果没有培养操作能力的自觉性,就难以成为名符其实的创造型人才。

　　(2)力求掌握操作能力的基本知识。在发明创造活动中,操作本身就是一个复杂的过程,必须掌握一定的专业知识、了解一定的操作技能、遵循一定的活动规律,才能顺利进行操作活动。操作应该以相应的知识和经验为基础,如果不掌握有关的基本知识,操作过程就会因缺少预见性、计划性、方向性、步骤性和安全性而半途而废,甚至引发事故。

　　为了提高人们的操作能力和操作的成功率,在操作之前,应当认真学习与操作有关的基本知识,了解设备的操作规程和使用须知,并制定详细规划以确定操作步骤,特别要防止出现安全事故和突发问题。

　　(3)强调训练操作能力的进取心态。操作活动的全过程是在人们大脑的指挥下进行的,离不开积极进取和认真思考。正确的心态有助于人们培养操作能力,它能促使人们积极思考有关操作问题,对诸如操作目的是否明确、操作方法是否合理、操作步骤是否具体、操作过程是否完善、操作结果是否可靠等反复思索,以便发现问题、分析问题并解决问题。

　　操作能力的高低、操作效果的好坏,都与人们开动脑筋的程度有关,都与人们积极进取的程度有关。不动脑、不进取的操作,永远难以提高操作能力,创造型人才必须深刻到认识这一点,并把它贯彻到自己的实际行动中去。

　　(4)形成提高操作能力的良好习惯。提高操作能力,使之成为操作技能,是每一个创造型人才必须努力实现的目标。但技能要以知识的理解为基础,经过反复训练才能形成。应当注意的是,知识的理解并不等于技能的形成,这好比一个人了解了写字的有关问题,学会了笔画和笔顺的基本知识,知道了握笔和运笔的基本方法,却不等于掌握了写字的技能。因为要掌握写字的技能,必须经过反复地练习、甚至是长期刻苦地练习,才能有所成就。人的行动是由一系列动作组成,行动的顺利完成有赖于对实现这些动作的熟练程度。通过练习可使实现动作的方式得到巩固,形成良好的习惯。

六、学习能力

人们为了增强自身认识自然、改造自然的能力,顺利完成发明创造活动,需要不断从事学习活动、培养学习能力。学习能力主要包含对观察能力、记忆能力、思维能力、想象能力和操作能力的学习与锻炼。一般说来,学习能力强的人,在观察方面,表现为观察正确、迅速全面;在记忆方面,表现为记忆快速,深刻持久;在思维方面,表现为思维清晰、条理分明;在想象方面,表现为想象丰富、充满创见;在操作方面,表现为操作灵巧、手脑并重。而学习能力差的人,则常常显得观察不准确,记忆不牢固、思维不全面、想象不生动、操作不过硬。这些人的分析与综合能力、思考与判断能力、想象与动手能力都十分贫乏,远远达不到创造型人才所需的条件。

科学技术的迅速发展,使人们深刻认识到,未来的文盲,不是不识字的人,而是没有学习能力的人。因为任何知识都有老化过时的过程,都有除旧更新的问题。如果不具备高度的学习能力,那么在复杂的发明创造现象面前,就会感到知识陈旧、方法过时、技术落伍、手段单一,就不能胜任时代赋予的重托。我国著名科学家钱伟长曾主张:"大学生应以自主学习为主,课堂教学为辅,逐步培养学生具有无师自通、更新知识的能力。"同时,他还认为:"大学教育的过程,就是要把一个需要教师帮助才能获得知识的人,培养成在他毕业后不需要老师也能获得知识。有了这样的能力,将来干什么,他就能学什么,才有可能避免知识老化问题。"古今中外无数发明创造的成功事例都告诉我们,学习能力是创造者披坚执锐的有力武器,培养和强化学习能力,才能使人们走上成才之路。

美国心理学家桑代克曾经做过小鸡走迷津和"问题箱"两个动物实验。将一只小鸡放入迷宫中,最初小鸡小猫小狗都是在死路里转来转去,偶尔会找到出口,逃出迷宫,而这通常需要花很多时间;但重复多次以后,小鸡小猫小狗在死路中转的次数都会减少,花费的时间也会减少很多;训练到一定次数以后,一把它们放入迷宫,它们甚至会立即直奔出口而去,很快就逃脱了。后来他又做了一个"问题箱"实验,用木条钉成的箱子里有一能打开门的脚踏板。当门开启后,关在箱子里面的猫即可逃出箱子,并能得到箱子外的奖赏——鱼。试验一开始,饿猫进入箱子中时,只是无目的地乱咬、乱撞,后来偶然碰上脚踏板,饿猫打开箱门,逃出箱子,得到了食物。接着第二次,再把饿猫关在箱子中,如此多次重复,最后,猫一进入箱中即能打开箱门。据此,他总结出学习的两大定律:效果律和练习律。

1. 学习能力的作用

学习能力是人们获取知识并促进成才的最基本、最重要的一种能力。这种能力的强弱直接决定着人们获取知识的多少和成才效果的大小。

学习能力是有志于发明创造的人必不可少的能力之一，因为自主学习是造就创造型人才的主要途径。不论任何人要想有所作为，都离不开学习。学习不仅能出人才，而且能出一流人才。伟大的无产阶级革命家马克思，在大学时主攻法律学，可是后来他创立科学共产主义却涉及多种科学知识，马克思花了整整 12 年时间在大英博物馆中废寝忘食地学习。正如列宁所说："凡是人类思想所建树的一切，他都重新探讨过，批判过，在工人运动中检验过，从而成为人类历史上最伟大、最渊博的思想家、革命家、科学家。"我国著名数学家华罗庚曾说："在人的一生中，进学校靠别人传授知识的时间，毕竟是短暂的，犹如妈妈扶着走，在一生中是极短的时间一样。只有靠自己坚持不懈地刻苦努力，才能不断地积累知识。一切发明创造，都不是靠别人教会的，而是尽自己想象，自己做，不断取得进步。"

2. 学习能力的培养

学习是通过复杂的心理活动指导进行的。在学习过程中，人们需要敏锐的感知、清晰的记忆、丰富的想象、灵活的思维、热烈的情绪、坚韧的毅力来参与，才能取得良好的学习效果，而这需要有正确的学习动机。学习动机是一种能对学习起极大推动作用的心理因素，它能促使人们把全部精力积聚起来进行学习。所以创造型人才必须要有正确的学习动机，才能提高学习的成效。正确的学习动机应以正确的价值观为指导，以社会责任感为前提，通过学习提高自身素质，以此服务社会，报效祖国。

（1）树立坚定的学习信心。坚定的信心是学习成才的关键。一些人认为，有的人之所以能学习成才，原因在于他们本来就是人才，否认人人都可通过学习成才。实际上，学习能力也和创造力一样，是人皆有之的一种自然属性，只是发展的程度不同而已。学习能力是在实践中逐渐培养、逐渐提高的，每个人都有可能在正确方法的指导下，经过锻炼使自己的学习能力发展壮大，所以创造型人才应该树立坚定的信心、在自学成才的道路上阔步前进。

（2）善于思考的学习习惯。创造者必须着重培养自己独立思考的能力，养成勇于探索、善于思考的良好习惯。独立思考是学习的重要途径，也是学习的关键因素。创造型人才在学习过程中，要特别注意自己提出问题、自己分析问题、自己解决问题的能力强弱情况。遇有难题，首先要尽力开动脑筋、独立思考，不要回避困难、轻易问人，要知道"无限风光在险峰"。

（3）锻炼顽强的学习意志。学习的过程实际上是一个探索的过程，困难和挫折在所难免，只有具备顽强的学习毅力的人，才能克服学习途中的重重险阻，将学习活动坚持到底，顽强的学习毅力是在实践过程中逐步培养起来的，不可能一朝一夕就能奏效。创造型人才要把锻炼顽强的学习毅力看作是学习成才的重要任务，在学习活动中，自觉磨练、持之以恒。

（4）培养稳定的学习情绪。稳定的情绪、平静的心境是学习能力良好的一种表现形式。有些人虽有强烈的求知欲和好奇心,但情绪不稳、容易犯冷热病。心血来潮时,情绪高涨,学习的劲头很足;但遇到挫折,就容易心灰意冷、情绪低落,学习劲头也一落千丈。创造型人才必须保持稳定的情绪和愉快的心态,使自己始终能精力充沛地开展学习活动。

(5)掌握科学的学习方法。在学习过程中,掌握科学的学习方法能够使创造者收到事半功倍的效果。创造型人才应该努力探索学习的科学方法,要善于吸取别人的先进经验和成功做法,指导自己的学习活动。科学的学习方法,可以使人们少走弯路、节省时间、提高效率,可以使人们在相同付出的情况下,取得较大的收获。因此,创造型人才必须掌握科学的学习方法并在学习实践中巩固提高。

第二节　创造型人才品格的自我塑造

一、自信自强

这是做创造强者的前提,创造性强的人永远自尊、自强、自信,决不自卑。每个人都有巨大的创造潜力,只要挖掘,善于挖掘,则人人都能成为创造的强者。成长过程是智力因素与非智力因素相互影响的过程,而非智力因素起决定性作用,现在许多人只重视智力因素,但往往未必能成才。既然起决定性作用的非智力因素主要是靠后天培养的,那就决不应该自己看不起自己。

现实情况恰恰相反,国外研究的结果表明,90%的人存在着不同程度的自卑,该道理人人都懂,但一旦联系到自己就各种论调都出来了。要成为创造的强者?我只是小乡镇企业的干部,不敢想;我只是农场职工大学的毕业生,不是名牌大学的,不敢想;我年纪太轻了还得多学习,不敢想;我年岁太大了,快退休了,不敢想;我是女同志,总比不上男的,不敢想;我是外行,不敢想;我虽然是专业技术人员,但在检测岗位,没主动权,不敢想;如此种种,各有各的弱点,但就没有看到自己最大的弱点在于不敢想。俗话说"心想事成",你连想都不敢想,更谈不上干了;"事在人为",你不去"为",不敢"为",自己看不起自己,则当然什么都干不成,这就是创造品格在起反向的决定性作用。其实,不同条件的人都各有其优势。现实也表明,凡是认为自己有创造力的人,实际上常常显示出创造能力,而认为自己缺乏创造力的人,则肯定缺乏创造力。原因很简单,只有自信者才会想方设法去开发创造力。

马克思当年就特别推崇过一句谚语:觉得别人伟大往往是因为自己跪着,站起来吧!你自甘跪在地上,则谁也无法救你;只要你站起来,你也决不比别人低一头。还是国际歌说得好,"从来就没有什么救世主,全靠自己救自己"。只要我们相信自我,真正认识自我,战胜自我,敢于创造,并按照创造原理、创造规律与创造方法去工作,谁都能成为创造的强者。

要自信自强,不能盲目迷信权威。创造没有权威,创造没有止境。搞创造必须不唯书、不唯上、不唯权威,而应该唯实、唯规律、唯创新,才能取得成功。

二、不怕改行

创造没有边界,没有禁区,没有止境,没有权威,没有任何框框,这是创造的重要特点之一。因而,创造者不要片面强调"专业对口",或用人为划分的行业、学科、部门、专业来自己束缚自己。常常听到一些同志抱怨"专业不对口",其实在很多情况下,"不对口"倒是必然现象。因为学校的专业设置远远跟不上社会发展需要,应是社会需要决定专业设置,而不是专业设置决定社会需要。这样看来,改行的情况决不会少,工作多年后的人才流动也将随着市场经济的发展而越来越普通。

科学家钱伟长曾教导年轻人"不要怕改行","改行促进成长、改行出人才",还以自己为例来做说明。钱教授初进大学时学的是文科,后又改学物理,出国留学时学的则是数学,博士后在美国研究雷达、导弹。回国后,又在清华大学讲授力学。文革初期钱老受到迫害,后期应企业要求去研究高效电池、中文计算机,并研制出有名的"钱码"。接着,钱老又担任上海工业大学校长,出色地推进了教育发展。此外,作为全国政协副主席,钱老还转战全国各地开展经济建设的咨询与诊断服务。请看,钱老一生中多少次改行?可是不管哪一行他都干得十分出色,都是专家权威。其根本原因在于他掌握了科学规律和创造规律,这规律就是"隔行不隔理"。

香港大亨李嘉诚原来投资生产玩具和家庭用品(小塑料厂)。20 世纪 50 年代,欧洲兴起塑料花热,随即快速转产塑料花而发了小财。接着,看到香港地少人多、经济发达,又转向投资房地产,1975—1976 年间,低价购进大量土地。1979 年,地价上升,他又转投资股票。有人说:是见识与勇气富了李嘉诚。

对于创造者来说,改行与否主要取决于每个时期的创造目标。如果创造目标与专业领域一致,则没有改行问题;如果某个时期有了新的与原有专业领域并不一致的创造目标,则应该考虑是否改行。并且,创造者不应惧怕改行,对于"隔行如隔山"的专业知识,我们应以"隔行不隔理"的创新思路来积极对待,还要利用外行没有习惯性思维的优势积极去开拓。在创造目标的引导下,改行有时确是促进人才成长的催化剂。

三、允许缺点

创造与风险并存,创造者必须有冒险精神,自信没有脱离科学规律和创造规律,就应该勇往直前。然而,在具体的创造活动中,我们常常可以看到,一些很好的创新设想与初步性的创造成果,往往断送在彷徨与犹豫中,而最通常的直接原因则在于求全责备。

求全责备就是片面地追求创造发明的"绝对最佳"。通常既有创造者自己对自己的求全责备,更有一些不了解创造规律的领导和群众对创造的求全责备。这种求全责备往往不是积极地发现问题去改进,而只是消极的缺乏自信或吹毛求疵。诸如"这玩意儿行吗"?"到市场上能销得出去吗"?"保不准还有毛病吧","继续完善完善再说吧"等等。其实质还是缺乏创造精神,不自信,怕风险。

求全责备的结果则是不能保留判断,往往因此而葬送了整个创造。求全责备者不懂得创造的相对最佳原则,片面追求不可能的绝对最佳。凡是创造都是史无前例的第一件,尤其对一些创新型的创造,更没有类同的可比产品。这些"第一件"既是最先进的、又是最落后的。说它最先进,因为它是第一件首创品,是新事物;说它最落后,也因为它是第一体首创品,总比今后改进发展的产品落后。如世界上第一台电视机,只能映出一些模糊的图像,可它既是当时最先进的,又是现时最落后的。但是如果对它求全责备,苛求它十全十美,则必然不会有今天的高清晰度电视机。

因而,我们对新的创造,不论是创新设想还是初步创造成果,都必须保留判断而不能求全责备。有人做过十分形象的比喻:想搞创造但又不保留判断,就像一个汽车司机,把一只脚放在油门上,另一只脚放在刹车上,两只脚同时踩,这辆车怎么动得起来?

四、动手实干

创造性设想是创造的种子,也是创造的第一阶段。但创造性设想必须付诸实施才能真正成为创造,仅有设想而不动手实施则设想得再多再好也没有价值。对于创造者来说,实干是一大重要诀窍。

实干首先要敢于动手,不能强调客观,不能自己框死自己。例如在某食品厂,有些科技人员仅停留于巧克力的新产品开发设想,却迟迟不去动手。查其原因,是"搞工艺的"和"搞设备的"分工过细并相互扯皮,搞工艺的要设备人员先搞模具,搞设备的又嫌新品设计没有把握。那么,何不自己动手,先用石膏材料做土模具,经过几次修改后,有了把握不就能搞正规模具了吗?

敢于动手实干,应该学习把信带给加西亚的人。《把信带给加西亚》是一篇以多种文字广泛流传于世界各国、总印数超过亿份的短文章。

知识链接

把信带给加西亚

在一切有关于古巴的事物当中,有一个人最让我难以忘记。当美西战争爆发后,美国必须立即和西班牙的反抗军首领——加西亚取得联系。加西亚将军在古巴的大山丛林里——没有人知道确切的地点,所以根本没有办法写信或者打电话给他。但是,美国总统又必须尽快地获得和他的合作,怎么办呢? 有人向美国总统推荐一个叫罗文的人:"这个叫罗文的人可能可以找到加西亚,也只有他才可能找到加西亚!"于是,他们就把罗文找来了,总统交给他一封信,说:"请把他交给加西亚!"罗文接过信,面对总统什么也没有问。他把信装进一个油布袋子里封好,吊在自己的胸口,划着一只小船,默默地上了路。四天之后,他在一个夜里从古巴上了岸,消失在密密的丛林当中。过了三个星期之后,他从古巴的另一边出来,至于他是如何徒步走过这个危机四伏的国家,又如何打听并见到加西亚将军把信交给他的,没有任何人知道,他也没有向任何人提起过。总之,这个事情的结果是:加西亚将军收到了美国总统的信。

在这件事情中,麦金利总统把一封写给加西亚的信交给了罗文,而罗文接过信之后,并没有问:"他在什么地方?"年轻人所需要的不仅仅是学习书本上的知识,而是自觉地或者无形地形成一种敬业的精神。对于上级的嘱托,立即采取行动,并且全心全意地去完成任务。而有些人接到任务后,往往会提出各种各样的问题。比如要一个工作人员到百科全书中去查一个人名,他就会满脸疑惑地提问:"它是谁啊?""哪套百科全书?""哪有百科全书?""它是我的工作吗?""急不急?""你为何要查他?"等等,当你回答了这些问题,他会去找别人帮他查找,然后回来告诉你:根本查不到这个人。

把信带给加西亚的人无论何时都会努力工作,接受任务后不会提出各种愚蠢的问题,而会不顾一切地把它完成。世界上急需这种人才,这种能把信带给加西亚的人。真正的创造者必须是能够把信带给加西亚的人。什么都喜欢强调客观,光说不练的人,是不可能取得成功的。

知识链接

彭德怀的《万言书》

据彭德怀《自述》记载,一开始,当他看到全国农村到处都在"放卫星"、"建高炉",动员大批壮劳力去冶炼钢铁时,他对这种做法的实际效益产生了怀疑,这种怀疑,便是我们说的"创造意识"。显然,光有这种可贵的、却又纯属模糊状态的怀疑,是很难迈出至关重要的"第一步"的。于是,彭德怀同志接着又深入湖南农村,经过调查研究,得到了大量的第一手资料。在认真分析、鉴别这些资料的基础上,终于形成了成熟的创造见识,向党中央提交了著名的《万言书》。这份《万言书》,大胆地、深刻地揭示了最初产生的"怀疑"的可信性。

第十五章 创造型人才的培养与塑造

五、自找目标

一个人能够干多少事,首先在于想干多少事。有计划目标与无计划目标,效率与水平都大不相同。有位厂长说得好:"有饥饿感的人一定消化好,有紧迫感的人一定效率高,有危机感的人一定进步快。"只有明确目标并自找压力的创造者,才能有饥饿感、紧迫感与危机感。

例如,搞一日一设想,就是一种自我目标与自找压力。搞不搞对创造力自我开发,其效果将是大不相同;而且,"现在就干"才意味着成功,"以后再说"则预示着失败。

创造目标的制订也不能过高或过低,其标准应是必须"跳一跳",才能"摘到果子"。而且,还必须有期限的限额,几乎所有的人在期限的压迫下,都会把似乎不可能的事变成可能。另外,其一个创造目标实现后,马上应该制订新的创造目标。这样,在创造的道路上才能永葆创造的青春。

创新无止境,求伯君的 WPS 前几年还被认为是具有不断创新意识的产品,但在软件系统快速更新的情况下,使用 WPS 系统的人已越来越少,如不能有更快捷、方便的产品取而代之,则有被淘汰的危险。

六、不提意见

许多创造者都曾提出,创造的小气候环境不太理想,再好的创造意图也很难获得领导的支持。其实,良好的创造环境也是由创造者自己创造出来的。我们考虑一下,创造对国家、对集体肯定是有利的,照理说任何领导都不应该不支持,毕竟总体目标是一致的。可为什么还是很难获得某些领导的支持呢?这其中有一个是创造者能否把为自己创造环境,纳入创造的总体系统工程中去的问题,关键很可能在于方式方法。

通常人们为了让领导接受自己的创造意图,总习惯于以我为主的争辩,稍不如意就采用提意见的方式,无论从心理学,还是从创造方法的角度来看,这都是不顾及效果的方式方法。对于同样表达的内容,是提意见,还是提建议较易被对方接受呢?不要提意见,要提建议。这意味着必须讲究方式方法,必须注意公共关系,必须聪明地创造自己的环境。如果提建议可以更好地促进效果,既为领导当参谋,又成了事,则何乐而不为呢?

七、不发牢骚

发牢骚是对创造环境不满意的通常表达方式,然而发牢骚既没有益处,也解决不了任何问题,反而恶化了创造环境。

什么人爱发牢骚？没有办法的人，不想创造的人。发牢骚是一种消极的行为，创造的强者决不发牢骚。

遇到创造环境不理想应该怎么办？首先要有自信心，只要创造目标是正确的，并有科学依据，就应相信肯定能成功；其次，遇到问题应从多个角度作发散性思考，多准备几种方案，不在"一棵树上吊死"，就能变消极为积极。

要创造，不要发牢骚，就没有办不到的事。

知识链接

控制情绪

美国一个颇有希望竞选总统的民主党候选人，由于一时"失控"，粗暴地拒绝和一个选民握手，这个镜头被电视台故意重复播放，不几天，他在选民中的声誉便一落千丈，最终导致了他的竞选活动的失败。类似的教训，在古今中外许多领导者的政治生涯中，都屡屡发生。在联合国大会上，赫鲁晓夫由于一时失控，居然脱下皮鞋敲桌子，这一"笑柄"立即传遍全世界，使前苏联的声誉受到很大损害。

自我调节

1969 年，邓小平同他的家属被"下放"到江西省南昌市一所荒芜破败的步兵学校里，在那里度过了三年的放逐生活。刚去的时候，除了警卫之外，整个学校只有三个人：邓小平、卓琳和他继母。他们的年龄加起来有 200 多岁。在三个老人中，邓小平身体最好，虽然他当时已经 65 岁了。他既要照料身患高血压的卓琳，又要给年迈的母亲端饭、送水。劈柴、清扫、拖地、砸煤等重活全由他一人承担，为了节省开支，邓小平还在屋旁开了一块荒地，种上蔬菜。后来，邓小平下肢瘫痪的儿子邓朴方，女儿毛毛，也来到南昌，和父母生活在一起。邓小平又增加了一项家务活：给行动不便的儿子擦洗身体。

邓小平性格内向，沉默寡言。他在斗争的熔炉里锻炼了半个世纪，变得非常达观，临危不惧，遇喜不亢。每天，他总要坚持他独特的锻炼方式：绕着菜园一圈又一圈地走着，思索着，步履稳健、坚定，一走就是几十圈……

1971 年 11 月 5 日，邓小平听到林彪叛逃国外，机毁人亡的消息以后，内心十分激动，陷入沉思，许久才说了一句很能反映他性格的话："林彪不亡，天理不容"。

熬过三年艰难的放逐生活，邓小平身体不但没有垮下来，反而比过去更健壮了。利用三年的晚上时间，他还阅读了大量的书籍。1973 年 3 月 8 日，邓小平终于又义无反顾地复出了。

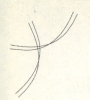

八、重视信息

信息是思维的原料,尤其是在当代社会已经进入信息时代的情况下,离开了信息,则必然"两眼一抹黑",根本无法开展创造。

现代创造者必须十分重视信息,而且应该重视各方面、各学科、各领域的信息,以"通才取胜",这是因为具有丰富信息的人,比只有一类信息的人,更容易产生新的联想与独到的见解。

发明大王爱迪生是创造者的楷模,他死后留下 200 多本剪报与笔记,可见他的勤奋好学与重视信息,要不怎能拥有 1300 多项发明专利。

国外有人认为,科技人员应该把 1/3 的时间用于信息上。这是很不容易实现的高要求,然而它确可为创造的成功带来不可估量的作用。世界知识产权组织的一份材料认为,在科技工作中,如果能很好地利用专利文献,则可以缩短研究时间的 60%,节约研究费用的 40%,这是一个非常惊人的数字。心理学家曾对贝尔实验室工作人员作过追踪研究。该实验室的科学家和工程师的学历和智商都很高,然而经过一段时间后,一部分人已经成果斐然,另一部分人却黯然失色。分析表明,前部分人有广泛的交际网,而后一部分人都不善人际交往,善于交往者信息来源多而快,思维敏捷灵活,并能形成智慧互补和叠加,不善交际者则相反。在信息时代人际智慧显得格外重要,它能助人快出成果,多出成果,出大成果。

近年的报纸多次报道,在北京的中国专利文献阅览室,每天的读者仅数百余人,某企业化极大代价开发成功的以镁代银的涂膜技术,报奖前查专利发现英国早在 1929 年已有该技术的报道,大同小异。现实中,许多人对本行业的国内外信息漠不关心,这又怎能成为思路开阔的创造强者? 企业管理人员更是离不开经济及其他方面的种种信息,离开了信息,不能知己知彼,何来百战百胜呢。

创造的诀窍与创造者的品格是紧密相连,让我们在努力培养创造品格的同时,创造出更多的创造诀窍,把创造搞得更多更好。

知识链接

"领导艺术录"

一般而言,发言的次数越多而且内容能够得到上司欣赏的人,就会被人认定是一个有能力的职员。可是并不是每次会都能让你做这样的发言,如果你没有独创的构思时,就必须默默看着会议的进行。这时有人会运用一些表演手法,来产生一种强烈的印象让大家觉得自己的存在。

例如某个企业的部长就是利用这种方法给予周围的人一种他很有能力的印象。当会议中出现很多意见时,他并未站起来发言,只是不停的听并加以记录。

等到大家开始讨论时,他就说:"最后,我还有一些意见要表达……",然后开始发言。将前面的理论加以整理、收集,再将意见有条理的表达出来。仅仅如此,他就掌握了整个会议的领导权,让全部的出席者均拥有此感觉。

仔细想想,这是一个相当困难的心理技巧。首先你必须好好聆听他人的发言,了解对方发言的内容,而且要从三缄其口的上司谈话中,了解这次召开会议的目的是什么。如此一来,你就能够掌握会议的流程,而且不断地发言,也不必花太多的功夫,就能处于较佳的状况。

通常会议中最后发言的立场均较最初发言者更有利。因为最初的发言者势必要说一些新的事物,而后来发言者则可对其发言内容加以批判,然后再叙述自己的批评。因此最后发言人当然也就为自己塑造了一个有利的立场。

这时候可以将大部分的发言意思简而言之。"如果在这个地方能稍加改变的话……"加上自己的注释,就会让人觉得这些意见似乎都是你的意见。若更进一步,"我并非反对他的意见……",很有技巧的将他人的发言当作踏脚石,加入自己的意见。这样一来,就算不是自己独创的意见,在你吸收了他人的构想后,也给予他人一种很好的印象。

游戏与活动

(1)创造力游戏——高空飞蛋

活动目的:体现小组成员的创造力及团队精神

形式:3个人一个小组为最佳

类型:创造力,团队合作

时间:30分钟

材料及场地:每组鸡蛋一只,小气球一只,塑料袋一只,竹签4只,塑料匙、叉各两支,橡皮筋6条;3层楼及楼下空地

适用对象:所有学员

操作程序:

①培训师把上述所说材料发给每组,然后让学员在25分钟之后到指定的3层楼的地点把鸡蛋放下来,为了不使鸡蛋摔破,可以用所给的材料来设计保护伞。

②25分钟之后,每组留一位学员在3层楼高的地方进行放鸡蛋,其他学员可以到楼下空地观赏及检查落下的鸡蛋是否完好。

③鸡蛋完好的小组是优胜组,可以进行决赛,胜出者,培训师可以给一些小礼品作为奖励。

有关讨论：

你们组的创意是怎么得来的？在小组合作过程中大家的协调程度如何？

（2）观察力训练

天文

①早晚的太阳为什么发红？

②太阳和月亮在初升和将落时，为什么看起来大些？

③发射星际火箭是逆地球自转方向还是顺地球自转方向？

④地球自转有快慢？

动物

①鸭子走路为什么一摇一摆？

②如何辨认小鸡雌雄？

③下面的图片各表示什么？图 A、图 B、图 C 是双关图，画的是什么？

图1

图2

图3

课外思考题

（1）你过去有何创造愿望？在创造之路上有何经验教训？

（2）分析自己的创造内因是什么？自己的特长是什么？有何优势与劣势？如何转劣为优？自己若想成为创造强者，关键问题何在？

（3）怎样提高自己的实际动手操作能力和学习能力？

（4）制订你的"一日一设想"计划并付诸实施。

（5）你认为在你的专业领域之外，有哪些活动有助于你的创造？

（6）在培养成为创造型人才过程中，应该注意克服哪些不利因素？

（7）结合成才目标，谈谈今后打算。

图书在版编目（CIP）数据

思维创新与创造力开发 / 周耀烈主编. —杭州：浙江大
学出版社，2008.4（2015.1 重印）
（大学生通识教育）
ISBN 978-7-308-05868-1

Ⅰ.思… Ⅱ.周… Ⅲ.①创造性思维 ②创造力－能力培养
Ⅳ.B804.4 G305

中国版本图书馆 CIP 数据核字（2008）第 040081 号

思维创新与创造力开发

周耀烈 主编

责任编辑	李桂云	
封面设计	刘依群	
出版发行	浙江大学出版社	
	（杭州市天目山路 148 号 邮政编码 310007）	
	（网址：http://www.zjupress.com）	
排 版	杭州中大图文设计有限公司	
印 刷	富阳市育才印刷有限公司	
开 本	787mm×960mm 1/16	
印 张	18	
字 数	363 千	
版 印 次	2008 年 6 月第 1 版 2015 年 1 月第 6 次印刷	
书 号	ISBN 978-7-308-05868-1	
定 价	28.00 元	